Ekkehard Wagner

Glasschäden

Oberflächenbeschädigungen
Glasbrüche in Theorie und Praxis

Ekkehard Wagner

Glasschäden

Oberflächenbeschädigungen
Glasbrüche in Theorie und Praxis

*„Wo bist du, Glas?
Ich sehe dich nicht.*

*Nur den Strahl,
der sich in dir bricht."*

Gerhart Hauptmann
aus „Glas", 1933

6., überarbeitete Auflage 2022
© 2022 by Holzmann Medien GmbH & Co. KG, 86825 Bad Wörishofen
Alle Rechte, insbesondere die der Vervielfältigung, fotomechanischen Wiedergabe
und Übersetzung nur mit Genehmigung durch Holzmann Medien.
Das Werk darf weder ganz noch teilweise ohne schriftliche Genehmigung des
Verlags in irgendeiner Form (Druck, Fotokopie, Mikrofilm, elektronische Medien oder
ähnliches Verfahren) gespeichert, reproduziert oder sonst wie veröffentlicht werden.
Diese Publikation wurde mit äußerster Sorgfalt bearbeitet, Verfasser und Verlag
können für den Inhalt jedoch keine Gewähr übernehmen.

Fotos und Grafiken: Ekkehard Wagner
Lektorat: Achim Sacher, Holzmann Medien | Buchverlag
Herstellung: Markus Kratofil, Holzmann Medien | Buchverlag
Druck: Druckerei Steinmeier | Deiningen

ISBN (Print): 978-3-7783-1621-4 | Artikel-Nr. 1606.06
ISBN (E-Book): 978-3-7783-1622-1 | Artikel-Nr. 1606.97

Vorwort

Glas – ein absolut faszinierender Baustoff, der in den letzten Jahrzehnten in immer weiteren Anwendungsbereichen nicht nur im Hochbau und im Innenausbau eingesetzt wurde. Da bleibt es nicht aus, dass sich dabei die Grenzen mancher Anwendung zeigen oder das Glas in Einzelfällen so beansprucht wird, dass die Grenze der Belastbarkeit überschritten wird. Diese Auswirkungen zeigen sich dann nicht allein im Versagen des Materials.

Beschädigungen der Oberfläche bis hin zu Glasbruch sind nicht immer einfach zu beurteilen. Ohne entsprechende Erfahrung ist eine sorgfältige und eindeutige Ursachenzuordnung nicht immer möglich. Um die vorhandenen Erfahrungen auch anderen Glasfachleuten weiterzugeben, wurde dieses umfassende Buch über Glas, Oberflächenschäden und Glasbrüche und deren Ursachen geschrieben, das weit über das bisher Bekannte und Veröffentlichte hinausgeht. Bisher wurden durch den Autor 53 unterschiedliche, schematisierte Glasbruchbilder an verschiedenen Glasarten aufgenommen, die in der Praxis häufiger auftreten. Auch im Kapitel Oberflächenbeschädigungen bei Glas wurden bisher 29 der häufiger vorkommenden Beschädigungen der Glasoberfläche dargestellt. Auch das Thema Unverträglichkeit, ein oftmals sehr kostenintensiver Bereich von auftretenden Glasschäden, wird intensiv abgehandelt mit diversen Fotos aus dem Praxisalltag. Insgesamt 12 Schadensbilder werden in diesem Themenbereich dargestellt und ausführlich erläutert.

Somit werden physikalische, mechanische und optische Eigenschaften und Eigenarten von Glas, deren Nutzungsdauer, Bruchvorgänge, Oberflächenschäden und Materialverträglichkeiten detailliert behandelt, um den vielen Anwendern und Nutzern von Glas entsprechendes Wissen zu vermitteln. Bei genauer Kenntnis des Inhalts und einer gewissen, notwendigen Erfahrung lassen sich für nahezu alle Arten der an Glas auftretenden Schäden, wie Oberflächenbeschädigungen, Glasbrüche und Unverträglichkeiten der angrenzenden Materialien meist eindeutige Ursachen finden und zuordnen. Untermauert wird diese theoretische Abhandlung nicht nur durch eine Vielzahl von systematisierten, erklärenden Bildern, die die Theorie anschaulich darstellen und mit Praxisbeispielen belegen, sondern auch mit Fotos aus dem umfangreichen Bildarchiv des Autors und einiger Sachverständiger zur Bestätigung der theoretischen Grundlagen.

Damit ist eine genaue Beurteilung der Schadensursachen in den allermeisten Fällen relativ einfach möglich. Dies führt zu einem besseren Verständnis der Eigenschaften, Eigenarten und Schadensbilder von Glas und den damit in Kontakt tretenden Materialien.

Besonderen Dank gilt all denjenigen, die für die 4., 5. und 6. Neuauflage Bildmaterial zur Verfügung gestellt haben, insbesondere den Kollegen Manfred Beham, Udo Bethke, Helmut Geschl, Gerhard Kirchhofer, Henric Memmert (Kömmerling), Norbert Pauleit, Karl Polanc, Markus Renaltner, Wolfgang Sawall, Jürgen Sieber und Franz Zapletal.

Allersberg, im April 2022

Ekkehard Wagner und
Holzmann Medien | Buchverlag

Inhaltsverzeichnis

Vorwort		5
Teil 1	Glas – Definition und Aufbau	11
1.1	Definition und Aufbau	11
1.2	Weitere Definitionen von Glas	14
1.3	Zusammensetzung von Glas	15
1.4	Färben von Glas	19
1.5	Glas in der Natur	20
1.6	Weitere Glasarten	21
Teil 2	Glas und die Glasoberfläche	23
2.1	Technische Eigenschaften	23
2.2	Lichttechnische Eigenschaften von Glas	24
2.3	Viskosität	26
2.4	Oberflächenhärte	27
2.5	Druckfestigkeit	29
2.6	Zugfestigkeit	30
2.7	Dichte	32
2.8	Ausdehnungskoeffizient	33
2.9	Wärmeleitfähigkeit	34
2.10	Wärmedämmung mit Glas	35
2.11	Elektrische Eigenschaft	38
2.12	Chemische Beständigkeit	38

2.13	Zinnseite bei Floatglas	40
2.14	Interferenzen	40
2.15	Newton'sche Ringe	45
2.16	Anisotropie	46
2.17	Doppelscheibeneffekt bei Isolierglas	50
2.18	Koppelungseffekt bei Isolierglas	64

Teil 3 Kondensat auf der Oberfläche ... 65

3.1	Grundlagen der Kondensatbildung	65
3.2	Arten der Kondensatbildung	66
3.3	Formeln zur Errechnung der Oberflächentemperatur	78
3.4	Vergleich der raumseitigen Oberflächentemperaturen bei Gläsern mit unterschiedlichen U_g-Werten	80
3.5	Taupunktdiagramm	81
3.6	Kurven gleicher relativer Feuchte	83
3.7	Maximaler Feuchtigkeitsgehalt der Luft (100 % r. F.) in Abhängigkeit der Temperatur	84
3.8	Taupunkttemperaturen T_s der Luft in Abhängigkeit von Temperatur und relativer Feuchte nach DIN 4108	85
3.9	Taupunktvergleich	86

Teil 4 Oberflächenbeschädigungen an Glas ... 87

4.1	Chemische Oberflächenbeschädigungen	87
4.2	Mechanische Oberflächenbeschädigungen	90
4.3	Vorbeugende Maßnahmen	95
4.4	Sanierungsmaßnahmen bei Oberflächenbeschädigungen	96

4.5	Scheibenreinigung	98
4.6	Benetzbarkeit der Oberfläche durch Kondensat	99
4.7	Außenbeschichtete oder besonders veredelte Gläser	103

Teil 5 Glasbruch 105

5.1	Wie entsteht Glasbruch	105
5.2	Die Kerbspannungstheorie	106
5.3	Abhängigkeiten bei Floatglas: Anrisstiefe, Biegezugfestigkeit und Temperaturwechselbeständigkeit	107
5.4	Bruchmechanik von Glas	110
5.5	Bearbeitung von Glas	119
5.6	Laserschneiden (thermisches Trennen)	122
5.7	Am Baukörper auftretende Lasten	124
5.8	Thermisch verursachter Bruch	124
5.9	Mechanisch verursachter Bruch	131
5.10	Glasbruch bei Glas mit Drahteinlage	133
5.11	Glasbruch bei Einscheiben-Sicherheitsglas (ESG)	135
5.12	Glasbruch bei teilvorgespanntem Glas (TVG)	140
5.13	Glasbruch bei Verbund-Sicherheitsglas (VSG)	140
5.14	Glasbruch bei Ornamentglas	143
5.15	Glasbruch in Abhängigkeit der Auflagerung	144
5.16	Vorgehen beim Beurteilen von Glasbrüchen	144
5.17	Bruchregeln	145
5.18	Rissheilung	146

Inhaltsverzeichnis

Teil 6   Materialunverträglichkeiten 148

6.1   Allgemeines 148

6.2   Grundlagen 149

6.3   Wechselwirkung/Migration 149

6.4   Verträglichkeitsprüfung 151

6.5   Weichmacherwanderung 152

6.6   Praxisanwendungen 152

6.7   Zusammenfassung 155

Teil 7   Nutzungsdauer von Bauteilen mit Glas 156

Teil 8   Schadensbilder 158

8.1   Oberflächenbeschädigungen – Schadensbilder A 158

8.2   Glasbruch – Schadensbilder B 216

8.3   Unverträglichkeit – Schadensbilder C 321

Der Autor 343

Stichwortverzeichnis 344

Literaturverzeichnis 364

Bildnachweis 368

Teil 1 Glas – Definition und Aufbau

1.1 Definition und Aufbau

Zur Beurteilung von Glasschäden ist die Kenntnis des Glasaufbaus immer hilfreich. Allerdings kann die einfache Frage „Was ist Glas?" nicht leicht beantwortet werden. Das Wort Glas leitet sich ursprünglich aus dem germanischen Wort glasa ab, was so viel bedeutet, wie „das Glänzende, das Schimmernde". Die Germanen verwendeten das Wort auch für die Bezeichnung von Bernstein. Bereits 1779 schrieb D. Johann Georg Krünitz in der oeconomischen Encyclopedie:

„Glas (das) ein jeder glänzender Körper. In dieser weiteren Bedeutung war es ehedem gewöhnlich, verschiedene Körper dieser Art zu bezeichnen. Dass die alten Deutschen den Bernstein Glas genannt haben, erhellet aus dem Tacitus und Plinius. Die alten Schweden nannten das Gold Gliis, Gläs, Barglâses, so wie die Phrygier aus eben dieser Ursache Gleros, Gliros. Auch das lateinische Glacies, Eis, gehört hierher. Im Deutschen kommt diese Bedeutung nur noch in den Zusammensetzungen Glaserz, Glaskopf, Spießglas usw. vor, wo es so viel wie Glanz bedeutet."

Weiterhin steht dort zu lesen:

„Glas in der engsten Bedeutung, ein aus Sand oder Kieseln mit einem Alkali und Salz zusammengeschmelzter durchsichtiger glänzender Körper, welcher im gemeinen Leben zu mancherley Bedürfnissen gebraucht wird." [64]

Ein einfacher Definitionsversuch zeigt im Nachfolgenden mehrere Möglichkeiten auf:

Eine Beurteilung der Substanz Glas nach ihrer Zusammensetzung kann relativ einfach dargestellt werden: Glas besteht aus Sand (Netzwerkbildner), aus Soda (Netzwerkwandler/Flussmittel) und aus Kalk (Stabilisator). Das Zusammenwirken dieser drei Substanzen erläutert die nachfolgende Modellbeschreibung, die der Einfachheit halber zweidimensional dargestellt wurde: Die Einschmelzung von reinem Sand, der überwiegend aus Siliziumdioxid (Kieselsäure) besteht, geschieht bei sehr hohen Temperaturen (> 1.800 °C). Siliziumdioxid SiO_2 ist in kristalliner Form als Quarz-Kristall bekannt, die Moleküle sind symmetrisch angeordnet, wie dies bei Kristallen üblich ist.

Quarzkristall;
Anmerkung: Die vierten Valenzen des Si ragen jeweils nach oben oder unten aus der Zeichnungsebene heraus, da eine einfache und übersichtliche Darstellung nur zweidimensional möglich ist.

Teil 1 Glas – Definition und Aufbau

Bei den hohen Temperaturen der Einschmelzung von Sand entsteht ein unregelmäßiges Schmelzgefüge von vernetzten Siliziumdioxidmolekülen. Das hierbei entstehende Schmelzprodukt bezeichnet man als Quarzglas.

Quarzglas;
Anmerkung: Die vierten Valenzen des Si ragen jeweils nach oben oder unten aus der Zeichnungsebene heraus, da eine einfache und übersichtliche Darstellung nur zweidimensional möglich ist.

SiO$_4$-Tetraeder
● Si = Silizium
○ O = Sauerstoff

Um einen wesentlich niedrigeren Schmelzpunkt zu erreichen und damit den Herstellungsprozess ökonomischer zu gestalten, wird Soda beigemischt und verschmolzen. Soda (Natriumkarbonat Na$_2$CO$_3$) als so genannter Netzwerkwandler spaltet die Netzwerkbindungen zwischen den einzelnen Siliziummolekülen und sorgt so für einen wesentlich niedrigeren Schmelzpunkt des Quarzsandes. Als Endprodukt entsteht eine Flüssigkeit namens Wasserglas, die früher zum Beispiel im Brandschutzbereich (Anstrich bei Holzdächern) verwendet wurde.

Spaltung zu Wasserglas

$$\equiv\!Si\!-\!O\!-\!Si\!\equiv \;+\; Na\!-\!O\!-\!Na \;\longrightarrow\; \equiv\!Si\!-\!O\!-\!Na \;+\; Na\!-\!O\!-\!Si\!\equiv$$

Siliziumdioxidnetz   Netzwerkwandler   Wasserglas
Quarzglas

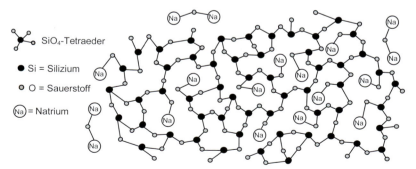

Wasserglas;
Anmerkung: Die vierten Valenzen des Si ragen jeweils nach oben oder unten aus der Zeichnungsebene heraus, da eine einfache und übersichtliche Darstellung nur zweidimensional möglich ist.

SiO$_4$-Tetraeder
● Si = Silizium
○ O = Sauerstoff
(Na) = Natrium

Wasserglas ist eine flüssige Substanz und hat deshalb nur wenig Ähnlichkeit mit festem Glas. Um wieder eine feste Substanz zu erhalten, aber auch zur Steuerung des Spaltungsprozesses, wird nun zusätzlich zu Sand und Soda die Substanz Kalk (Calciumkarbonat CaCO$_3$) als Stabilisator beigemengt. Dadurch werden die gespaltenen Netzwerkverbindungen zwischen den Sili-

1.1 Definition und Aufbau

ziummolekülen durch den Kalk wieder teilweise rückgängig gemacht. Nach der Erschmelzung dieser Substanzen in Abhängigkeit der Mengenzugabe des Kalkes entsteht wieder ein fester Stoff. Es handelt sich dabei um Kalk-Natronsilikatglas, das bei wesentlich niedrigeren Temperaturen ökonomischer hergestellt werden kann.

Kalk-Natronsilikatglas-Stabilisierungsprozess:

$$\equiv\!Si\text{-}O\text{-}Na + Na\text{-}O\text{-}Si\!\equiv\; + \;Ca\text{-}O \longrightarrow \equiv\!Si\text{-}O\text{-}Ca\text{-}O\text{-}Si\!\equiv\; + \;Na\text{-}O\text{-}Na$$

| Wasserglas | Stabilisator | Stabilisiertes Siliziumdioxidnetz | Natriumoxid |

Kalk-Natronsilikatglas;
Anmerkung: Die vierten Valenzen des Si ragen jeweils nach oben oder unten aus der Zeichnungsebene heraus, da eine einfache und übersichtliche Darstellung nur zweidimensional möglich ist.

- SiO_4-Tetraeder
- ● Si = Silizium
- ○ O = Sauerstoff
- (Na) = Natrium
- (Ca) = Calcium

Während des Erschmelzungsprozesses von Glas wandelt sich Natriumkarbonat in Natriumoxid und Calciumkarbonat in Calciumoxid um. Dadurch entsteht ein relativ hoher Anteil an Kohlendioxid (CO_2), das als Gas freigesetzt wird. Im „Läuterungsprozess" entweicht es aus der flüssigen Glasschmelze.

$$Na_2CO_3 \longrightarrow Na_2O + CO_2 \uparrow$$
Natriumkarbonat (Soda) — Natriumoxid — Kohlendioxid

$$CaCO_3 \longrightarrow CaO + CO_2 \uparrow$$
Calciumkarbonat (Kalk) — Calciumoxid — Kohlendioxid

Zur Herstellung von Borosilikatglas wird anstelle des Sandes teilweise Natriumborat (Na_2B2O_4) als Netzwerkbildner verwendet. Bei Kalkkaliglas wird anstelle von Soda als Netzwerkwandler Kaliumkarbonat (K_2CO_3) oder auch das Doppelsalz Dolomit verwendet. Es können aber noch andere Stoffe als Netzwerkbildner fungieren, wie Bortrioxid oder nichtoxidische wie Arsensulfid.

Man kann bei Glas unterscheiden zwischen sogenannten „Hartgläsern" wie Borosilikaten mit hohen Kühlpunkten, hoher Beständigkeit gegen chemische Angriffe, deutlich höherem Erweichungsverhalten und sehr hoher Temperaturwechselbeständigkeit und zwischen „Weichgläsern" wie Kalk-Natronsilikatgläsern, Bleigläsern oder Nichtsilikatgläsern mit leichterer Erschmelzbarkeit und Formgebung, geringerer Temperaturwechselbeständigkeit und geringeren

Herstellkosten. Diese Bezeichnungen haben allerdings nichts mit der eigentlichen Härte (Oberflächen-, Schleif-, Ritz-, Vickers- oder Mohshärte siehe Kapitel 2.3) von Glas zu tun.

Zusammenfassend kann gesagt werden, dass Glas hauptsächlich aus einem Netzwerk von Siliziummolekülen, Natriumoxid und Calciumoxid besteht. Weitere Substanzen des Glasgemenges wie Nitrate, Sulfate oder organische Substrate dienen bei der Glasherstellung als Läuterungsmittel oder als Pigmente. Sie haben keinen entscheidenden Einfluss auf die Struktur des Glases.

1.2 Weitere Definitionen von Glas

Die American Society for Testing and Material (ASTM) definiert Glas gemäß seiner Struktur als ein anorganisches Schmelzprodukt, dessen Abkühlung sich ohne wesentliche Kristallisation vollzieht und das unterhalb des Transformationspunktes einen erstarrten Zustand einnimmt.

Bei normalen Temperaturen ist Glas eine feste Flüssigkeit mit extrem hoher Viskosität und somit ein Körper mit amorpher Struktur (nicht kristallin). Dieser glasig amorphe Zustand unterscheidet sich zum kristallinen Zustand dadurch, dass die Moleküle lediglich in einer Nahordnung gebunden sind. Es fehlt ein symmetrisches und periodisches Kristallgitter.

Für Ingenieurwissenschaftler ist Glas – einfach ausgedrückt – eine eingefrorene, unterkühlte Flüssigkeit.

Strukturmechanisch betrachtet ist Glas nichts anderes als eine thermodynamisch metastabile, eingefrorene Schmelze mit einer eingeprägten, inneren Energie.

Anders als zum Beispiel beim Bergkristall besitzt Glas unterhalb des Transformationspunktes keine Möglichkeit mehr, einen geordneten kristallinen Zustand einzunehmen. Aus den vorgenannten Definitionen erkennt man, dass die Substanzen des flüssigen Glases beim Abkühlprozess bereits ab 600 °C einen erstarrten, d. h. unbeweglicheren Zustand einnehmen. Somit verharrt Glas also unter 600 °C im Aggregatzustand einer Flüssigkeit, die in diesem Ausnahmefall fest ist.

Die DIN EN 572-1 definiert Floatglas, das heute allgemein im Hochbau, Innenausbau und Automobilbau eingesetzt wird, folgendermaßen: Planes, durchsichtiges, klares oder gefärbtes Kalk-Natronsilikatglas mit parallelen und feuerpolierten Oberflächen, hergestellt durch kontinuierliches Aufgießen und Fließen über ein Metallbad.

Einige Gemengesätze für Floatglas und für Spiegelglas zeigt die nachfolgende Tabelle 1. Daran sind die Veränderungen von der Spiegelglasproduktion aus Ziehwannen zur Floatglasproduktion erkennbar. Dieser angegebene Float-Gemengesatz variiert von Unternehmen zu Unternehmen (wie auch früher beim Spiegelglas) nach Art der verwendeten Rohstoffe. Zusätzlich werden je nach Anfall 25 % bis 60 % Scherben, vorwiegend aus der eigenen Produktion, zugesetzt. Das daraus erschmolzene Floatglas bzw. das seit den 80er Jahren bis heute verwendete Standardfloatglas hat die in Tabelle 2 angegebene Zusammensetzung (Gläser [4], Petzold [15], EN 571-1), die verfahrens- und rohstoffbedingt nur geringfügig schwankt.

Bei der Herstellung von eisenoxidarmen, „extraweißen" Gläsern beträgt der Anteil von Eisenoxid nur noch ca. 0,005 % gegenüber ca. 0,05 bis 0,09 % bei Float- oder Spiegelglas.

Es ist auch möglich, Glas ohne Schmelzen im Sol-Gel-Prozess herzustellen, wie beispielsweise Silikat-Aerogele.

1.3 Zusammensetzung von Glas

Die verschiedenen Glasarten von reinem Quarzglas über Kalk-Natronsilikatglas, Borosilikatglas bis hin zu Bleikristallglas enthalten unterschiedlichste Zusammensetzungen wie die nachfolgenden Tabellen zeigen.

Tabelle 1: Typische Gemengesätze für Floatglas und Spiegelglas

Rohstoffe	Floatglas A Anteil %	Floatglas B Anteil %	Spiegelglas C Anteil %	Spiegelglas D Anteil %	Spiegelglas E Anteil %
Quarzsand	59,6	58,0	58,6	59,0	73,0
Soda	18,2	19,0	17,5	17,0	12,5
Dolomit	14,0	16,0	10,0	15,0	
Kalk	5,0	5,0	10,4	4,5	10,0
Feldspat (Nephelin-Syenit)	2,0	1,0		1,5	
Sulfat	1,2	0,5	3,5	3,0 incl. Kohle	3,5
Tonerde					1,0

Der **Quarzsand** dient als reiner SiO_2-Träger zur Netzwerkbildung. Sein Anteil an Eisenoxid entscheidet über die Eigenfarbe des Glases, die leichte Grünfärbung. Die Korngröße des Sandes sollte möglichst zwischen 0,1 und 0,4 mm liegen. Flussmittel dienen dazu, den sehr hohen Schmelzpunkt des Quarzsandes von ≥1.700 °C zu reduzieren.

Soda oder Natriumkarbonat (Na_2CO_3) als Mineral Natrit dient als Netzwerkwandler und Natriumoxidträger und es sorgt als Flussmittel auch für einen niedrigeren Schmelzpunkt des SiO_2. Dabei wird während des Schmelzvorganges CO_2 als Gas frei, das aus der Schmelze entweichen muss, das Natrium geht während des Schmelzvorganges in das Glas ein.

Dolomit ist der Träger von CaO und MgO, dabei wirkt MgO ähnlich wie CaO, das bei mäßiger Zugabe von ca. 10 – 15 % die Härte und chemische Beständigkeit des Glases erhöht. Dolomit wird in Flachglas meist anstelle von Kalk eingesetzt, da in ihm $CaCO_3$ und $MgCO_3$ enthalten sind.

Kalk oder Calciumcarbonat ($CaCO_3$) dient als Netzwerkwandler, in der Schmelze entsteht dadurch bei ca. 1.000°C das Gas CO_2, das aus der Schmelze entweicht und CaO, das in das Glas eingeht. Kalk kommt in der Natur als Kalkstein, Kalkspat, Kreide oder Marmor vor. Durch die Beimengung von Kalk werden die Härte und chemische Resistenz des Glases erhöht.

Feldspat ($NaAlSi_3O_2$) dient als Zuträger von Al_2O_3 (Tonerde) in das Gemenge, neben SiO_2 und NaO_2. Dadurch erhöht sich die chemische Beständigkeit gegenüber Wasser, Umwelteinflüssen und Nahrungsmitteln.

Sulfat in Form von Na_2SO_4 dient in geringen Mengen zur Erzielung verbesserter Schmelzeigenschaften.

Tonerde oder Aluminiumoxid (Al_2O_3) dient in der Schmelze als Netzwerkbildner und beseitigt Trennstellen im SiO_2-Tetraeder. Es wird dem Gemenge meist als alkalihaltiger Feldspat (z. B. $NaAlSi_3O_8$) beigemischt. Dadurch erreicht man eine verbesserte chemische Resistenz und eine erhöhte Zähigkeit in tieferen Temperaturbereichen.

Pottasche oder Kaliumcarbonat (K_2CO_3) dient als Lieferant von Kaliumoxid für die Schmelze als Netzwerkwandler und als Flussmittel. Es wurde früher durch Auslaugen von Holzasche in großen Gefäßen gewonnen, inzwischen wird es industriell aus Kaliumsulfat hergestellt. Auch hierbei wird während des Schmelzvorganges CO_2 als Gas frei, das aus der Schmelze entweichen muss.

Neben diesen Hauptbestandteilen des Gemenges werden diesem noch verschiedenste Oxide beigemischt zur Beeinflussung von Beständigkeit, Härte, Schmelztemperatur, Lichtbrechung und Brillanz.

Scherben aus der eigenen Produktion oder aus dem Altglasrecycling werden dem Gemenge ebenfalls beigegeben, Altglas vor allem in der Behälter- und Glaswollindustrie. Sie dienen in gewisser Weise ebenfalls als Flussmittel, um den hohen Schmelzpunkt zu senken.

Die Zusammensetzung des daraus erschmolzenen Glases zeigt die nachfolgende Tabelle.

1.3 Zusammensetzung von Glas

Tabelle 2: Zusammensetzung von Floatglas (Kalk-Natronsilikatglas)

Chemische Verbindung	Anteil Gew.%	Anteil Gew.% nach EN 572-1	Chemische Formel
Siliziumdioxid (Kieselsäure)	72 - 72,8	69 - 74	SiO_2
Calciumoxid	8,6 - 9,0	5 - 14	CaO
Natriumoxid	13,8 - 14	10 - 16	Na_2O
Magnesiumoxid	3 - 4	0 - 6	MgO
Aluminiumoxid (Tonerde)	0,3 - 0,8	0 - 3	Al_2O_3
Eisenoxid	0,05 - 0,09		Fe_2O_3
Kaliumoxid	0,2		K_2O
Sonstige	0,1 - 0,5	0 - 5	SO_3 u.a.

Durch die Zugabe von Aluminiumoxid wird die mechanische, thermische und chemische Widerstandsfähigkeit von Glas erhöht.

Borosilikatgläser enthalten einen niedrigeren Anteil an Alkalien (Na_2O) und Erdalkalien (CaO, MgO) und dafür ca. 7 bis 15 Gewichts-% Boroxid (B_2O_3). Dadurch erhalten sie eine geringere thermische Ausdehnung und somit eine höhere Temperaturwechselbeständigkeit gegenüber Kalk-Natronsilikatgläsern.

Tabelle 3: Zusammensetzung verschiedenster Glasarten in Gewichtsprozent [49]

Glasart / Zusammensetzung	Quarzglas	Borosilikatglas	Kronglas	Kalk-Natronsilikatglas	Floatglas[1]	Flintglas	Bleikristallglas	E-Glas	Email	Chalkogenidglas 1	Chalkogenidglas 2
SiO_2	100	80	73	72	72	62	58	54	40	-	-
Al_2O_3	-	2	2	1	0,7	-	-	14	1,5	-	-
Na_2O	-	4	5	14	13,5	6	4	0,5	9	-	-
K_2O	-	0,5	17	0,2	0,2	8	9	-	6	-	-
MgO	-	-	-	3,5	3,5	-	-	4,5	1	-	-
CaO	-	0,03	3	9	8,5	8,5	-	17,5	-	-	-
B_2O_3	-	12,5	-	-	-	-	2	10	10	-	-
PbO	-	-	-	-	-	24	24	-	4	-	-
TiO_2	-	-	-	-	0,01	-	-	0,5	15	-	-
As	-	-	-	-	-	-	-	-	-	12	13
F	-	-	-	-	-	-	-	0,7	13	-	-
Se	-	-	-	-	-	-	-	-	-	55	32
Ge	-	-	-	-	-	-	-	-	-	33	30
Te	-	-	-	-	-	-	-	-	-	-	25

1) Die Zusammensetzung von Floatglas (Kalk-Natronsilikatglas) kann von Hersteller zu Hersteller geringfügig schwanken in Abhängigkeit des verwendeten Sandes, der Scherbenzugabe und sonstiger Gemengeeinstellungen.

1.4 Färben von Glas

Die häufigste Möglichkeit, Glas mit Farbe herzustellen, ist die Einfärbung der Glasschmelze mit verschiedensten organischen Zusätzen. Dazu werden meist Metalloxide verwendet, die schon in der Antike zur Glasfärbung herangezogen wurden. Die natürliche Eigenfarbe von Floatglas ist ein leichter Grünton, der vom Eisenoxidanteil im Quarzsand herrührt. Die in folgender Tabelle aufgeführten Zusätze werden verwendet, um die Farbe des Glases entsprechend zu verändern. Neben der Durchfärbung von Glas gibt es noch die Anlauffärbung, die jedoch bei Flachglas keine Rolle spielt, sondern nur bei Hohlgläsern zum Einsatz kommt.

Tabelle 4: Färbemittel für Glas [14], [49], [61]

Färbemittel	Farbe des Glases
Arsenik	Früher zum Entfärben verwendet
Cadmiumselenid	Rot bis Dunkelrot
Cadmiumselenid/Cadmiumtellurid	Dunkelrot
Cadmiumsulfid	Gelb
Cadmiumsulfid/Cadmium-Selenit Mischkristall	Orange
Cadmiumsulfid/Zinksulfid Mischkristalle	Hellgelb
Ceroxid	Gelb bis Braun
Chromoxid	Grün, Grüngelb bis Rotgelb
Chromoxid und Eisenoxid	Grün
Cobalt(II, III)-oxid	Blau intensiv, in Boratgläsern rosa Wird auch für die Entfärbung verwendet
Cobaltaluminat	Blau (Thénards Blau)
Cobaltoxid	Blau intensiv Wird auch für die Entfärbung verwendet
Cobaltoxid und Nickeloxid	Schwarzes, ultraviolettdurchlässiges Glas bei Zugabe zu Phosphatgläsern
Eisen(II)-oxid	Blaugrün
Eisen(III)-oxid	Gelbbraun
Eisen(II)- und Eisen(III)-oxid	Grün
Eisenoxid und Mangan(IV)-oxid (Braunstein)	Gelb, Braun-Schwarz
Europium	Rosa intensiv
Gold	Rubinrot (wird dazu erst in Königswasser aufgelöst)
Indiumoxid	Gelb bis Bernsteinorange
Kupfer(I)-oxid	Rot = Kupferrubinglas
Kupfer(II)-oxid	Blau

Färbemittel	Farbe des Glases
Mangan(IV)-oxid (Braunstein = Glasmacherseife)	Violett, Braun, Entfernung des Grünstichs
Manganoxid und Eisen(III)-oxid	Gelbbraun, Braun bis Gelb
Neodym	Rosa bis Purpur, Lila
Neodymoxid	Purpur, Rot-Violett
Nickeloxid	Violett, Rötlich, Grau. Wird heute auch für die Entfärbung verwendet
Praseodym	Schwach Grün
Samarium	Gelb
Selenoxid	Rosa (Rosalin), Rot (Selenrubin)
Selenverbindungen	Verwendung zum Entfärben
Silber	Gelb, Silbergelb bis Gelbbraun
Titanoxid	Violett, verstärkt die Färbung anderer Ionen
Uranoxid [1]	Feine Gelbfärbung, Lindgrün, Feine Grünfärbung mit grüner Fluoreszenz (UV-Licht)
Vanadiumpentoxid	Grün
Wolframoxid	Gelb
Zinnoxid	Weiß durchsichtig

[1] Uranoxid wird nicht mehr zur Glaseinfärbung verwendet, da radioaktiv strahlend.

1.5 Glas in der Natur

Der Moldavit ist ein in der Natur vorkommendes Glas, somit ein natürliches Glas aus geschmolzenem Quarzsand, dessen grünliche Farbe vom Eisenoxid herrührt. Gläser aus vulkanischem Ursprung sind Bimsstein und Obsidian. Bei Blitzeinschlägen kann aufgrund der hohen Temperatur Fulgurit entstehen, durch Meteoriteneinschläge entstandene natürliche Gläser sind sogenannte Impaktgläser und Tektite. Bei Bergstürzen entstandene Gläser werden Köfelsit genannt. Selbst bei Atombombenexplosionen kann Glas entstehen, der Trinitit, allerdings kann man dabei nicht mehr von natürlichem Glas sprechen. Alle diese „natürlichen" Gläser entstehen beim Schmelzen von Sand unter den verschiedensten Einflüssen der Natur.

1.6 Weitere Glasarten

Es gibt inzwischen eine Vielzahl an weiteren Glasarten, die vor allem im technischen Bereich eingesetzt werden. Nachfolgend findet sich eine kleine Übersicht der häufiger eingesetzten Glasarten, die jedoch aufgrund der sehr schnell fortschreitenden Entwicklung keine Gewähr auf Vollständigkeit geben kann.

Tabelle 5: Diverse gebräuchliche Glasarten

Glasart	Beschreibung
Alkali-Blei-Silikatglas	Hoher Bleianteil im Gegensatz zu Kalk-Natron-Silikatglas (> 10 % bis ca. 30 % PbO). Einsatz als Röntgenschutzglas, in Lampen, in Bildröhren.
Alkali-Erdalkali-Silikatglas (Kalk-Natron-Silikatglas)	Standardglas (Floatglas), Einsatz im Innenausbau, Hochbau, in Fahrzeugen und auch als Trinkgläser und Behälterglas (Hohlglas).
Borosilikatglas	Hoher Anteil an Borsäure (ca. 8 – 13 % B_2O_3). **Erdalkalifreie Borosilikatgläser** zeichnen sich durch hohe chemische Beständigkeit und sehr geringe Wärmeausdehnung aus. Sie werden universell in chemisch-technischen Apparaten, Laborgeräten, Rohrleitungen und auch für Hohlgläser eingesetzt. **Erdalkalihaltige Borosilikatgläser** sind etwas weicher und mit geringfügig höherer Wärmeausdehnung, zeichnen sich aber durch hohe chemische Resistenz aus.
Erdalkali-Alumino-Silikatglas	Hoher Anteil an Aluminiumoxid (ca. 15 – 26 %) und ohne Alkalioxid. Durch ihre hohe Transformations- und Erweichungstemperatur eignen sie sich besonders für Hochtemperatur-Thermometer, Displaygläser, Halogenlampen und Verbrennungsröhren.

Teil 2 Glas und die Glasoberfläche

2.1 Technische Eigenschaften

Für Konstruktionen mit dem Werkstoff Glas und für die Weiterverarbeitung sind die mechanischen und thermischen Eigenschaften wichtig. Tabelle 6 gibt einen Überblick über die technischen Eigenschaften von Standardfloatglas und thermisch vorgespannten Gläsern (TVG und ESG).

Tabelle 6: Eigenschaften von Glas

Eigenschaft	Maßeinheit	Eigenschaft Floatglas	Eigenschaft TVG	Eigenschaft ESG
Spezifische Dichte ρ (bei 18 °C)	[g/cm³]	2,5	2,5	2,5
Poisson-Zahl μ (EN 572-1)		0,2	0,2	0,2
Biegefestigkeit f (Messwert)	[N/mm²]	ca. 100	ca. 120	ca. 150
Druckfestigkeit	[N/mm²]	700 – 900	700 – 900	700 – 900
Oberflächenspannung	[N/mm²]	0	45 ± 10	≥ 90 – 100
Elastizitätsmodul E (EN 572-1) Youngmodul	[N/mm²]	$7,0 \times 10^4$	$7,0 \times 10^4$	$7,0 \times 10^4$
Mechanische Festigkeit $f_{g,k}$, Mindestwert	[N/mm²]	45 (EN 572)	70 (EN 1863)	120 (EN 12150-1)
Zulässige Biegezugspannung	[N/mm²]	12	29	50
Globaler Sicherheitsbeiwert		45/12=γ=3,75	70/29=γ=2,4	120/50=γ=2,4
Ritzhärte	nach Mohs	5 – 6	5 – 6	5 – 6
Härte (Knoop) $HK_{0,1/20}$	GPa	6	6	6
Linearer Längenausdehnungskoeffizient (20 bis +300 °C) α	[K^{-1}]	$9,0 \times 10^{-6}$	$9,0 \times 10^{-6}$	$9,0 \times 10^{-6}$
Wärmeleitfähigkeit λ	[W/mK]	1,0	1,0	1,0
Wärmeleitfähigkeitskoeffizient λ	[W/mK]	0,8	0,8	0,8
Spezifische Wärmekapazität c (EN 572-1)	[J/(kg K)]	$0,72 \times 10^3$	$0,72 \times 10^3$	$0,72 \times 10^3$
Emissivität ε (korrigiert, EN 572-1)		0,837	0,837	0,837

Teil 2 Glas und die Glasoberfläche

Eigenschaft	Maßeinheit	Eigenschaft Floatglas	Eigenschaft TVG	Eigenschaft ESG
maximale Gebrauchstemperatur kurzzeitig	[°C]	120	200	250
maximale Gebrauchstemperatur dauerhaft	[°C]	80	120	250 (EN 12150-1)
Temperaturwechselbeständigkeit	[K]	ca. 40*	ca. 100	ca. 150 - 200
Brechungsindex N im sichtbaren Bereich (380-780 nm, EN 572-1)		1,5	1,5	1,5
Lichttransmissionsgrad τ_v für 4 mm Dicke (EN 572-1, EN 410)		0,87	0,87	0,87
Gesamtenergietransmissionsgrad g für 4 mm Dicke		0,80	0,80	0,80
Schallgeschwindigkeit	[m/s]	5000	5000	5000
Oberflächenvorspannung	[N/mm²]	0	40-55	90-105
Bearbeitung nach Herstellung; Schneidfähigkeit		ja	nein	nein
Spontanbruch möglich		nein	nein	ja
Bruchbild		Radiale Anrisse vom Bruchzentrum aus mit Bruchinseln	Radiale Anrisse vom Bruchzentrum aus, wenig Bruchinseln	Netzartiges Bruchbild vom Bruchzentrum aus, kleinkrümelig

* Allgemein anerkannter Wert in Abhängigkeit von Art und Aussehen der Kante und deren Bearbeitung.

2.2   Lichttechnische Eigenschaften von Glas

Die lichttechnischen Eigenschaften von Glas sind hauptsächlich abhängig von Glasart, Glasdicke, Einfärbung oder Entfärbung. Die nachfolgenden Tabellen zeigen diese Abhängigkeiten auf. Leichte Unterschiede von Floatwanne zu Floatwanne sind dabei herstellerbedingt durchaus möglich, da vor allem der Eisenoxidanteil je nach verwendetem Sand etwas variiert. Diese Unterschiede sind bei nahezu allen Floatwannen jedoch relativ gering. In der nachfolgenden Tabelle 7 sind vier deutlich unterschiedliche Glasarten beispielhaft für 4 mm Glasdicke dargestellt. Mit zunehmender Glasdicke verändern sich natürlich diese Werte, wie in der darauffolgenden Tabelle 8 für Floatglas (Kalk-Natronsilikatglas) dargestellt.

2.2 Lichttechnische Eigenschaften von Glas

Tabelle 7: Lichttechnische Werte für verschiedene Glasarten einer Glasdicke

Eigenschaft für 4 mm Glasdicke	Maßeinheit	Floatglas (Planiclear)	Weißglas (Diamant)	Parsol grün	Beidseitig entspiegeltes Glas (Vision-Lite)
Lichttransmission (D65 Obs2: CIE, 15-2004)	(TL) %	90,5	91,2	78,6	96,9
Lichtreflexion außen	(Rle) %	8,2	8,2	7,2	1,1
Energietransmission	(Te) %	87	89,9	53,2	87,3
Energiereflexion außen	(Ree) %	7,8	8,0	5,8	8,9
Energieabsorption	(AE1) %	5,2	2,1	40,9	3,8
G-Wert (EN 410)		0,88	0,90	0,63	0,88
Shading Coefficient (EN 410)	(SC)	1,01	1,04	0,72	1,01
UV-Transmission (EN 410)	(Tuv) %	72,5	85,7	28,5	71,6

Die technischen Werte wurden mit dem Rechenprogramm Calumen III (SGG) 2019 ermittelt.

Da die lichttechnischen Werte natürlich von der Glasdicke abhängig sind, nachfolgend eine Tabelle, die für die verschiedenen Glasdicken diese Werte angibt.

Tabelle 8: Lichttechnische Werte in Abhängigkeit der Glasdicke für Floatglas (Kalk-Natronsilikatglas, Planiclear SGG)

Glasdicke	Lichttransmission	Lichtreflexion außen	Energietransmission	Energiereflexion außen	Energieabsorption	g-Wert	Shading Coefficient	UV-Transmission
1,1 mm	91,4	8,3	90,5	8,1	1,4	0,908	1,04	84,9
2 mm	91,1	8,2	89,3	8	2,7	0.899	1,03	79,9
3 mm	90,8	8,2	88,1	7,9	4	0,89	1,02	75,9
4 mm	90,5	8,2	87	7,8	5,2	0,88	1,01	72,5
5 mm	90,3	8,2	85,9	7,7	6,3	0,87	1,00	69,6
6 mm	90	8,1	84,9	7,6	7,5	0,866	0,996	67
8 mm	89,4	8,1	82,9	7,5	9,6	0,85	0,979	62,8
10 mm	88,8	8	81	7,4	11,7	0,837	0,962	59,2
12 mm	88,3	8	79,1	7,2	13,6	0,823	0,946	56,3
15 mm	87,4	7,9	76,5	7,1	16,4	0,804	0,924	52,5
19 mm	86,3	7,8	73,2	6,9	19,9	0,779	0,896	48,4

Die technischen Werte wurden mit dem Rechenprogramm Calumen III (SGG) 2019 ermittelt und können je nach Hersteller und Eigenfarbe des Floatglases geringfügig variieren.

Teil 2 Glas und die Glasoberfläche

2.3 Viskosität von Glas

Die Viskosität, eine für jeden Stoff charakteristische Konstante, ist bei Glas wie bei vielen anderen Stoffen auch von der chemischen Zusammensetzung und insbesondere von der Temperatur abhängig. Mit zunehmender Erwärmung werden zähflüssige Stoffe meist dünnflüssiger und erhalten eine niedrigere Viskosität. Die Viskosität wird mit dem griechischen Buchstaben η bezeichnet und in Pa·s (Pascal-Sekunden) angegeben. Die nachfolgende Tabelle 9 zeigt die Viskosität von Glas bei verschiedenen Temperaturen und im Vergleich mit einigen anderen Stoffen.

Tabelle 9: Viskosität η verschiedener Stoffe

Stoff	Temperatur	Viskosität η [Pa s]
Petroleum	20 °C	0,00065
Wasser	20 °C	0,001
Quecksilber	20 °C	0,00155
Farblack	20 °C	ca. 0,1
Glycerin	20 °C	1,48
Speiseöl	20 °C	10
Honig	20 °C	10^3 = 1000
Glas	**20 °C**	**10^{18} = 1.000.000.000.000.000.000**
Glas	unterer Kühlpunkt	$10^{13,5}$ = 31.622.776.600.000
Glas	oberer Kühlpunkt	10^{12} = 1.000.000.000.000
Glas	Erweichungspunkt	$10^{6,6}$ = 3.981.072
Glas	Einsinkpunkt	10^3 = 1000
Glas	ca. 1.000 °C	1 – 10

2.3.1 Brandverhalten

EN 572 Teil 9 sagt dazu unter 4.2.2.2: *„Basiserzeugnisse aus Kalk-Natronsilicatglas sind Produkte/Materialien, die nicht auf Brandverhalten geprüft werden müssen (z. B. Produkte/Materialien der Klasse A1* nach der Kommissionsentscheidung 96/603/EG im Zusammenhang mit der ergänzenden Entscheidung 2000/605/EG)".* Glas ist ein nicht brennbares Produkt/Material der Klasse A1.

2.4 Oberflächenhärte

Die Härte ist der Widerstand eines Körpers gegen das Eindringen eines anderen, härteren Körpers. Man unterscheidet die Eindruckhärte z. B. nach VICKERS oder KNOOP, die Abrieb- oder Schleifhärte, die Ritzhärte und die Vergleichshärte nach MOHS.

Die Härte des Glases ist für seine Verwendung nicht nur im Hochbau, Innenausbau und in der Automobilbranche sehr wichtig. Dabei ist unter Härte die Oberflächenhärte zu verstehen, also der Widerstand, der einem eindringenden Gegenstand (statischer Eindruck oder dynamischer Ritzversuch) oder dem Abrieb durch gleich harte oder härtere Materialien entgegengesetzt wird. Die Oberflächenhärte und damit die Abriebfestigkeit von Glas ist eine der positiven Eigenschaften, die sich beim Handling, aber vor allem bei der Säuberung der Gebrauchsgläser und -scheiben günstig bemerkbar macht. Da Glas in seiner Oberflächenhärte nach Mohs nur noch von sehr wenigen Materialien übertroffen wird, ist das Entstehen von Kratzern auf der Oberfläche bei richtigem Gebrauch absolut selten zu beobachten.

Die Oberflächenhärte von Glas liegt nach Mohs bei 5 bis 6, die Härte nach Knoop liegt nach EN 572-1 bei $HK_{0,1/20}$ = 6 GPa. In Tabelle 10 sind die möglichen Mohs-Härtegrade von 1 bis 10 aufgeführt im Vergleich mit der Eindruckhärte nach Vickers. Die Mohs'sche Skala ist dabei so zu verstehen, dass die Materialien mit dem jeweils höheren Härtegrad alle Materialien mit einem niedrigeren Härtegrad ritzen können. Demnach kann Glas mit den Materialien Quarz, Topas, Korund und Diamant geritzt werden.

Zu den Glasarten mit großer Oberflächenhärte zählen reines Kieselglas, Borosilikatgläser und bariumoxidhaltige Gläser. Die Oxide CaO, ZnO, Al_2O_3 und Ba_2O_3 erhöhen die Härte des Glases.

Eine nicht unwesentliche Rolle spielen inzwischen Beschichtungen der Glasoberfläche zu physikalischen und optischen Zwecken. Die meisten im Hochbau eingesetzten Gläser weisen heute einseitige oder beidseitige Beschichtungen für den Schutz vor Sonneneinstrahlung, zur Wärmedämmung oder zur Schmutzabweisung auf. Diese Beschichtungen werden nach hardcoatings und softcoatings unterschieden. Softcoatings haben eine wesentlich weichere, empfindlichere Beschichtung und eignen sich deshalb nur zum Einsatz im SZR des Isolierglases. Hardcoatings können auch als Einfachverglasungen oder im Isolierglas mit Schicht auf Position 1 eingesetzt werden. Ihre Oberflächenhärte entspricht in etwa der von Glas, kann sogar geringfügig härter sein. Während bei Beschädigungen der normalen, unbeschichteten Glasoberfläche durch Kratzer diese nicht besonders stark sichtbar sind, werden Kratzer in stark reflektierenden Beschichtungen, wie es bei Sonnenschutzbeschichtungen der Fall ist, aber auch bei entspiegelten Oberflächen wesentlich deutlicher sichtbar, da sich an dieser Stelle das Reflektionsverhalten verändert. Deshalb werden auch kleinste Kratzer auf Sonnenschutz- oder Antireflexbeschichtungen wesentlich besser erkannt als auf normalen Glasoberflächen. Dies führt oft zu der falschen Meinung, dass hardcoating-Sonnenschutzbeschichtungen mit Schicht auf Position 1 anfälliger gegen mechanische Beschädigungen sind.

Die Oberflächenreflexion von normalem, unbeschichtetem Floatglas für Lichtstrahlung liegt bei 3,5 bis 4,0 % je Oberfläche. Damit ergibt sich eine Reflexion von 7 bis 8 % bei Floatglas, die bei entspiegelten Scheiben auf 0,5 bis 1 % je Oberfläche und somit auf ca. 1 bis 2 % reduziert wird.

Demgegenüber reflektieren Sonnenschutzbeschichtungen ca. 15 bis 60 % und Spionspiegel liegen bei einer Lichtreflexion von ca. 75 bis 95 %. Bei verletzter Beschichtung (z.B. durch Kratzer oder Scheuerstellen) werden die Werte an dieser Stelle gravierend verändert und damit sind die Verletzungen sehr deutlich erkennbar.

Mit steigender Temperatur nimmt die Härte von Glas allerdings ab, da durch den Temperaturanstieg die Bindefestigkeit und die Viskosität abnehmen. Solche Messungen wurden für Kieselglas und für Kalknatronglas von Westbrook [50] durchgeführt. Die Abnahme der Härte von -200°C bis +800°C ist allerdings keine lineare Abnahme. Unter den normalen Temperaturen von ca. -20 bis +50 °C findet allerdings keine deutlich messbare Abnahme der Härte statt. Dem gegenüber kann die Härte von Glas durch deutlich höheren SiO_2-Gehalt gesteigert werden. Kieselglas weist hier den höchsten Wert auf. Auch Al_2O_3, CaO, MgO, ZnO und geringe Mengen B_2O_3 erhöhen die Härte, während Alkalioxide, PbO und größere Mengen B_2O_3 zu einer Verringerung führen.

Tabelle 10: Härtegrade nach Mohs

Härtegrad nach Mohs	Material	Härte nach Vickers (HV) [MPa]	Ritzbarkeit
1	Talk, Kalk, Speckstein ($Mg_3(OH)_2Si_4O_{10}$)	30	mit Fingernagel ritzbar
2	Gips, Steinsalz ($CaSO_4 \times 2H_2O$)	350	
3	Kalkspat (Kalzit, $CaCO_3$)	1.000	mit Taschenmesser ritzbar
4	Flussspat (Fluorit, CaF_2)	2.000	
5	Apatit ($Ca_3(PO_4)_2$)	5.400	
5,3*	**Alkali-Kalk-Silikatglas Kalk-Natronsilikatglas**	**5.500**	kann Glas ritzen
5,6*	Borosilikatglas	6.500	
6*	Kieselglas/Quarzglas (SiO_2)	8.000	
6	Feldspat (Orthoklas, $KAlSi_3O_8$)	8.000	
7	Quarz (SiO_2)	12.000	
7,5	Zirkon ($ZrSiO_2$)		
8	Topas ($Al_2F_2SiO_4$)	14.000	
8,5	Chrysoberyll ($BeAl_2O_4$)		
9	Korund (Al_2O_3, Schmirgel)	20.000	
10	Diamant (C)	100.000	

Angaben aus Petzold [15], Ergänzungen des Autors und *-Berechnung

2.5 Druckfestigkeit

In den letzten Jahren ist der Einsatz von ESG (Einscheiben-Sicherheits-Glas) und TVG (Teilvorgespanntes Glas) stark gestiegen. Dabei wird normales Glas in ESG-Öfen auf den Transformationspunkt erwärmt und anschließend sehr schnell und stark abgekühlt, um die für ESG typische Verteilung von Zug- und Druckspannung zu erreichen. Bei TVG erfolgt die Abkühlung langsamer, die Spannungen im Glas sind demzufolge niedriger. Bei diesem Herstellungsprozess wird die Glaszusammensetzung nicht verändert. Deshalb kann durch dieses Verfahren der thermischen Vorspannung auch keine Veränderung der Oberflächenhärte erfolgen. Man kann davon ausgehen, dass alle heute im Hoch- und Innenausbau eingesetzten Gläser die gleiche Oberflächenhärte haben und keine signifikanten Unterschiede aufweisen, sofern die Zusammensetzung des Floatglases nicht verändert wurde.

Die vermeintlich geringere Oberflächenhärte von ESG und die dadurch vermeintlich erhöhte Anfälligkeit gegenüber Kratzern basiert auf der Tatsache, dass die Oberfläche von ESG eine Druckspannungszone aufweist. Bei Beschädigungen dieser Spannungszone durch harte Partikel entstehen die gleichen Kratzer wie bei Floatglas. Die Druckspannung führt allerdings dazu, dass diese Kratzer stärker aufgeweitet werden, dass evtl. auch mehr Material abgetragen wird und sie dadurch deutlicher sichtbar werden. Untersuchungen von Prof. Dr.-Ing. Jens Schneider der TU Darmstadt [44] haben bestätigt, das Kratzer auf ESG-Oberflächen vor allem auch beim Kontakt mit Wasser (wie bei Reinigung üblich) meist sehr viel stärkere, deutlich sichtbarere Ausmuschelungen zeigen als dies bei nicht vorgespannten Gläsern der Fall ist. Ein signifikanter Unterschied in der Oberflächenhärte von nicht vorgespannten und vorgespannten Gläsern konnte in dieser Untersuchung nicht festgestellt werden. Allerdings war für die Größe der Ausmuschelungen die Einwirkungsgeometrie entscheidend, flacher Winkel (wie. z. B. bei Sandkorn) erbrachte deutlich größere Ausmuschelungen als sehr spitze Anritzung.

Aus physikalischer Sicht ist auch nicht erklärbar, warum eine Vorspannung bzw. das Erwärmen und Abschrecken des Glases im ESG-Ofen eine weichere Oberfläche erzeugen soll. Auch die Bezeichnung „gehärtetes" Glas für ESG ist eigentlich falsch, da das Glas keine größere Härte, sondern eine starke Vorspannung erhält, was ihm die Verbesserung der technisch-physikalischen Eigenschaften wie höhere Temperaturwechselbeständigkeit, höhere Belastbarkeit, höhere ertragbare Oberflächenspannung im Besonderen verleiht. Somit gilt nach wie vor: Floatglas, TVG und ESG aus Kalk-Natronsilikatglas haben die gleiche Oberflächenhärte.

2.5 Druckfestigkeit

Glas hat allgemein eine sehr hohe Druckfestigkeit von ca. 700 - 900 N/mm². Im Vergleich mit anderen Materialien zeigt sich dies; so hat Granit nur eine Druckfestigkeit von ca. 250 N/mm² und Gusseisen von ca. 700 - 850 N/mm². Eine einfache Definition ist im Glaserfachbuch von Seitz [21] enthalten und hier wiedergegeben: „Die Druckfestigkeit von Floatglas liegt bei ca. 900 N/mm², das entspricht in etwa einer Gewichtskraft von 9 t Masse" (pro cm² – Anmerkung des Autors).

2.6 Zugfestigkeit

Die Zugfestigkeit von Floatglas liegt wesentlich niedriger als die Druckfestigkeit. Der theoretische Wert liegt bei ca. 90 N/mm². Allerdings sind diese theoretischen Werte für die Praxis nicht von Bedeutung. Je nach Lastfall werden heute unterschiedliche Werte für die einzelnen Belastungen und Glasarten angegeben. Diese werden in der Regel von der Bauaufsicht vorgeschrieben. Nachfolgende Tabelle 11 zeigt die rechnerisch zulässigen Biegezugspannungswerte verschiedener Glaserzeugnisse. In den vergangenen Jahren haben sich diese Werte durch neue Technische Regeln gegenüber den jahrzehntelang gültigen Werten verändert. In der deutschen Literatur finden sich für ein Glaserzeugnis oft mehrere Werte, die teilweise auch noch abhängig vom Anwendungsfall sind.

Im Rahmen der einheitlichen europäischen Normung und als Voraussetzung für einen gemeinsamen europäischen Binnenmarkt sind einheitliche Bemessungsregeln zwingend notwendig. Da die bisherigen Technischen Regeln nicht auf einem semi-probabilistischen Sicherheitskonzept aufgebaut waren, wurden sie in den letzten Jahren entsprechend geändert und dazu die DIN 18008 erarbeitet. Wie bereits in vielen anderen Bereichen vorhanden, wurde damit bei der Bemessung von Glas das Eurocode-konforme Sicherheitskonzept umgesetzt. Die Glasbemessung wurde dadurch komplizierter, eine Berechnung „von Hand" ist damit nicht mehr möglich. Grundsätzlich geändert hat sich das Nachweiskonzept nach den europäischen Bemessungsregeln, da nicht mehr ein Globalsicherheitskonzept mit zulässigen Spannungen und Verformungen angewandt wird, sondern ein Teilsicherheitskonzept nach DIN 1055-100 mit Grenzzuständen der Tragfähigkeit und der Gebrauchstauglichkeit. Dabei ist nach wie vor die Biegezugfestigkeit der verschiedenen Glasarten ausschlaggebend.

Das Besondere bei Glas gegenüber anderen Materialien wie z. B. Metallen ist, dass Glas keinen plastischen Bereich kennt; bis zur Bruchgrenze ist es elastisch.

2.6 Zugfestigkeit

Tabelle 11: Biegezugspannungswerte für Glasarten

	Mindestwert der mechan. Festigkeit EN 12150 T1	Vertikalverglasungen nach DIBt[1]	Überkopfverglasungen nach DIBt[1]	E DIN 18008[5] mittel- u. kurzfr. Lasteinwirkung	frühere DIN 1249, T. 10, Erläuterungen	Traditionelle Rechenwerte aus Literatur
Floatglas Spiegelglas Flachglas	45 N/mm²	18 N/mm²	12 N/mm²	16,5 N/mm²	30 N/mm²	30 N/mm²
Einscheiben-Sicherheitsglas (ESG)	120 N/mm²	50 N/mm²	50 N/mm²	50 N/mm²	50 N/mm²	50 N/mm²
Emailliertes ESG Zug auf colorierter Seite	75 N/mm²	30 N/mm²	30 N/mm²	k. A.[3]	k. A.[3]	30 N/mm²
Emailliertes ESG Druck auf colorierter Seite	120 N/mm²	k. A.[3]	k. A.[3]	k. A.[3]	k. A.[3]	50 N/mm²
Teilvorgespanntes Glas (TVG)	70 N/mm²	29 N/mm²[4]	29 N/mm²[4]	29 N/mm²	k. A.[3]	40 N/mm²
Emailliertes teilvorgespanntes Glas (TVG)	45 N/mm²	18 N/mm²[4]	18 N/mm²[4]	k. A.[3]	k. A.[3]	k. A.[3]
Guss-, Ornament-, Draht- oder Drahtspiegelglas	25 N/mm²	10 N/mm²	8 N/mm²	9,2 N/mm²	20 N/mm²	20 N/mm²
Draht- oder Drahtspiegelglas	25 N/mm²	8	8	k. A.[3]	k. A.[3]	15
ESG aus Guss-, Ornamentglas ohne Drahteinlage	60 N/mm²	37 N/mm²	37 N/mm²	k. A.[3]	k. A.[3]	30 N/mm²
Verbund-Sicherheitsglas aus TVG (VSG aus TVG)	70 N/mm²	29 N/mm²	29 N/mm²	k. A.[3]	k. A.[3]	k. A.[3]
Verbund-Sicherheitsglas (VSG)	45 N/mm²	22,5 N/mm²	15 (25)[2] N/mm²	k. A.[3]	k. A.[3]	30 N/mm²

[1] aus TRLV Technische Regeln für Verwendung von linienförmig gelagerten Verglasungen, Fassung September 1998

[2] 15 N/mm² im Regelfall, 25 N/mm² gilt nur für Überkopfverglasungen mit Isolierglas und den Lastfall „Versagen der oberen Scheibe"

[3] keine Angaben dazu vorhanden

[4] sofern bauaufsichtlich keine anderen Werte gefordert werden

[5] Die DIN 18008 beinhaltet von der bisherigen Glasdickenbemessung deutlich abweichende, kompliziertere Verfahren, weshalb ein direkter Vergleich schwer möglich ist.

2.7 Dichte

Die Dichte ρ eines Stoffes ist definiert mit Masse je Volumeneinheit. Die offizielle SI-Einheit ist kg·m^{-3}, also kg/m³ oder g/cm³. Der genaue Wert für Floatglas liegt hier bei 2,5 x 10³ kg/m³ oder 2,5 g/cm³, ist aber je nach Zusammensetzung des Glases geringfügig schwankend. Für die schnelle Ermittlung des Gewichts von Glastafeln kann man sich einfach merken, dass eine 1 m² große Glastafel der Dicke 1 mm ein Gewicht von 2,5 kg hat. Nachfolgende Tabelle zeigt die Werte für verschiedene Glasarten nach Renno und Hübscher [16] mit einigen Ergänzungen des Autors.

Tabelle 12: Dichte unterschiedlicher Materialien und Glasarten

Material	Dichte [g/cm³]
Acryl PMMA	1,18 bis 1,19
Kristalliner Quarz	2,65
Kieselglas/Quarzglas	2,20 bis 2,22
Silizium	2,33
Alkali-Erdalkali-Silikatglas	2,47 bis 2,58
Floatglas Kalk-Natronsilikatglas	**2,5**
Borosilikatglas	2,24 bis 2,48
Aluminium	2,7
Bleisilikatglas	3,2 bis 6,2
Kohlenstoff Diamant	3,51
Strahlenschutzglas RD 50	5,05
Stahl	7,85
Kupfer	8,9
Blei	11,3

2.8 Ausdehnungskoeffizient

Bei Erwärmung dehnt sich Glas wie jeder andere feste oder flüssige Körper aus. Dieser Wert wird als Ausdehnungskoeffizient bezeichnet und mit dem griechischen Buchstaben α gekennzeichnet. Die Maßeinheit ist K^{-1}, also pro Kelvin (bzw. pro °C). Während der Wert z. B. für Metalle linear ist, ist dies bei Glas nicht exakt der Fall. Deshalb wird bei Glas der Wert für den normalen, im Hochbau vorkommenden Temperaturbereich (-20 °C bis +200 °C) angegeben. Bei wesentlich höheren Temperaturen ändert sich dieser Wert. Die nachfolgende Tabelle zeigt einen Vergleich verschiedener Materialien mit unterschiedlichen Glasarten.

Tabelle 13: Lineare Ausdehnungskoeffizienten α verschiedener Materialien

Material	Ausdehnungskoeffizient α [K^{-1}]
Spezielle Glaskeramik	$0 - 0{,}1 \times 10^{-6}$
Zerodur	$< 0{,}1 \times 10^{-6}$
Kieselglas/Quarzglas	$0{,}5 \times 10^{-6}$
Diamant	$1{,}3 \times 10^{-6}$
Silizium	$2{,}0 \times 10^{-6}$
Borosilikatglas	$3{,}3 \times 10^{-6}$
Wolfram	$4{,}6 \times 10^{-6}$
Geräteglas	ca. 5×10^{-6}
Holz	ca. $5{,}4 \times 10^{-6}$
Iridium	$7{,}0 \times 10^{-6}$
Behälterglas	ca. $8{,}5 \times 10^{-6}$
Floatglas Kalk-Natronsilikatglas	**$9{,}0 \times 10^{-6}$**
Platin	$9{,}1 \times 10^{-6}$
Grauguss	$9{,}5 \times 10^{-6}$
Beton	$10 - 12 \times 10^{-6}$
Eisen und Stahl	$12{,}2 \times 10^{-6}$
Nickel	$14{,}5 \times 10^{-6}$
Konstantan	$15{,}2 \times 10^{-6}$
Stahl rostbeständig	16×10^{-6}
Kupfer	$18{,}5 \times 10^{-6}$
Aluminium	$23{,}8 \times 10^{-6}$
PVC hart	78×10^{-6}

2.9 Wärmeleitfähigkeit

Floatglas gehört weder zu den Stoffen, die Wärme sehr gut leiten, noch zu den hoch dämmenden Materialien mit sehr niedriger Wärmeleitfähigkeit. Die Wärmeleitfähigkeit liegt, wie die untenstehende Tabelle zeigt, im mittleren Bereich. Damit eignet sich Glas allein nicht besonders gut zur Wärmedämmung. Deshalb werden Einfachverglasungen bereits seit Jahrzehnten nicht mehr im Wohnungsbau eingesetzt, sie sind heute auch nicht mehr zulässig (EnEV).

Tabelle 14: Wärmeleitfähigkeit verschiedener Materialien

Material	Wärmeleitfähigkeit [W/K m]
Argon	0,017
Luft	0,025
Polystyrol	0,03 – 0,05
Schaumglas	0,038 – 0,055
Korkschrot expandiert	0,04 – 0,055
PU-Schäume	0,05
Blähglimmer	0,07
Polyvinylbutyral (PVB)	0,10
Nadelholz, Fichtenholz, trocken	0,13
PVC	0,16
Holzwerkstoffe	0,17
Wärmedämmender Putz	0,06 – 0,1
Isobutylen (Butyl)	0,24
TPS	0,27
Innenputz	0,35
Silikondichtstoffe	0,35 – 0,50
Polysulfid (Dichtstoff)	0,41
Sand, Kies, Splitt (lose, trockene Schüttung)	0,70
Kunstharzputz	0,70
Floatglas Kalk-Natronsilikatglas	**0,80 – 1,05**
Außenputz	0,87
Keramik und Glasmosaik	1,2 – 1,3
Quarzglas	1,38
Zerodur	1,46
Normalbeton, Stahlbeton	1,35-2,1, 2,3-2,5
Granit	2,8
Marmor, Gneis, Basalt	3,5

2.10 Wärmedämmung mit Glas

Material	Wärmeleitfähigkeit [W/K m]
Edelstahl V2A	21
Stahl	50
Aluminium	160 – 200
Kupfer	380
Silber	400

2.10 Wärmedämmung mit Glas

Vor 3000 Jahren war das Haus ein Schutzraum und Fenster dabei nicht unbedingt notwendig. Erste Verglasungen wurden bei den Römern in Fenstern eingesetzt, nachweisbar ab ca. 50 v. Chr. auch als Kastenfenster und damit hauptsächlich zur Wärmedämmung. Dies zeigten Ausgrabungen aus Pompeji. In weiteren 2000 Jahren hat sich das Fenster als Bauteil zur Wärmedämmung nur geringfügig verbessert. Das Kastenfenster oder Verbundfenster wurde seit der kleinen Eiszeit (ca. 1550 – 1850) in der Renaissance ab ca. 1550 verstärkt eingesetzt. Da die Herstellung von Flachglas ein sehr kostspieliger Prozess war, waren größere Fenster und Verglasungen den betuchteren Bürgern vorbehalten. In einigen Gegenden wurde im 18. und 19. Jahrhundert anstelle der teuren Gläser wesentlich preiswertere, transparente Glimmerplatten (Muskovit) eingesetzt. Diese waren zwar meist bräunlich eingefärbt und nicht so eben wie Gläser, aufgrund ihrer Transparenz jedoch alternativ einsetzbar. Mit der Entwicklung von Isolierglas (Cudo ab ca. 1930), der Erfindung der Floatglasherstellung und ihrer praktischen Umsetzung 1959 durch die Gebrüder Pilkington war ein Quantensprung erreicht, der zu immer besseren Fenstern und Verglasungen führte.

Tabelle 15: Entwicklung der Wärmedämm-Maßnahmen in den letzten 3000 Jahren

Zeitraum	Art der Wärmedämmung mit Glas	Wärmedämmwert
ca. 1000 v. Chr.	Häute in kleinen Wandöffnungen	U_g ca. 6 W/m²K
ca. 50 v. Chr.	Einfachverglasungen der Römer	U_g ca. 5,9 W/m²K
ca. 50 n. Chr.	Doppelverglaste Kastenfenster Pompeij	U_g ca. 2,8 W/m²K
ca. 1550 – 1850	Kleine Eiszeit, verstärkter Einsatz von Doppelverglasungen	U_g ca. 2,8 W/m²K
ca. ab 1930	Isolierglas Cudo	U_g = 3,4 – 3,0 W/m²K
ca. ab 1970	Dreifachverglasungen	U_g = 2,2 – 1,7 W/m²K
1974	Erste Energiekrise, Beginn staatlich reglementierter U-Werte	U_g = 3,0 – 2,0 W/m²K
ca. ab 1976	Isolierglas mit Wärmedämmbeschichtungen	U_g = 1,8 – 1,5 W/m²K
1979	Zweite Energiekrise	U_g = 1,5 – 1,3 W/m²K

Teil 2　Glas und die Glasoberfläche

ca. ab 1980	Wärmedämmbeschichtungen auf Folien für Einsatz im Isolierglas	U_g = 1,2 – 0,9 W/m²K
ca. ab 1985	Deutliche Emissivitätsreduzierungen bei Wärmedämm-Beschichtungen	U_g = 1,0 /m²K
ca. ab 2002	Light-Isolierglas mit reduzierten Glasdicken	U_g = 0,8 – 0,6 W/m²K
ca. ab 2008	Verstärkter Einsatz von Dreifach-Isolierglas mit 2 Wärmedämm-Beschichtungen	U_g = 0,8 – 0,5 W/m²K
ca. ab 2016	Vakuum-Isolierglas	U_g = 2,0 – 0,5 W/m²K

Während in den 60er und 70er Jahren die Einfachverglasung durch Isolierglas abgelöst wurde, führte die erste Energiekrise 1974 zu einer rasanten Entwicklung im Bereich der Wärmedämmung an Wohngebäuden. Zuerst kam – da noch keine hochwärmedämmenden Beschichtungen am Markt verfügbar waren – die gute Dreifachverglasung verstärkt zum Einsatz. Dies brachte eine Reduzierung der U_g-Werte um ca. ein Drittel, pauschal gesagt, von 3,0 auf 2,0 W/m²K. Ein erster Schritt zu höherer Wärmedämmung, der durch Reduzierung von Wärmeleitung und Konvektion erreicht wurde. Der Strahlungsanteil war damit aber nicht beeinflusst worden. Zweifach-Isolierglas und teilweise Dreifach-Isolierglas noch ohne Beschichtung, aber bereits mit Edelgasfüllung im SZR wurde zum damaligen Stand der Technik. Steigende Energiepreise für Strom, Öl, Glas und Holzbrennstoffe heizten die Nachfrage nach immer besser dämmenden Isolierglaseinheiten und Fenstersystemen an. Durch den Einsatz von Anlagen zur Kathodenzerstäubung für die Herstellung von Edelmetallbeschichtungen für Sonnenschutz- und Wärmedämm-Isoliergläser führte der Weg zur Wärmedämm-Beschichtung. Wer zeigen wollte, dass er sich teures Wärmedämm-Isolierglas leisten konnte, ließ sich goldbeschichtetes Isolierglas einbauen. Dies war bei Weitem noch nicht so gut und neutral in Ansicht und Durchsicht, wie man es heute gewohnt ist. Aber es zeigte allein durch seinen rötlich-violetten Glanz, dass hier etwas Besonderes eingebaut war. Vieles an unterschiedlichsten Schichtsystemen wurde entwickelt, kurz im Markt eingesetzt und verschwand dann wieder, wie z. B. die Kupferbeschichtung. Aber die Entwicklung ließ sich nicht aufhalten und so wurde an harten und weichen Beschichtungssystemen geforscht und entwickelt. Die Zinnoxid-Beschichtung als harte Schicht (hardcoating) war über viele Jahre eine oft und gerne verwendete Wärmedämmschicht, da sie nicht randentschichtet werden musste und auch unter schlechten Lagerbedingungen haltbar war. Und sie wird auch heute noch in geringem Umfang als Einfachverglasung vor allem bei Kastenfenstern im Denkmalschutz eingesetzt. Waren diese Beschichtungen in den Anfangsjahren noch durch ihre besondere Farbgebung in Durchsicht und Reflexion auffällig, da sie von den Sonnenschutzbeschichtungen abgeleitet waren, entwickelte man immer bessere, neutralere Beschichtungssysteme bis hin zur heute standardmäßig eingesetzten Silberbeschichtung. Zuerst noch skeptisch betrachtet, denn wer will schon eine Wärmedämmbeschichtung, die – wie von Silber bekannt ist – im Laufe der Zeit wohl schwarz anläuft. Dies war und ist aber nie der Fall gewesen.

Und diese Mehrschichtsysteme mit Silber als Funktionsschicht wurden immer neutraler in Ansicht und Durchsicht, sodass sie sich mehr und mehr durchsetzten. Natürlich wurden sie auch sehr schnell weiterentwickelt, mit der Folge, dass oft nach wenigen Jahren bei Reparaturverglasungen die eingebaute Schicht nicht mehr lieferbar war und noch neutralere Schichten zum Einsatz kamen. Im Zweifach-Isolierglas mit Argon als Füllgas im SZR entwickelte sie sich von

2.10 Wärmedämmung mit Glas

U_g = 1,3 W/m²K bis zu 1,0 W/m²K bei extrem niedriger Emissivität von bis zu ε = 0,01. Im Dreifach-Isolierglas mit Krypton im SZR werden die niedrigsten U-Werte bei geringer Einbaudicke erreicht. Auch Vierfach-Isoliergläser sind in der Diskussion, allerdings aufgrund des extrem großen Gesamtscheibenzwischenraums, des hohen Gewichts und der enormen Erwärmung der Mittelscheiben (thermisch verursachtes Glasbruchproblem zwingt zur ESG-Verwendung) heute keine Option, zumal der wärmetechnische Gewinn in keinem Verhältnis zum deutlich höheren Preis steht. Zur Gewichtsreduktion können heute Dünngläser mit Beschichtung oder Folien im SZR eingesetzt werden, entsprechende Systeme sind seit längerem am Markt erhältlich. Darüber hinaus wird heute an Isolierglas mit Vakuum in SZR gearbeitet und marktreife Systeme stehen bereits zur Verfügung. Die nachfolgende Tabelle zeigt beispielhaft die heute am Markt erhältlichen Aufbauten mit ihren aktuellen wärmetechnischen Werten. Geringe Abweichungen je nach Hersteller sind möglich.

Tabelle 16: Übersicht über die wärmetechnischen Werte verschiedener heute und zukünftig erhältlicher Glas- und Isolierglasaufbauten

Glasart	Aufbau* in mm	Ug W/m²K	T_L	g-Wert	T_{UV}
Einfachglas	4	5,8	91 %	0,88	73 %
Isolierglas	4 - 16 - 4	2,7	83 %	0,80	58 %
Wärmedämm-Iso	4 - 16Ar - :4 Planitherm Eclaz	1,1	83 %	0,64	43 %
Dreifach-Iso	4: - 16Ar - 4 - 16Ar - :4 Planitherm Eclaz	0,6	77 %	0,60	29 %
Dreifach-Iso	4: - 12Kr - 4 - 12Kr - :4 Planitherm Eclaz	0,5	77 %	0,60	29 %
Vierfach-Iso	4:-14Ar-4-14Ar-:4-14Ar-:4 Planitherm Eclaz	0,4	71 %	0,54	21 %
Leichtglas-Dreifach-Iso	3: - 12Kr - 2 - 12Kr - :3 Planitherm Eclaz	0,5	78 %	0,55	32 %
Vakuum-Iso	3 - 0,1V - :3 LowE	0,7	81 %	0,68	35 %
Vakuum-Iso	4-0,1Vr-:4-16Ar-4 LowE	0,4	73 %	0,54	16 %

*Erläuterungen: die technischen Werte außer Vakuum-Glas wurden mit Calumen III (SGG) 2020 ermittelt;
  Doppelpunkt = Wärmedämmbeschichtung;
  Ar = Argon, Kr = Krypton Gasfüllung im Scheibenzwischenraum; V = Vakuum

2.11 Elektrische Eigenschaft

Floatglas (Alkali-Erdalkali-Silikatglas bzw. Kalk-Natronsilikatglas) ist bei normaler Raumtemperatur nicht elektrisch leitend und somit ein guter Isolator. Bei Temperaturerhöhung auf ca. 800°C sinkt der elektrische Widerstand des Glases sehr stark ab, Glas erreicht dann eine sehr hohe Leitfähigkeit. Allerdings spielt bei Flachglas im Hochbau und Innenausbau dessen elektrische Eigenschaften keine nennenswerte Rolle, anders als in der Elektrotechnik oder Elektronik. Deshalb sind im Nachfolgenden nur einige wenige Kennwerte für Glas genannt. Die elektrische Leitfähigkeit von Alkali-Erdalkali-Silikatglas liegt bei 10^{-13} bis 10^{-14} S m^{-1}, bei Spezialgläsern liegt dieser Wert bei bis zu 10^{-18} S m^{-1}. Silikatglas besitzt bei Normaltemperatur (20 °C, 50 Hertz) einen spezifischen elektrischen Widerstand von $\varsigma = 1010$ bis 1012 Ω m und eine Dielektrizitätszahl oder relative Dielektrizitätskonstante von $\varepsilon = 8{,}8 \cdot 10^{-12}$ F/m [15]. Der dielektrische Verlustfaktor beträgt $\tan \delta = 0{,}008$ bis $0{,}01$. Die elektrische Durchschlagsfestigkeit ist abhängig von der Glasart, der Durchschlagsspannung U und der Probendicke s und liegt bei ca. 100 bis 450 kV/cm.

2.12 Chemische Beständigkeit

Die chemische Zusammensetzung von Glas entscheidet sehr stark über die Eigenschaft wie Klima-, Säure- oder Laugenbeständigkeit. Ein hoher Anteil an Alkalioxiden wirkt sich dabei negativ, hohe Anteile von Al_2O_3, SiO_2 und CaO wirken sich positiv auf die Klimabeständigkeit bei Lagerung, Transport, Reinigung und Anwendung aus. Die Beurteilung der chemischen Beständigkeit von Glas unterscheidet die Säurebeständigkeit (DIN 12116), die Laugenbeständigkeit (DIN 52322) und die Wasserbeständigkeit (DIN 52296). Die Prüfung der Säurefestigkeit erfolgt mittels siedender Salzsäure, bei der Prüfung der Laugenfestigkeit wird siedende Natriumhydroxid-/Natriumkarbonatlösung verwendet. Die Einordnung von Floatglas, dessen Zusammensetzung aufgrund des Herstellungsverfahrens nicht wesentlich zwischen den unterschiedlichen Floatglashütten schwankt, ist in nachfolgender Tabelle 12 angegeben.

Tabelle 17: Chemische Beständigkeit von Glas

Eigenschaft	Klasse	Erläuterung
Säurebeständigkeit	1	Sehr gute Beständigkeit mit Ausnahme von Flusssäure und heißer Phosphorsäure
Laugenbeständigkeit	1 bis 2	Gute Beständigkeit
Wasserbeständigkeit	3 bis 4	Mäßige Beständigkeit

2.12 Chemische Beständigkeit

Unter normalen und üblichen klimatischen Bedingungen und bezüglich chemischer Angriffe gelten Flachgläser als langzeitbeständig. Allerdings ist bei Transport, Lagerung und Reinigung von Flachglas Vorsicht geboten, wenn Wasser auf den Oberflächen kondensiert oder in flüssiger Form zwischen Scheibenpakete gelangt. Durch länger einwirkende, stehende Wasserfilme auf Glasoberflächen kommt es zu Korrosion und es entsteht eine Korrosionsschicht, eine ausgelaugte Schicht auf der Glasoberfläche. Bei sehr starker und längerer Feuchtebeaufschlagung kann es sogar zu Anätzungen der Glasoberfläche durch im Wasserfilm angereichertes Natriumhydroxid (NaOH) kommen, welches beim Korrosionsvorgang der Glasoberfläche entsteht. Vor allem bei unsachgemäßer Lagerung von Glasstapeln auf Böcken oder in Kisten kann diese Oberflächenbeschädigung auftreten, aber auch im SZR von „blinden" Isolierglaseinheiten.

Bei allen Verglasungen im Außenbereich kommt es zur Ausbildung von Korrosionsschichten durch Regen oder Kondensation aufgrund klimatischer Einflüsse. Es entsteht eine Auslaugung der Alkali (Na^+)- und Hydroxid (OH)-Ionen aus der Glasoberfläche. Der dünne Wasserfilm auf der Glasoberfläche veranlasst die Anreicherung mit Na^+- und (OH)-Ionen, es bildet sich eine relativ konzentrierte Natronlauge (NaOH). Eine dadurch einsetzende beschleunigte alkalische Zersetzung des Glasnetzwerks kann bis zu mehrere Mikrometer tiefe Zerstörungen der Glasoberfläche verursachen. Dies zeigt sich als Trübung der Glasoberfläche. Wird das sich auf der Glasoberfläche bildende Natriumhydroxid jedoch durch die stetige Erneuerung des Wasserfilms verdünnt und abgeführt, kommt es nicht zur beschleunigten alkalischen Zersetzung, die Glasoberfläche wird jedoch auch entalkalisiert, also ausgelaugt. In der Regel ist die Glasoberfläche dadurch sogar „vergütet" und vor weiterer Abwitterung geschützt, diese Korrosionsschicht ist eine poröse, natriumarme, einige Mikrometer tiefe SiO_2-Schicht, also eine Kieselgel-Schutzschicht. Sie setzt einem weiteren Angriff Grenzen und bringt ihn schließlich ganz zum Stehen. Mit bloßem Auge ist dieser dünne Schutzfilm nicht zu sehen, vielfach wird dies auch als Korrosion der Stufe 1 bezeichnet. Eine sehr anschauliche Darstellung der Glasoberfläche mit den Korrosionsprozessen findet sich bei Gläser, Dünnfilmtechnologie auf Flachglas [4].

Eine „Erblindung" der Glasoberfläche ist immer dann gegeben, wenn unlösliche Alkali-Kalk-Silikathydrat-Schichten und fleckenartige Beschläge auf der Glasoberfläche vorhanden sind (Korrosion der Stufe 2). Sehr oft beginnt dieses Erblinden mit der Bildung irisierender Oberflächenbereiche, die aufgrund der unterschiedlichen Dicken der Reaktionsschicht und unterschiedlicher Lichtbrechung Interferenzfarben zeigen. Dieses Schillern beginnt ab einer Schichtdicke von ca. 0,2 µm, da diese an dem eingedrungenen und an Grenzflächen des zersetzten und nicht zersetzten Glases reflektierten Lichts einen Gangunterschied erzeugen, der die bekannten Regenbogenfarben erzeugt. Solche Erscheinungen treten z. B. immer dann auf, wenn verpackte Glasscheiben lange Zeit mit Feuchtigkeit zwischen den einzelnen Tafeln gelagert werden und die eingedrungene Feuchtigkeit aufgrund der Kapillarwirkung nicht verdunsten kann.

Die einzige Säure, die Glas auflöst, ist Flusssäure (Fluorwasserstoff). Sie wird dazu verwendet, die Glasoberfläche zu bearbeiten (Mattierung, Säurepolitur). Die von ihr abstammenden Salze greifen die Glasoberfläche an, deshalb ist die Aufbewahrung dieser Substanzen in Glasgefäßen nicht möglich.

Teil 2   Glas und die Glasoberfläche

2.13 Zinnseite bei Floatglas

Für die Verarbeiter von Floatglas ist es oft wichtig, die Zinnseite des Floatglases zu kennen. Insbesondere bei Magnetronbeschichtungen ist das wichtig. Eine einfache Methode wird bereits von Medicus [13] beschrieben. Dabei wird die Tatsache ausgenutzt, dass auf der Zinnbadseite des Floats zweiwertige Zinnionen vorhanden sind. Eine mit Silbernitrat gesättigte 38 bis 40%ige Flusssäure dient dabei als Prüflösung. Beim Aufbringen eines Tropfens dieser Lösung zeigt sich das Vorhandensein von Zinn durch Schwarzfärbung.

Eine einfacher anzuwendende Methode ist die Verwendung von speziellen Quarzlampen, die auf der Zinnseite eine milchige, fluoreszierende Oberflächenreflexion zeigen. Dazu können einfache UVC-Lampen, die zur Echtheitsprüfung von Geldscheinen dienen, verwendet werden. Aufgrund der geringen Lichtstärke dieser UVC-Lampen muss diese Prüfung allerdings in einem möglichst stark abgedunkelten Raum erfolgen. Bei der Prüfung beider Oberflächen kann der Unterschied in der Reflexion des UV-Lichtes schnell festgestellt und somit die Zinnseite eindeutig erkannt werden.

Seit Kurzem gibt es eine weitere Methode zur berührungslosen optischen Messung der Zinnseite mittels Handmessgerät. Hierbei wird ebenfalls die unterschiedlich starke UV-Reflexion von Zinn- und Luftseite dazu verwendet, in Abhängigkeit der Glasdicke und des Floatglasherstellers bei darauf kalibriertem Messgerät oder durch Vergleichsmessungen beider Oberflächen die Zinnseite zu bestimmen. Einige dieser Geräte eignet sich auch zur Messung von LowE- und anderen Beschichtungen auf Glas.

2.14 Interferenzen

Das Wort Interferenz setzt sich aus der lateinischen Vorsilbe inter (zwischen) und dem Verb ferire „schlagen" zusammen; es ist aus dem altfranzösischen Wort s'entreferir „sich gegenseitig schlagen" abgeleitet.

Unter Interferenz versteht man die Überlagerung zweier Wellen durch Addition der Amplituden (Superpositionsprinzip). Interferenzen treten bei allen Wellenarten auf, wie z. B. bei Licht, Schall, Materiewellen und vielen anderen. Es gibt zwei Arten von Interferenzen: löschen sich die Wellen gegenseitig aus, so spricht man von **destruktiver Interferenz;** verstärken sich die Amplituden, so spricht man von **konstruktiver Interferenz.** Weitere wellenoptische Effekte sollen hier nicht betrachtet werden.

2.14 Interferenzen

 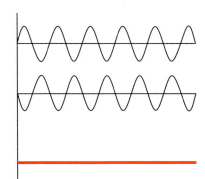

Konstruktive Interferenz:

Beide Wellen laufen mit gleicher Phase und verstärken sich.

Destruktive Interferenz:

Beide Wellen laufen mit einer Phasenverschiebung von einer halben Wellenlänge und löschen sich aus.

Bei elektromagnetischen Wellen mit sehr hohen Frequenzen, wie dies bei Licht der Fall ist, ist es immer erforderlich, dass die Wellen aus der gleichen Quelle (Sonne) stammen, damit Interferenzen überhaupt entstehen können.

Weißes Licht, das an dünnen Schichten von optisch transparenten Materialien reflektiert wird, erscheint häufig farbig (Regenbogenfarben). Diese Interferenzfarben entstehen durch Reflexion der Strahlen an der Oberfläche und an der unteren Grenzfläche, sofern dadurch ein Gangunterschied, also eine Phasenverschiebung von einer halben Wellenlänge entsteht. Interferenzen treten also dann auf, wenn mindestens zwei Wellensysteme zusammentreffen und sich ungestört überlagern. Trifft dies nun beispielhaft für blaues Licht zu, so wird diese Lichtfarbe ausgelöscht (destruktiv interferiert). Das weiße Licht wird dann ohne den Blauanteil reflektiert, die anderen Lichtfarben bleiben erhalten. Damit sieht man dann die Komplementärfarbe zu Blau, also gelbes Licht. Dünne Ölschichten auf Wasser oder Seifenblasen zeigen genau diese Interferenzen, da es sich hier um sehr dünne transparente Schichten handelt.

Ähnliches ergibt sich, wenn das blaue Licht so reflektiert wird, dass keine Phasenverschiebung auftritt, also wenn die Strahlen an der Oberfläche und an der unteren Grenzfläche so reflektiert werden, dass die Phasen der Wellen absolut deckungsgleich sind. Dann wird der Anteil an blauem Licht verstärkt und dadurch deutlich sichtbar.

Interferenzerscheinung an Isolierglas aus 2 x 3 mm Floatglas   Detailaufnahme

Das Wechselspiel aus Verstärken und Aufheben der einzelnen Spektralfarben des sichtbaren Lichts durch die Phasenverschiebung der Lichtwellen bewirkt das Auftreten der optischen Interferenzen als regenbogenartiges Farbspiel.

Die einzelnen Farben des Lichts sind für das menschliche Auge erkennbar, da sie jeweils unterschiedliche Wellenlängen haben. Die Wellenlängen des sichtbaren Lichts liegen zwischen 380 und 780 nm (0,00038 – 0,00078 mm). Das Licht aus allen diesen Farben, das die Sonne auf die Erde strahlt, erkennt das menschliche Auge als „weißes" Licht. Die einzelnen Farben werden nicht erkannt, wenn sie in allen Wellenlängen in etwa gleicher Anzahl vorhanden sind. Erst dann, wenn das Licht einer Wellenlänge (einer Farbe) besonders stark auftritt, wird diese Farbe erkannt oder wenn es fehlt, erscheint die Lichtquelle farbig.

Tabelle 18: Wellenlängen der Farben des sichtbaren Lichts

Lichtfarbe	Wellenlänge [nm]
UV-Strahlung (nicht sichtbar)	100 – 380
Violett	380 – 420
Blau	420 – 490
Grün	490 – 575
Gelb	575 – 585
Orange	585 – 650
Rot	650 – 780
Infrarot-Strahlung (nicht sichtbare Wärmestrahlung)	780 – 10.000

Die destruktiven oder konstruktiven Interferenzen treten allerdings nicht nur an sehr dünnen transparenten Materialien auf, sondern auch an dickeren transparenten Materialien wie Glas.

2.14 Interferenzen

Die Voraussetzung dafür ist allerdings, dass über eine größere Fläche keine Dickenschwankungen des transparenten Materials auftreten.

Bereits 1962 hat Prof. Strong an der John-Hopkins-Universität in Baltimore, Maryland (USA) diese optischen Interferenzen bei Glas untersucht und festgestellt, dass diese auch bei Glas mit sehr glatten und planparallelen Oberflächen auftreten können, wenn die vorab beschriebenen Parameter zutreffen. Interessant ist in diesem Zusammenhang, dass das Auftreten von optischen Interferenzen an Verglasungen erst mit der hochentwickelten und ausgereiften Technologie der Floatglasherstellung und dem zunehmenden Einsatz von Floatglas bei der Isolierglasherstellung beobachtet werden konnte.

In der heute üblichen Floatglasproduktion wird das flüssige Glas auf ein Bad mit flüssigem Zinn gegossen. Da flüssige Metalle die Eigenschaft haben, dass sie ihre Oberfläche absolut plan ausrichten, richtet sich auch die Oberfläche des darauf schwimmenden (floatenden) flüssigen Glases absolut plan aus. Beim Abziehen dieses zähflüssigen Glasbandes am Ende des Zinnbades mit gleichbleibender Geschwindigkeit ist nicht nur die unten liegende Oberfläche plan ausgerichtet, sondern auch die oben liegende. Damit erzielt man bei der Floatglasproduktion absolut plane und auch zueinander absolut planparallel ausgerichtete Oberflächen ohne messbare Dickenschwankungen. Die Dickenunterschiede von Floatglas während der Herstellung einer Glasdicke liegen bei ca. 0,0004 bis 0,0007 mm, also bei sehr geringen Differenzen, allerdings im Bereich der Wellenlängen des Lichts (0,00038 – 0,00078 mm). Dies darf allerdings nicht mit den möglichen Dickentoleranzen verwechselt werden, die entstehen, wenn von einer Glasdicke auf die nächsthöhere/nächstniedrigere gewechselt wird. Bei der Durchsicht durch dieses planparallele Floatglas treten keinerlei Verzerrung mehr auf, wie dies früher bei gezogenem Glas der Fall war.

Werden nun zwei oder mehrere Glasscheiben mit glatter, planparalleler Oberfläche und vor allem gleicher Glasdicke zu Isolierglas zusammengebaut und somit parallel hintereinander angeordnet, kann das dazu führen, dass die beschriebenen optischen Interferenzen auftreten. Allerdings treten sie nicht immer so auf, dass sie auch deutlich wahrgenommen werden können, sondern dazu sind besondere Sichtbedingungen notwendig. Sie sind von den örtlichen Lichtverhältnissen, der Lage der Scheibe und dem Einfallswinkel des Lichts abhängig. In den meisten Fällen sind sie nur bei schrägem Blickwinkel auf die Scheiben erkennbar, nur in der Draufsicht und nur bei jeweils gleichem Standort des Scheibenbetrachters. In der Durchsicht durch das Glas, wie es bei Isolierglas üblich ist, können sie nicht oder nur absolut selten erkannt werden. Die Interferenzmuster erscheinen als unterschiedlich schwache farbige und graue Flecken, Streifen, Ringe oder Muster auf der Glasoberfläche, ähnlich wie das farbige Schillern von Seifenblasen, Perlmutt oder von Ölfilm auf Wasser. Optische Interferenzen sind nicht unter jedem Blickwinkel erkennbar, sondern meist nur unter einem bestimmten Betrachtungswinkel. Sie lassen sich auch üblicherweise nur bei bestimmter Beleuchtung, wie dies bei klarem, wolkenlosem Himmel der Fall ist, beobachten. Mit abnehmender Helligkeit und zunehmender Bewölkung verschwinden sie wieder. Sie sind auch nur aus wenigen Metern Entfernung sichtbar und verschwinden mit zunehmendem Abstand des Betrachters. Beim Druck mit der Hand auf die Scheibe verändern sie ihre Form und Lage etwas, sie „wandern" über die Scheibe, was ein eindeutiges Zeichen dafür ist, dass es sich um optische Interferenzen und nicht z.B. um einen Ölfilm auf der Glasoberfläche handelt. Dies unterscheidet optische Interferenzen auch eindeutig von örtlich fixierten Oberflächenschäden oder Oberflächenveränderungen.

Teil 2   Glas und die Glasoberfläche

Entstehung von Interferenzen durch Überlagerung und entsprechender Phasenverschiebung bei Isolierglas mit gleichdicken Scheiben

Bei unterschiedlichen Glasdicken ist die Überlagerung mit entsprechender Phasenverschiebung sehr unwahrscheinlich

Bei Glas mit nicht planparallelen Oberflächen ist die Überlagerung mit entsprechender Phasenverschiebung aufgrund unterschiedlicher Reflexionswinkel und Glasdicken nicht mehr möglich

Lichtdurchgang durch Isolierglas mit gleichen und unterschiedlichen Glasdicken

Bei Scheiben mit nicht so glatter und planer Oberfläche, wie dies bei Ornamentglas, bei gezogenem Glas und oft auch bei beschichtetem Glas der Fall ist, treten sie dagegen nicht auf, da die an beiden Oberflächen reflektierten Lichtstrahlen in unterschiedliche Richtungen gelenkt werden und sich damit nicht überlagern können (siehe vorherige Abbildung). Damit kann die eindeutige Aussage getroffen werden, dass sie kein Qualitätsmangel sind, sondern dass nur bei Glas mit absolut verzerrungsfreier, glatter und planparalleler Oberfläche, also mit Oberflächen von hoher Qualität, solche Interferenzen auftreten können.

Bei dichroitischen Filtern wird dieses Interferenzprinzip angewandt, indem gezielt durch die Reflexion des Lichts an dünnen durchsichtigen Schichten optische Interferenzen erzeugt werden. Dazu müssen die Schichten auf ein geeignetes Substrat aufgebracht werden und die Schichtdicke muss kleiner als die Wellenlänge des Lichts sein. Da die Interferenzen bei dichroitischen

Filtern aufgrund von optischen Wegunterschieden sich überlagernder Lichtwellen entstehen, ist deren Wirkung und somit ihre optische Erscheinung vom Einfallswinkel des Lichts abhängig. Mit größer werdendem Einfallswinkel verschiebt sich die Filtercharakteristik zu kürzeren Wellenlängen, so wird beispielsweise aus Orange mit zunehmendem Winkel Gelb und dann farblos.

2.15 Newton'sche Ringe

Eine spezielle Erscheinung von Interferenzen sind die Newton'schen Ringe, benannt nach Isaak Newton. Sie entstehen durch Interferenz am Luftspalt zwischen zwei reflektierenden, nahezu planparallelen Oberflächen, beispielsweise beim Aufliegen einer Linse (gekrümmte Fläche) auf einer ebenen Glasplatte. Diese konzentrischen Ringe entstehen durch Reflexion des Lichts an der oberen und unteren Oberfläche des transparenten Materials, das den dünnen Luftspalt begrenzt. Ihr Zentrum liegt im Berührungspunkt. Sie entstehen zum Beispiel beim Aufliegen einer Glaslinse auf einer ebenen Glasplatte oder beim Aufeinanderliegen von zwei Glasscheiben in Scheibenmitte des Isolierglases. Auch hierbei kommt es zu destruktiver Interferenz, also zu Auslöschung einzelner Spektralfarben des Lichts. Es verbleibt das restliche Spektrum und erzeugt die Komplementärfarbe des ausgelöschten Lichts. Je größer die Wellenlänge einer bestimmten Spektralfarbe ist, umso größer ist der Abstand der Ringe dieser Spektralfarbe. Dadurch verschiebt sich die Abfolge der Farbe nach außen hin und die Ringe verschiedener Farben überlagern sich, was zu additiven Farbmischungen und zur Änderung der Farbabfolge nach außen hin führt. Mit zunehmendem Radius werden diese Ringe immer enger bis zum Verschwinden bei größer werdender Spaltbreite.

Newton'sche Ringe an Isolierglas, dessen Scheiben mittig aufeinander liegen, durch blaues Klebeband gekennzeichnet.

Detailaufnahme

Treten Newton'sche Ringe ungefähr in Scheibenmitte von Isolierglas und begrenzt auf einen wenige Zentimeter großen Bereich auf, so kann man davon ausgehen, dass sie aufgrund des Aufeinanderliegens von zwei Glasscheiben entstanden sind. Sie können durch Druck auf die Scheibe leicht verändert bzw. bewegt werden. Ein Aufpumpen des Scheibenzwischenraumes lässt die aufeinander liegenden Scheiben sich wieder lösen und plan werden. Die Newton'schen Ringe verschwinden. Bei modernen Wärmeschutz-Isoliergläsern mit Edelgasfüllung wird, sofern das Aufpumpen nicht mit dem gleichen Edelgas sondern mit Luft erfolgt, die Gaskonzentration reduziert, was zu einer Verschlechterung des U-Wertes um ca. 0,1 bis 0,2 W/m²K führen kann.

2.16 Anisotropie

Der Begriff Anisotropie bezeichnet eine richtungsabhängige Eigenschaft oder einen richtungsabhängigen Vorgang in Physik, Mathematik, Kristallografie oder Materialwissenschaft und wird auf jeweils unterschiedliche Eigenschaften der betrachteten Systeme angewandt. Er ist abgeleitet aus dem griechischen „an(ti)" = gegen/nicht, „isos" = gleich und „tropos" = Drehung, Richtung. Damit lässt sich eine Vielzahl an unterschiedlichen Anisotropien und anisotropen Eigenschaften in den verschiedensten Bereichen beschreiben.

Bezogen auf Flachglas wird mit Anisotropie eine besondere optische Eigenschaft von vorgespanntem Glas (ESG und TVG) beschrieben. Sie wird manchmal auch als Irisation, „Leopardenflecken" oder „quench marks" bezeichnet. Beim thermischen Vorspannprozess von Flachglas wird das fertig bearbeitete Glas im ESG-Ofen in der Heizzone unter ständigem Hin- und Herbewegen zuerst bis fast zum Schmelzpunkt erwärmt und dann sofort in der anschließenden Abkühlzone extrem schnell und gleichmäßig abgekühlt. Dabei kühlt die Glasoberfläche wesentlich schneller ab als der Kern und es entsteht über die gesamte Oberfläche eine Druckspannungszone und im Kern eine Zugspannungszone. Diese gezielt hergestellten Spannungszonen im ESG sorgen für wesentlich höhere mechanische und thermische Belastbarkeit der Glasscheibe beim Einwirken von Flächenlasten oder Temperaturunterschieden auf die Glasfläche. Beim Einfall von polarisiertem Licht (Licht mit Wellenparallelität) auf das Glas kommt es durch diese Spannungszonen zu Doppelbrechung des polarisierten Lichts. Dadurch werden die Spannungszonen unter bestimmten Lichtverhältnissen sichtbar. Diese Anisotropien können als mehrfarbige, regenbogenfarbige Streifen, Ringe, Punkte oder Wolken, die über die gesamte Scheibenfläche verteilt

2.16 Anisotropie

sind, wahrgenommen werden. Das natürliche Tageslicht weist je nach Tageszeit und Wetterlage immer mehr oder weniger polarisierte Anteile auf. Vor allem bei tiefstehender Sonne (morgens und abends), in der Nähe von Gewässern und verglasten Gebäudeecken erhöht sich der Anteil an polarisiertem Licht im Tageslicht. Dies kann bei vorgespannten Gläsern zu den genannten sichtbaren Mustern führen. Anisotropien sind also physikalisch bedingt und deshalb nicht vermeidbar.

ESG-Tischplatte, Anisotropien mit Polarisationsfilter optisch nahezu entfernt.

ESG-Tischplatte, Anisotropien durch Pol-Filtereinstellung deutlich sichtbar.

Lichtwellen, die unter einem Einfallswinkel von 57° auf eine Glasplatte treffen, werden bei der Reflexion und Brechung linear und senkrecht zueinander polarisiert, sie sind linearpolarisiert. Auch beim Reflektieren von Licht auf der Wasseroberfläche kommt es zur Polarisation von Licht, weshalb vorgespannte Gläser in der Nähe von Gewässern häufiger Anisotropien zeigen können als anderswo.

Die im Glas bei der Herstellung von ESG eingebrachte Spannung (Zug- und Druckspannung) verändert sich nach dem ESG-Herstellungsprozess nicht mehr, da die hierfür notwenigen Prozess-

Temperaturen von >600 °C in der Praxis nicht vorkommen können. Selbst bei direkter Sonnenbestrahlung und schwarzer Beschichtung kann ESG in der Fassade oder im Dach maximal 85 bis 87 °C warm werden. Transparente Dachverglasungen erreichen maximal ca. 55 °C, je nach Einfärbung und Verschmutzungsgrad der Scheibe. Bei Temperaturen unter 280 °C kann die Vorspannung im Glas generell nicht mehr beeinflusst werden. Eine Veränderung (Verstärkung oder Reduzierung) der ESG-Vorspannung ist deshalb während des normalen Gebrauchs nicht möglich.

Allerdings kann durch veränderte Anteile von polarisiertem Licht (z.B. durch veränderte Bebauung) die optische Wahrnehmung der Anisotropien durchaus verändert werden.

Anisotropien an 15 mm ESG, durch Spiegelung im davorliegenden See verstärkt sichtbar, mit Polfilter verstärkt.

Detail aus obigem Bild, mit Polfilter verstärkt.

Eine Biene kann mit ihrem Auge Polarisationsgrade wahrnehmen, das menschliche Auge ist dazu nicht imstande. Mit Polarisationsfiltern, wie sie z.B. Fotografen zur Vermeidung von Spiegelungen auf Glas oder Wasseroberflächen verwenden, sind diese Spannungen im Glas je nach Filterstellung deutlich sichtbar oder nicht mehr wahrnehmbar. Aber auch mit Sonnenbrillen, die Polaroid-Gläser haben, werden diese Spannungen im Glas bei starker Sonnenstrahlung erkennbar. Diese spannungsoptische Methode ist ein typischer Nachweis für derartige Spannungen

2.16 Anisotropie

im Glas bzw. eine Möglichkeit der nachträglichen Erkennung von ESG, sofern der ESG-Stempel z. B. beim Verglasen im Glasfalz verschwindet! Damit ist aber auch eindeutig belegbar, dass es sich um optisch sichtbare Spannungsfelder im ESG handelt, die eindeutig herstellungsbedingt und nachträglich nicht mehr veränderbar sind. Neuerdings gibt es aber auch laseroptische Messgeräte, mit denen durch einfaches Bewegen des Messgerätes über die Glasoberfläche festgestellt werden kann, ob es sich um vorgespanntes ESG oder um nicht vorgespanntes Floatglas handelt.

Bei Gläsern im Dachbereich wird zwar häufig, aber nicht in jedem Falle ESG verwendet, deshalb sind diese Anisotropien nicht an jedem Glasdach sichtbar. Allerdings ist die Verwendung von ESG im Dach als Außenscheibe durchaus sinnvoll, da ESG eine erheblich bessere Belastbarkeit bei Flächenlasten (Wind, Hagel, Schnee u.a.) und bei thermischen Lasten (Teilbeschattung) gegenüber normalem Floatglas aufweist. Aber nicht nur im Dachbereich können sich Anisotropien zeigen, auch bei Senkrechtverglasungen mit ESG kann deren Auftreten je nach Lichtverhältnissen beobachtet werden.

Eine ordnungsgemäße ESG-Herstellung erzeugt immer Spannungsfelder im Glas, die sich als Anisotropien (in Abhängigkeit des polarisierten Lichtanteils) bemerkbar machen können. Eine mangelhafte ESG-Herstellung mit geringerer Vorspannung lässt diese optische Erscheinung schwächer erscheinen oder gar nicht erst auftreten. Deshalb kann keinesfalls bei Auftreten von Anisotropien geschlossen werden, dass das ESG nicht ordnungsgemäß vorgespannt ist. Das Gegenteil ist hierbei der Fall!

Die DIN EN 12150 schreibt zu Anisotropie (Irisieren): „Durch das thermische Vorspannen werden im Querschnitt des Glases unterschiedliche Spannungen eingebracht. Diese Spannungsfelder verursachen eine Doppelbrechung im Glas, die in polarisiertem Licht sichtbar ist. Wenn thermisch vorgespanntes Kalknatron-Einscheiben-Sicherheitsglas in polarisiertem Licht betrachtet wird, werden die Spannungsfelder als farbige Zonen sichtbar, die manchmal als „Leopardenflecken" bezeichnet werden. Polarisiertes Licht ist in normalem Tageslicht vorhanden. Der Anteil des polarisierten Lichts ist vom Wetter und vom Sonnenstand abhängig. Die Doppelbrechung ist bei seitlichem Blickwinkel oder durch polarisierte Brillen deutlicher sichtbar. Anisotropie ist kein Fehler, sondern ein sichtbarer Effekt."

Als Beispiel sei hier noch erwähnt, dass Anisotropien sehr häufig bei Pkw-Heckscheiben erkennbar sind, meist abends bei tiefstehender Sonne (hoher Anteil polarisierten Lichts) und als farbig schillernde Muster aus Flecken oder Streifen. Auch dies ist ein ESG-typisches Erscheinungsbild, das bei keinem Automobilhersteller reklamiert werden kann.

Mit modernen ESG-Öfen ist es heute zwar möglich, das Auftreten von Anisotropien bei ESG etwas zu reduzieren bzw. wesentlich gleichmäßiger erscheinen zu lassen. Da es sich bei Anisotropien aber um die physikalische Gesetzmäßigkeit der Doppelbrechung des sichtbaren Lichtes handelt, hat der ESG-Hersteller keine Möglichkeit, auf diese so einzuwirken, dass sie nicht mehr vorhanden sind, da er damit physikalische Gesetze verändern müsste – schlichtweg unmöglich!

Die in thermisch vorgespanntem Glas vorhandenen Spannungen können mit spannungsoptischen Prüfungen sogar qualitativ und quantitativ erfasst werden. Dabei handelt es sich aber um aufwändige Messverfahren, die meist nur im Labor verwendet werden und von denen nicht alle für den Einsatz am Bau geeignet sind.

Anisotropien unter normalem Tageslicht kaum sichtbar.

Anisotropien an Fassadenscheibe, mit Polfilter verstärkt.

2.17 Doppelscheibeneffekt bei Isolierglas

Der Scheibenzwischenraum von Mehrscheiben-Isolierglas, meist mit Edelgasfüllung (Argon, Krypton oder Mischungen beider Gase) versehen, ist von der Umgebungsluft hermetisch abgeschlossen. Dazu wird das Abstandhalterprofil beidseitig mit einem nahezu wasserdampfundurchlässigen Material beschichtet, dieses sodann mit den Glasscheiben verpresst und der verbleibende Zwischenraum am Rand umlaufend mit einer Dichtmasse versiegelt, die den mechanischen Zusammenhalt der Scheiben zusätzlich gewährleistet. Ein Trocknungsmittel im Abstandshalterprofil sorgt für die Trocknung des Scheibenzwischenraums und nimmt nachdiffundierende Feuchtigkeit auf. Dadurch wird gewährleistet, dass sich kein Kondensat im Scheibenzwischenraum (SZR) bilden kann, da die relative Luftfeuchte im SZR durch die Trocknung nur noch ca. 2 – 5 % r. F. beträgt. Nach diesem System werden in Europa ca. 85 – 90 % der Isoliergläser produziert, unabhängig davon, ob es sich um Zweifach-, Dreifach- oder Mehrfach-Isoliergläser handelt. Die weitverbreitete Meinung, dass sich zwischen den Scheiben von Isolierglas (oft als Thermopane bezeichnet) ein Vakuum befindet, ist falsch. Isoliergläser mit Vakuum befinden sich zurzeit noch in der Entwicklungsphase.

Der hermetisch abgeschlossene SZR lässt keinen Druckausgleich mit der Umgebung zu. Die Temperatur- und Druckverhältnisse am Tage der Produktion des Mehrscheiben-Isolierglases

2.17 Doppelscheibeneffekt bei Isolierglas

sind somit eingeschlossen. Bei allen Änderungen von Temperatur oder Luftdruck verändert sich deshalb die Stellung der Scheiben zueinander, es kommt zu konvexen oder konkaven Durchbiegungen der Außenscheiben, das Isolierglas baucht aus oder ein, ähnlich einem Dosenbarometer. Wäre dies nicht der Falle und die Umgebungsluft könnte bei Druckänderungen in den SZR eindringen, wäre das Isolierglas aufgrund der ebenfalls eindringenden Feuchtigkeit innerhalb weniger Wochen oder Monate im SZR beschlagen.

Die physikalische Gesetzmäßigkeit dieser Deformation der Außenscheiben von Isolierglas nennt man „Doppelscheibeneffekt" oder auch „Isolierglaseffekt". In vielen Publikationen wurden diese Gesetzmäßigkeiten mit ihrer Problematik bereits detailliert abgehandelt, erstmalig 1958 ausführlich von F. Katheder in den Glastechnischen Berichten [48] und unter anderem 1985 von H. Brook [46] und 1994 von K. Huntebrinker [47].

Starke optische Verzerrungen an Isolierglas mit großem SZR.

Der Doppelscheibeneffekt wird grundsätzlich durch 3 verschiedene Parameter beeinflusst:

- Temperaturänderungen (Sommer zu Winter)
- Luftdruckänderungen (Hoch- oder Tiefdruck)
- Einbau in anderen Höhenlagen als der Produktionsstandort

Zu diesen nicht beeinflussbaren Parametern können weitere Einflussgrößen kommen, die diesen Effekt zusätzlich negativ beeinflussen. Diese sind:

- Großer Scheibenzwischenraum
- Kleinformatige Scheiben
- Ungünstiges Seitenverhältnis
- Unterschiedliche Glasdicken

Teil 2   Glas und die Glasoberfläche

- Absorbierende Glasaufbauten
- Glas mit verminderter Bruchfestigkeit
- Gewölbte Gläser
- Sprossenisolierglas
- Ungeeignetes Trocknungsmittel mit Feuchte- und Gasaufnahme
- Klotzung
- Produktionsfehler

Im Folgenden werden diese Einflussgrößen näher erläutert:

2.17.1   Temperaturänderungen

Die Raumtemperaturen einer modernen Isolierglasfertigung sind wie jede Produktionshalle nicht nur den täglichen, sondern vor allem auch den sommerlichen und winterlichen Temperaturschwankungen unterworfen. Je nach Produktionsstandort und Hallenausführung kann die Temperatur im Winter bis auf ca. 14 °C fallen und im Sommer bis auf ca. 30 °C ansteigen. Die Extremtemperaturen in unseren Breiten können je nach Einbauort von -25 °C bis 40 °C schwanken. Aufgrund der Erderwärmung werden sogar in den nächsten 50 Jahren noch wärmere Temperaturen bis ca. 50 °C in Europa vorhergesagt. Die daraus folgenden maximalen Temperaturdifferenzen von bis zu ca. 55 °C stellen sich allerdings bei Mehrscheiben-Isolierglas nicht ganz in dieser Größenordnung ein, da im SZR von Isolierglas eine andere Temperatur als die Außentemperatur herrscht. Bei hochwärmedämmenden Dreifach-Isoliergläsern kann sich im äußeren SZR jedoch eine Temperatur einstellen, die wenige Grad von der Außentemperatur abweicht. Werden Gase erwärmt, so dehnen sie sich aus und bei Abkühlung ziehen sie sich zusammen. Dies betrifft auch die im SZR von Isolierglas enthaltenen Gase, unabhängig, ob es sich um Luft (Hauptanteil Stickstoff), Argon oder Krypton handelt. Bei Temperaturveränderungen um 1 °C beträgt die Änderung 1/273 des Volumens. Bei 27 °C Temperaturänderung bedeutet dies eine Volumenänderung von 10%. Ein 1 m² großes Isolierglas mit 16 mm SZR müsste den SZR somit um 1,6 mm verändern. Da sich die Scheiben aber nur in Scheibenmitte bewegen können und nicht im Randbereich, muss sich die Scheibenmitte deutlich stärker verändern (ein- oder ausbauchen).

2.17.2   Luftdruckänderungen

Der barometrische Luftdruck ist der hydrostatische Druck der Luftsäule, deren Gewichtskraft an einem bestimmten Ort herrscht bzw. auf einen Körper einwirkt. Auf Meereshöhe beträgt der mittlere Luftdruck der Atmosphäre 1013,25 hPa (Hektopascal = Millibar). Wind und Wetter verändern diesen Luftdruck nahezu stündlich. Die maximalen Luftdruckunterschiede auf Meereshöhe, die weltweit gemessen wurden, lagen bei 860 hPa zu 1085 hPa, in Deutschland waren dies 955 hPa zu 1060 hPa. Üblicherweise liegen die Luftdruckschwankungen bei 980 bis 1040 hPa. Bei jedem dieser Luftdruckwerte wird Mehrscheiben-Isolierglas gefertigt, da die Produktionen täglich unabhängig von Jahreszeit oder Wetterlage produzieren. Somit können diese

2.17 Doppelscheibeneffekt bei Isolierglas

unterschiedlichen Werte auch entsprechend auf die Isoliergläser einwirken; es kann deshalb zu Druckschwankungen von bis zu 60 hPa kommen, die auf die Außenscheiben einer Mehrscheiben-Isolierglaseinheit einwirken und diese bei niedrigem Druck im SZR durch den höheren umgebenden Luftdruck einbauchen oder bei hohem Druck im SZR und niedrigerem umgebenden Luftdruck ausbauchen lassen.

Die nachfolgenden Kurven zeigen die entstehende Biegezugspannung, die auf Glas einwirkt, wenn sich der Luftdruck um 40 hPa ändert. Dadurch allein entstehen noch keine kritisch hohen Spannungswerte. Bei zusätzlicher extremer Abkühlung im SZR steigen diese Werte allerdings schon sehr stark an. Sind nun zusätzlich noch unterschiedliche Glasdicken im Isolierglas verarbeitet, kommt es bereits zu Spannungen, die Glasbruch verursachen können, wie bereits 1994 sehr umfassend von Dr. Klaus Huntebrinker untersucht und veröffentlicht wurde [47].

Vergleich der Biegezugspannung von Isolierglas 4-12-4 bei Luftdruckbelastung (a) und bei Luftdruck- und zusätzlicher extremer Temperaturbelastung (b) bei unterschiedlichen Scheibenformaten:

a: Seitenverhältnis lange zu kurzer Kante 1:1, ··············

b: Seitenverhältnis lange zu kurzer Kante 3:1, ·–·–·–·–

Herstellbedingungen Produktion 19 °C, 990 hPa, 60%r. F., 350 m Höhe über NN, Einbaubedingungen:

1. Luftdruckänderung von 990 auf 1030 hPa

2. zusätzliche Abkühlung im SZR um ca. 24°C (z. B. von 26° auf 2°C)

3. zusätzlich zu 1. und 2. asymmetrischer Glasaufbau 6-12-4, Belastung der dünneren Scheibe

Teil 2 Glas und die Glasoberfläche

2.17.3 Höhenunterschied von Herstell- zu Einbauort

Die Veränderung des barometrischen Luftdrucks unserer Atmosphäre durch das Wetter ist nicht die einzige auf das Isolierglas einwirkende Druckveränderung. Auch mit zunehmender Höhe über NN sinkt der barometrische Luftdruck rasch, da sich die Höhe der Luftsäule reduziert und damit immer weniger Druck auf einen Körper einwirkt. In Meereshöhe sinkt der Luftdruck um ca. 1 hPa je 8 Meter Höhenunterschied. Es handelt sich dabei allerdings nicht um eine lineare Abnahme, sondern näherungsweise um eine Exponentialfunktion, die mit der barometrischen Höhenformel berechnet werden kann, ausgehend von konstanter Temperatur, Erdbeschleunigung und Zusammensetzung. Danach ergibt sich für 0°C bei ca. 5,5 km Höhe nur noch halber Luftdruck, 10% des Bodenluftdrucks herrschen in ca. 18,4 km Höhe. Wird Mehrscheiben-Isolierglas nun in großer Höhe eingebaut, so steigt der Innendruck im SZR stark an und es muss dafür gesorgt werden, dass ein Druckausgleich stattfindet. Andernfalls kann es mit zunehmender Höhe zu Glasbruch kommen. Die Isolierglashersteller empfehlen ab ca. 300 m Höhenunterschied zwischen Herstell- und Einbauort einen entsprechenden Druckausgleich, um eine Dauerbelastung der Scheiben durch diese Druckveränderung im SZR zu vermeiden. Dies gilt sowohl für den Einbau in größeren Höhenlagen, wie auch bei Produktion auf großer Höhe über NN und Einbau in geringer Höhe. Diese Zusammenhänge wurden bereits 1985 von H. Brook veröffentlicht [46].

Für Isolierglas 4-12-4 der Größe 28 cm x 85 cm, gefertigt bei ca. 20 °C und 1010 hPa, zeigt nachfolgende Tabelle die Belastung der beiden gleichdicken Scheiben allein aufgrund der Höhendifferenzen.

Tabelle 19: Auswirkungen von Höhendifferenzen auf die Biegezugspannung

Höhendifferenz [m]	Barometrischer Luftdruck [hPa]	Druckdifferenz [hPa]	Biegespannung im Glas [N/mm²]
0	1010	0	0
200	987	23	2,0
300	976	34	3,45
400	964	46	**5,32**
500	953	57	**7,07**
600	942	68	**8,84**
700	932	78	**10,47**
800	921	89	**12,26**
1000	900	110	**15,78**

2.17 Doppelscheibeneffekt bei Isolierglas

Hierbei spielt allerdings die kurzzeitig höhere Belastbarkeit von Glas eine nicht zu unterschätzende Rolle. Beim Transport beispielsweise über einen sehr hoch gelegenen Pass halten die Glasscheiben einer wesentlich höheren kurzzeitigen Belastung stand, ohne sofort Glasbruch entstehen zu lassen. Wird allerdings auf großer Höhe über NN eine Pause eingelegt oder sogar übernachtet, so kann es zu Glasbruch kommen. Bei dauerhaftem Einbau in Höhen, die deutlich mehr als 300 m über dem Produktionsort liegen, kommt es sehr häufig zu Glasbruch, der auch noch einige Jahre nach Einbau auftreten kann, wenn sich besonders negative Wetterbedingungen einstellen.

2.17.4 Großer Scheibenzwischenraum

Mit zunehmendem Scheibenzwischenraum (SZR) steigt auch das eingeschlossene Luftvolumen. Zweifach-Isoliergläser haben in der Regel SZR-Breiten von 12 – 20 mm. Bei Dreifach-Isolierglas kann man die beiden Scheibenzwischenraumbreiten addieren und erhält damit bezüglich der Belastung der Gläser einen Gesamt-SZR. Bei symmetrischem Aufbau ist das Verhalten der 2 schmäleren SZR's bei Dreifach-Isolierglas mit einem doppelt so breiten SZR absolut identisch. 1 m² Isolierglas mit 10 mm SZR hat ca. 10 Liter Gasvolumen im SZR eingeschlossen. Mit 2 x 12 mm SZR und gleicher Größe von 1 m x 1m (1 m²) summieren sich beide Scheibenzwischenräume, somit sind das schon ca. 24 Liter. Jede Luftdruck- und Temperaturänderung hat auf Isoliergläser mit größeren SZR demzufolge auch größere Auswirkungen. Während ein breiter SZR für sich allein noch keine negativen Auswirkungen haben muss, wirkt sich die Summierung von mehreren sich überlagernden Einwirkungen (Temperatur, Luftdruck, Höhenunterschied usw.) wesentlich negativer auf breite Scheibenzwischenräume aus. Gerade die Tendenz zu möglichst niedrigen U_g-Werten bei Dreifach-Isolierglas bei kostengünstigster Argonfüllung anstelle der preislich deutlich höheren Krypton-Füllung im SZR führt zu sehr breiten Scheibenzwischenräumen von bis zu 2 x 14 mm und mehr. Dabei erhöht sich die Belastung der Glasscheiben deutlich gegenüber Zweifach-Isolierglas mit nur 1 x 14 mm SZR. Kommen nun noch Jalousien im SZR hinzu, benötigt man mindestens einen noch wesentlich breiteren SZR. Mit zunehmender Breite des SZR's steigt auch die Belastung der Scheiben bzw. des Isolierglasrandverbunds.

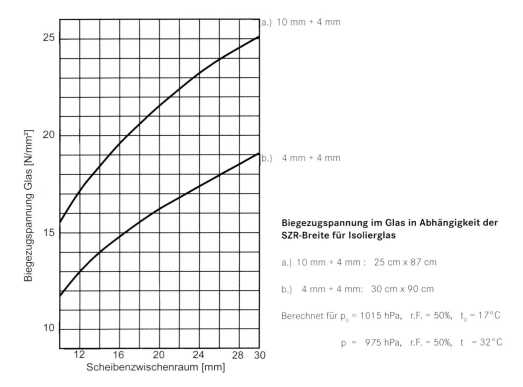

Biegezugspannung im Glas in Abhängigkeit der SZR-Breite für Isolierglas

a.) 10 mm + 4 mm : 25 cm x 87 cm

b.) 4 mm + 4 mm: 30 cm x 90 cm

Berechnet für p_0 = 1015 hPa, r.F. = 50%, t_0 = 17°C

p = 975 hPa, r.F. = 50%, t = 32°C

Bei der Grafik links ist deutlich sichtbar, dass einerseits mit zunehmender Breite des SZR die Spannung im Glas ansteigt und dass andererseits bei unterschiedlichen Glasdicken die Belastung der dünneren Scheiben deutlich höher ist, als dies bei gleichdicken Glasscheiben der Fall ist.

2.17.5 Kleinformatige Scheiben

Die weitverbreitete Meinung, dass auf kleinformatige Scheiben auch nur kleine Lasten einwirken, ist nicht ganz richtig. Bei kleinen Isoliergläsern mit Kantenlängen von ca. 200 mm bis 500 mm stellt die auftretende Biegezugspannung allein keine kritische Belastung dar. Es treten hier andere Risiken auf. Da bei diesen kleinen Abmessungen die Glasscheiben aufgrund ihrer Biegesteifigkeit nicht deutlich ausbauchen können, nimmt die Druckbelastung im SZR bei entsprechender Temperatur- und Luftdruckänderungen stark zu. Dabei ist die Belastung des elastischen Isolierglasrandverbundes nicht zu unterschätzen, denn eine Druckerhöhung im SZR führt zwangsläufig dazu, dass starke Kräfte auf den Randverbund einwirken, die zur Aufweitung mit erhöhter Wasserdampfdiffusion in den SZR bis hin zum Haftungsabriss führen können. Eine Reduzierung der Versiegelungstiefe des Randverbunds um einen möglichst schmalen Randverbund und damit bei Sprossenfenstern möglichst schmale Sprossenansichten zu erzielen, ist hier unbedingt zu vermeiden. Reduzierung der Versiegelungstiefe bedeutet schmälere Fläche zur Lastabtragung und damit schnelleres Versagen des Isolierglases. In besonderen Fällen ist hier die Versiegelungstiefe des Randverbundes sogar zu erhöhen.

2.17 Doppelscheibeneffekt bei Isolierglas

Mit zunehmender Scheibengröße über ca. 1,5 m² insbesondere bei quadratischen Formaten nimmt sowohl die Belastung des Randverbunds wie auch der Glasscheiben deutlich ab, da diese auf Druckänderungen mit Ein- bzw. Ausbauchen reagieren können und damit auftretende Druckveränderungen weitestgehend ausgleichen können.

2.17.6 Ungünstiges Seitenverhältnis

Ein besonderes Problem stellen nicht nur die kleinformatigen Isoliergläser dar, sondern insbesondere solche mit einer schmalen Kante und sehr ungünstigem Seitenverhältnis. Untersuchungen von H. Brook [46] haben ergeben, dass die kritischsten Formate bei einer kurzen Kante von ca. 200 mm – 400 mm bei einem Seitenverhältnis kurzer zu langer Kante von ca. 1:2 bis 1:4 liegen. Das kritischste Format liegt danach bei einer Scheibengröße von ca. 300 mm x 900 mm.

2.17.7 Unterschiedliche Glasdicken

Bei zwei gleichdicken Glasscheiben als Außenscheiben des Isolierglases tragen beide die gleiche Last, die auftretenden Spannungen verteilen sich identisch auf beide Scheiben. Wird nun, wie z. B. bei Schalldämm-Isoliergläsern üblich, eine Glasdicke deutlich erhöht, so bedeutet dies nicht nur, dass diese dickere Glasscheibe auch höhere Spannungen bis zum Bruchversagen aushält, sondern dass aufgrund ihrer Biegesteifigkeit die dünnere Glasscheibe erheblich höhere Lasten aufnehmen muss. In solchen Fällen kommt es dann bei übermäßiger Belastung immer zum Versagen der dünneren Glasscheibe (siehe auch Kurve unter 2.17.2).

2.17.8 Absorbierende Glasaufbauten

Klares Floatglas der Dicke 4 mm hat eine Absorption der Sonneneinstrahlung von ca. 10%. Damit findet keine deutliche Erwärmung bei Sonneneinstrahlung statt. Die gleiche Scheibe mit grüner Einfärbung absorbiert bereits 41% der Sonnenenergie. Solche eingefärbten Scheiben sind bei Floatglas hauptsächlich in den Farben Grün, Bronze, Grau und Blau üblich, bei Ornamentgläsern gibt es oft eine noch viel umfangreichere Farbpalette. Neben eingefärbten Scheiben können aber auch Beschichtungen oder aufgeklebte Folien die Absorption sehr stark erhöhen. Höhere Absorption bedeutet deutlich stärkere Erwärmung der Scheibe und somit auch der Luft- oder Glasfüllung im Scheibenzwischenraum. Dadurch verstärkt sich wiederum das Ausbauchen der Scheiben und die Belastung der Gläser.

2.17.9 Glas mit verminderter Bruchfestigkeit

Die Verminderung der Bruchfestigkeit bei Glas kann hauptsächlich 2 Ursachen haben: erstens die Verwendung anderer Glasarten wie Ornamentglas, Gussglas, Drahtglas oder mundgeblasenes Glas, die aufgrund ihres Herstellungsprozesses bereits eine verminderte Bruchfestigkeit aufweisen und zweitens das Vorhandensein von Oberflächen- oder Kantendefekten (siehe auch Kapitel 5), wie sie z. B. beim Schneiden von Drahtglas auftreten. Dadurch steigt das Bruchrisiko prinzipiell bei der Verwendung solcher Gläser.

2.17.10 Gewölbte Gläser

Gewölbte Gläser, oft umgangssprachlich fälschlich als Butzenscheiben bezeichnet, haben meist kleine Formate und bewegen sich allein dadurch schon im gefährdeten Bereich. Zusätzlich wirkt die gewölbte Scheibe statisch wie eine sehr dicke plane Scheibe, sie lässt keinerlei Ein- oder Ausbauchung zu, so dass die Gegenscheibe erheblich stärker belastet wird. Ein dritter kritischer Punkt ist der vergrößerte SZR in Scheibenmitte, vor allem bei starker Wölbung. Als Einfachverglasung absolut unkritisch, sind sie als Dreifach-Isolierglas erheblich bruchgefährdet. Oft haben derartige Gläser auch keinen planen Randbereich, was zu verminderten Haftflächen und schnellerem Versagen der Isolierglasscheibe führt. Wenn solche Gläser bei Isolierglasherstellung überhaupt verwendet werden, dann nur mit planem Randbereich umlaufend.

2.17.11 Sprossenisolierglas

Sprossenisolierglas kann in drei verschiedene Systeme eingeteilt werden:

- Echte Sprossenunterteilung mit kleinformatigen Isoliergläsern
- Abstandhaltersprossen im SZR des Isolierglases und außen aufgeklebte Sprossen
- Farbige „Scheinsprossen" im SZR des Isolierglases, um den Anschein einer Sprossenteilung zu erwecken.

Die Probleme kleinformatiger Isoliergläser bei echter Sprossenunterteilung des Fensters wurden bereits oben unter Punkt 2.15.5 beschrieben. Bei der Verwendung von farbigen Sprossen im SZR des Isolierglases besteht lediglich die Gefahr des Klapperns der Sprossen bei Fensterbewegungen oder der Teilerwärmung bei sehr breiten, dunklen Sprossen.

Sehr häufig werden jedoch auch Fenster hergestellt, bei denen auf eine durchgehende Isolierglasscheibe außenseitig oder beidseitig Sprossen aufgeklebt werden, um den Anschein einer echten Sprossenunterteilung zu erwecken mit sehr schmaler Sprossenansichtsbreite, wie sie bei Verwendung von glasteilenden Sprossen nicht möglich wäre. Zusätzlich werden bei diesen Systemen im SZR des Isolierglases meist eine Abstandhaltersprosse (Wiener Sprosse) eingesetzt, um auch hier den Eindruck von unterteilten Isoliergläsern zu erwecken. Dabei entstehen zwei Probleme, die bei solchen Systemen berücksichtigt werden müssen und im Extremfalle auch zu Glasbruch führen können. Ist die Abstandhaltersprosse im SZR genauso breit wie das umlaufende Abstandhalterprofil, wird die Glasscheibe am Einbauchen gehindert. Das kann zu Glasbrüchen führen, wie sie unter B-031 und B-032 beschrieben sind, da die Glasscheibe beim Einbauchen über das im SZR am Glas anliegende Sprossenprofil „geknickt" wird und bei starker Deformation unweigerlich zu Glasbruch führt. Eine einfache Lösung ist die Verwendung von wesentlich schmäleren Abstandhaltersprossen als der umlaufende Abstandhalter.

Das zweite gravierendere Problem kann die außenseitig aufgeklebte oder am Fensterrahmen befestigte Sprosse sein, die das Isolierglas ebenfalls behindert, jetzt allerdings am Ausbauchen. Während diese Problematik bei Zweischeiben-Isolierglas aufgrund des dort noch nicht so breiten SZR's oft nur geringe Probleme bereitet, wird dies mit Verwendung von hochwärmedämmenden Dreifach-Isoliergläsern mit breiten Scheibenzwischenräumen ab ca. 2 x 12 mm erheb-

2.17 Doppelscheibeneffekt bei Isolierglas

lich problematischer. Einerseits kann es durch ständiges starkes Ausbauchen der Scheiben zu Ablösungen der aufgeklebten Sprossen kommen, andererseits kann es bei starker Einzwängung durch am Glas anliegende starre Sprossenprofile durchaus auch zu Glasbruch kommen.

Sehr breite, dunkle Sprossen können zudem noch eine Teilerwärmung der Außenscheibe hervorrufen, die ebenfalls kritisch sein kann.

Bei all diesen Sprossensystemen muss eine Prüfung jedes Einzelfalls erfolgen, eine generelle Aussage ist hierbei nicht möglich.

2.17.12 Ungeeignetes Trocknungsmittel mit Feuchte- und Gasaufnahme

Das Trocknungsmittel im Abstandshalterprofil des Isolierglases dient zur Entfeuchtung des Scheibenzwischenraums und zur Aufnahme nachdiffundierender Feuchtigkeit während des Gebrauchszeitraums. Es sorgt so dafür, dass die Isoliergläser auch bei sehr tiefen Minustemperaturen im SZR kein Kondensat zeigen. Ein ungeeignetes Trocknungsmittel kann nun nicht nur Wasser aufnehmen, sondern ist auch in der Lage, Gase (Stickstoff, Argon) zu absorbieren. Nur bei Verwendung von gassorptionsfreiem Trocknungsmittel (3 A°-Typ) ist gewährleistet, dass der Doppelscheibeneffekt dadurch nicht zusätzlich verstärkt wird. Hierbei empfiehlt sich die Verwendung von Materialien bekannter Hersteller, von „no name"-Trocknungsmitteln aus unbekannter Produktion ist abzuraten.

2.17.13 Klotzung

Jede Isolierglasscheibe im Fensterrahmen wird beim Verglasen auf Klötze gestellt, um einerseits den Fensterrahmen zu stabilisieren und andererseits Abstand zum Falzgrund herzustellen, damit sich bildende Wassertropfen auch ablaufen und abtrocknen können. Durch diese Klotzung wird die Isolierglasscheibe im Rahmen eingespannt und der Fensterrahmen diagonal in Öffnungsrichtung gestreckt und angehoben. Bei unsachgemäßem Klotzen können sehr schnell kritische Situationen entstehen, die zu Glasbruch führen können. Deshalb empfiehlt sich unbedingt die Einhaltung von Klotzungsrichtlinien und die Verglasung/Klotzung bei Normaltemperaturen, um beim Abkühlen von Glas und Fensterrahmen zu hohe Spannungen durch Materialkontraktion zu vermeiden.

2.17.14 Produktionsfehler

Ein letzter Punkt sollte hier nicht ausgeschlossen werden: trotz eigen- und fremdüberwachten Isolierglas-Produktionen kann es bei der Isolierglasherstellung im ungünstigsten Falle zu Produktionsfehlern kommen, die den Doppelscheibeneffekt verstärken können. Bei der inzwischen sehr seltenen manuellen Randversiegelung von Isolierglas in waagrechter Position muss nach der Randversiegelung der Scheiben ein Druckausgleich erfolgen, um die durchhängende obere Scheibe wieder in einen entsprechenden Abstand zur unteren Scheibe zu bringen. Wird dies vergessen, kann es zu starkem Einbauchen bis hin zum Aufeinanderliegen der Scheiben kommen.

Bei der heute üblichen Verwendung von Edelgasen im SZR zur verbesserten Wärmedämmung (Argon, Krypton) muss berücksichtigt werden, dass die unter hohem Druck in Glasflaschen oder Glastanks stehenden Gase beim Einfüllen expandieren und dadurch abkühlen. Deshalb muss vor dem Einfüllen der Gase in den SZR der Isoliergläser ein Angleichen der Gastemperatur an die umgebende Raumluft erfolgen. Ist dies nicht der Fall und die Erwärmung erfolgt erst nach der Füllung im verschlossenem SZR, kommt es bereits wenige Stunden nach Produktion zum starken Ausbauchen der Scheiben. Auch hierbei sind Dreifach-Isoliergläser stärker gefährdet als Zweifach-Isoliergläser. Moderne Produktionsanlagen sorgen heute allerdings dafür, dass die Gase nach dem Expandieren erwärmt und mit Raumtemperatur eingefüllt werden.

2.17.15 Optik des Doppelscheibeneffekts

Das Erscheinungsbild dieser physikalischen Gesetzmäßigkeiten äußert sich in einem mehr oder weniger stark verzerrten Spiegelbild, sowohl bei konvexen wie auch bei konkaven Glasscheiben. Je stärker die Durchbiegung in Scheibenmitte, desto stärker die Spiegelkrümmung und desto stärker die optischen Verzerrungen. Vor allem bei Verwendung stark reflektierenden Sonnenschutzgläsern als Außenscheibe sind diese Reflexionsverzerrungen sehr deutlich sichtbar. Dem kann relativ einfach mit der Verwendung von unterschiedlichen Glasdicken entgegengewirkt werden, indem die dickere Scheibe als Außenscheibe eingesetzt wird. Die optischen Verzerrungen werden dadurch einerseits reduziert, andererseits wird die Hauptlast auf die Innenscheibe verlagert, die dadurch wiederum ein höheres Bruchrisiko ausweist (siehe 2.15.7). Dem kann allerdings mit der Verwendung von vorgespanntem Glas (ESG oder TVG) entgegengewirkt werden.

Fazit: Bei ungünstigster Überlagerung dieser vielfältigen Einflussgrößen des Doppelscheibeneffekts wie großer SZR, unterschiedliche Glasdicken, Isolierglas mit ungünstigem Seitenverhältnis, Höhendifferenzen, extreme Luftdruck- und Temperaturdifferenzen usw. kann es im Extremfalle zu Glasbruch kommen, wie in den nachfolgenden Kapiteln beschrieben und mit den Bruchbildern B-031 bis B-037 gezeigt. Derartige Glasbrüche sind allerdings aufgrund ihrer Charakteristik meist absolut eindeutig zu bestimmen. Welche dieser vielfältigen Einflussgrößen allerdings die bruchauslösende war, kann im Falle des Glasbruchs leider nicht immer eindeutig festgestellt werden und liegt oft im detektivischen Spürsinne des Sachverständigen.

Zur Vermeidung von Glasbruch bei nicht vorgespannten Gläsern wie Floatglas oder Ornamentglas kann entweder die Glasdicke deutlich erhöht werden oder der Einsatz von vorgespannten Gläsern wie TVG oder ESG sinnvoll sein. Durch die Vorspannung können diese Gläser deutlich höhere Flächenlasten aufnehmen, ohne zu Bruch zu gehen. Dies bedeutet aber auch, dass sich im SZR höhere Drücke aufbauen und es somit zu einer stärkeren Belastung des Isolierglas-Randverbundes kommt. Dadurch kann im Extremfalle die Haltbarkeit des Isolierglases erheblich reduziert werden, dem kann allerdings wiederum mit erhöhter Dichtstoffauflage über dem Abstandhalter entgegengewirkt werden. Ein einfacher Weg zur Reduzierung der Klimalasten und deren Folgen sind große Scheibenformate, da sie den Druckänderungen im SZR sehr gut durch

2.17 Doppelscheibeneffekt bei Isolierglas

Ein- oder Ausbauchen folgen können und so die Belastung von Glas und Randverbund niedrig halten. Meist sind aber in jedem Bauvorhaben auch kleinere Scheiben notwendig, die dann oft in gleichem konstruktivem Aufbau ausgeführt werden. Sinnvoll ist aber immer, die systembedingte Belastung durch geeignete konstruktive Maßnahmen zu reduzieren, um das Bruchrisiko so gering wie möglich zu halten und die Lebensdauer der Isolierglaseinheiten nicht zu reduzieren. Die nachfolgende Tabelle gibt dazu eine Übersicht über die auftretenden Belastungen, deren Ursache und Wirkung und zeigt geeignete Maßnahmen auf, wie diese reduziert oder gar vermieden werden können.

Starkes Ein- oder Ausbauchen (wie im Bild erkennbar) führt zu extrem verzerrter Reflexion, siehe auch Bild Seite 51.

Teil 2 Glas und die Glasoberfläche

Tabelle 20: Übersicht über Belastungsarten und Auswirkungen des Doppelscheibeneffekts bei Isolierglas

Belastungsart	Ursache	Wirkung	Belastungs-/Risikoreduzierung
Luftdruck	Hoher/Tiefer barometrischer Luftdruck durch Wetterlage	Ein-/Ausbauchung, Spannung in Glas und Randverbund	Schmaler SZR, vorgespanntes Glas
Temperatur	Hohe/Tiefe Temperatur	Ein-/Ausbauchung, Spannung in Glas und Randverbund	Schmaler SZR, Schutz vor Sonneneinstrahlung, Wärmestau vermeiden, bei eingefärbtem Glas Vorspannung
Höhenlage	Hoher/Tiefer barometrischer Luftdruck	Ein-/Ausbauchung, Spannung in Glas und Randverbund, Glasbruch	Schmaler SZR, vorgespanntes Glas, Druckausgleich vor Ort
Großer SZR	Volumenänderung	Ein-/Ausbauchung, Spannung in Glas und Randverbund, Glasbruch	Erhöhte Glasdicke, erhöhter Randverbund, vorgespanntes Glas
Kleinformatige Scheiben	Biegesteifigkeit des Glases	Spannung in Glas und Randverbund, Glasbruch	Erhöhte Glasdicke, schmaler SZR, erhöhter Randverbund, vorgespanntes Glas
Ungünstiges Seitenverhältnis 1:3	Biegesteifigkeit des Glases	Ein-/Ausbauchung, Spannung in Glas und Randverbund, Glasbruch	Erhöhte Glasdicke, erhöhter Randverbund, vorgespanntes Glas
Unterschiedliche Glasdicken	Einseitige Belastung des dünneren Glases	Ein-/Ausbauchung, Glasbruch	Erhöhte Glasdicke der dünneren Scheibe, vorgespanntes Glas
Absorbierende Gläser	Erhöhte Absorption der Sonneneinstrahlung	Stärkere/schnellere Erwärmung, Spannung in Glas und Randverbund, Glasbruch	Schutz vor Sonneneinstrahlung, Wärmestau vermeiden, schmaler SZR, vorgespanntes Glas
Glas mit verminderter Bruchfestigkeit	Vorschädigung von Oberfläche oder Kanten, Glasauswahl nach optischen Gesichtspunkten	Höhere Belastung des Glases, schnelles Bruchversagen, Glasbruch	Andere Glasart, vorgespanntes Glas, Kantenbearbeitung (polieren)
Gewölbte Gläser	Großer SZR, erhöhte Belastung der planen Scheibe	Spannung in Glas und Randverbund, Glasbruch	Reduzierung extremer Wölbung, dickere oder vorgespannte Gegenscheibe, erhöhter Randverbund
Sprossen im SZR	Aussteifung des Glases	Behinderung des Einbauchens, Glasbruch	Distanz zwischen Sprossen und Glas
Sprossen außen aufgeklebt	Aussteifung des Glases	Behinderung des Ausbauchens, Ablösung der Sprosse, Glasbruch	Distanz zwischen Sprossen und Glas, schmaler SZR, Verglasung auf Vorlegeband mit weichelastischer Versiegelung
Trocknungsmittel	Aufnahme/Abgabe von Gas	Ein-/Ausbauchung, Glasbruch	Verwendung von 3A°-Trocknungsmittel von zuverlässigen Herstellern
Klotzung	Erhöhte Spannung	Belastung von Glaskante und Randverbund, Glasbruch	Fachgerechtes Verglasungssystem und Verklotzung nach Verglasungsrichtlinien
Produktion	Erhöhte Deformation, verstärkte Spannungen	Belastung von Glas, Glaskante und Randverbund, Glasbruch	Überprüfung vor Einbau, Verwendung von eigen- und fremdüberwachtem Isolierglas, „Menschliche Fehler sind jedoch auch bei bestmöglicher Kontrolle unvermeidbar!"

2.17 Doppelscheibeneffekt bei Isolierglas

Schematische Darstellung des Doppelscheibeneffekts von Isolierglas mit verschiedenen sich überlagernden Einwirkungen am Beispiel von Zweifach-Isolierglas.

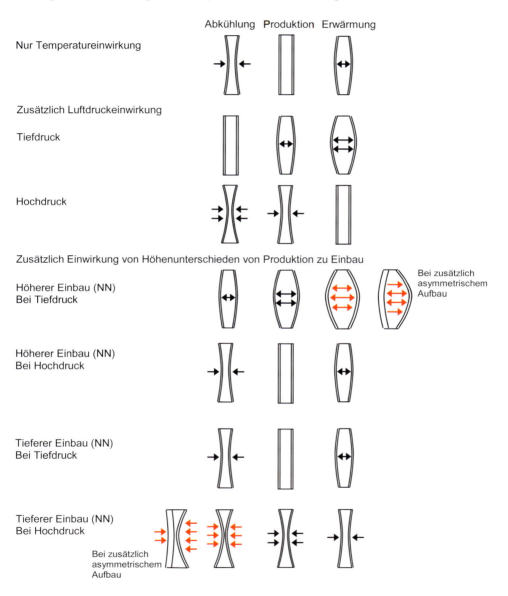

Die Darstellung kann problemlos auf Dreifach-Isolierglas übertragen werden, sofern zwei gleich breite Scheibenzwischenräume vorhanden sind. Unterschiedliche Scheibenzwischenräume, unterschiedliche Glasdicken und der bei Dreifach-Isolierglas wesentlich größere Gesamtscheibenzwischenraum verstärken die dargestellten Effekte deutlich.

2.18 Koppelungseffekt bei Isolierglas

Eine weitere Eigenheit von Isolierglas ist der Koppelungseffekt (Kathedereffekt), der bereits 1958 von Friedrich Katheder in den Glastechnischen Berichten (31. Jahrgang, Heft Nr. 5) veröffentlicht wurde. Durch den hermetisch abgeschlossenen Scheibenzwischenraum bei Mehrscheiben-Isolierglas, der keinen Druckausgleich mit der Außenluft zulässt, entsteht ein Koppelungseffekt zwischen den Scheiben. Dabei sind beide Scheiben am Lastabtrag beteiligt, da die Last der einen Scheibe durch das Gaspolster im SZR an die andere/anderen Scheiben weitergegeben wird. In Abhängigkeit von Glasdicke, Scheibensteifigkeit und Breite des Scheibenzwischenraums kommt es zu unterschiedlich starker Belastung der nicht beanspruchten Scheibe. Somit muss die belastete Scheibe nicht die gesamte Last abtragen, sondern gibt einen Teil der Last an die nicht direkt belasteten weiteren Scheiben des Isolierglases ab. Bei sehr stürmischem Wetter kann dieser Effekt vor allem an großflächigen Isolierglasscheiben beobachtet werden, da dann nicht nur die äußere Scheibe durch den Winddruck belastet wird, sondern auch die innere Scheibe, allerdings in wesentlich geringerem Maße. Bei der statischen Berechnung der Einzelscheiben eines Isolierglases wird dieser Effekt jedoch meist unberücksichtigt gelassen.

Teil 3 Kondensat auf der Oberfläche

3.1 Grundlagen der Kondensatbildung

Die uns umgebende Luft hat die Eigenschaft, Feuchtigkeit in Form von Wasserdampf aufzunehmen. Diese Aufnahme von Wasserdampf geschieht sowohl bei Plus- wie auch bei Minustemperaturen. Jedoch nimmt mit sinkender Temperatur die Fähigkeit der Luft, Feuchtigkeit (also Wasserdampf) zu binden, ab und steigt natürlich ebenso bei zunehmender Temperatur an. Bei 0 °C kann die Umgebungsluft maximal 5,0 g Wasser pro m³ Luft aufnehmen, bei 20 °C sind dies bereits 17,3 g/m³. Die maximal aufnehmbare Wassermenge ist die Obergrenze der relativen Luftfeuchtigkeit und deshalb immer 100 % relative Feuchte (r. F.). Diese Feuchtigkeitsmengen in Abhängigkeit der Temperatur sind in den „Kurven gleicher relativer Feuchte" unter Abschnitt 3.6 dargestellt.

Wenn nun warme Luft an kältere Oberflächen gelangt, kühlt sie sich ab. Mit fallender Temperatur sinkt auch ihre Fähigkeit, Feuchte aufzunehmen. Dadurch steigt automatisch die relative Feuchte an, sofern die absolute Wassermenge pro m³ Luft gleich bleibt, also keine zusätzliche Feuchtigkeit z.B. durch Kochen hinzugefügt oder Feuchtigkeit durch Kondensation entzogen wird.

Beispiel:

Bei 20 °C und 50 % relativer Feuchte hat 1 m³ Luft eine absolute Wassermenge von 8,65 g aufgenommen. Sinkt die Temperatur auf 10 °C ab und die Wassermenge bleibt mit 8,65 g/m³ Luft gleich, so steigt die relative Feuchte auf ca. 92 %. Bei weiterer Abkühlung auf unter 9 °C z. B. an noch kälterer Wand oder Scheibenfläche werden schnell 100 % relative Feuchte erreicht und damit kommt es zur Sättigung der Luft und zur Wasserabgabe an die kühlere Oberfläche. Dies wird als Kondensat oder Beschlag sichtbar. Je stärker die Luft nun abgekühlt wird, umso mehr Feuchtigkeit wird abgegeben, umso schneller und stärker tritt Kondensat auf. Diese Kondensation, die auch als Taupunkt bezeichnet werden kann, erfolgt so lange, bis die Sättigungsgrenze der Luft (100 % r. F.) wieder unterschritten wird.

Die Kondensatbildung ist ein rein physikalischer Vorgang, der genauen Gesetzmäßigkeiten und den örtlichen Gegebenheiten wie Außentemperatur, Raumtemperatur, U_g-Wert des Bauteils und relativer Feuchte der Luft unterliegt. Sie tritt nicht nur auf Glas, sondern auch auf anderen Oberflächen wie z.B. Rollladen, Fensterrahmen oder Mauerwerk auf.

Auch in der Natur kann man diese Kondensatbildung beobachten. Nebel bildet sich dann, wenn die Luft so stark abgekühlt wird, dass der Taupunkt erreicht wird, also 100 % relative Feuchte in der Luft vorhanden sind. Tau ist ebenfalls das Kondensieren von Wasserdampf auf den kälteren Umgebungsflächen und entsteht in der Regel nach klaren Nächten, wenn die Erdoberfläche aufgrund der fehlenden Wolken sehr viel Wärme an das Universum abstrahlt und deshalb stärker

Teil 3 Kondensat auf der Oberfläche

abkühlt. Der gleiche Vorgang geht bei Reifbildung vor sich, allerdings liegt dann der Taupunkt im Minusbereich und das kondensierende Wasser gefriert sofort zu Eis.

3.2 Arten der Kondensatbildung

Die verschiedenen Möglichkeiten der Kondensatbildung an den Oberflächen von Mehrscheiben-Isolierglas sind in den folgenden Bildern dargestellt und werden nachfolgend erläutert.

a. Kondensat auf der raumseitigen Oberfläche (Position 4 bzw. 6 bei Dreifach-Iso) ganzflächig (Kapitel 3.2.1)

b. Kondensat auf der raumseitigen Oberfläche (Position 4 bzw. 6 bei Dreifach-Iso) nur im unteren und seitlichen Randbereich (Kapitel 3.2.2)

c. Kondensat im SZR des Isolierglases (Position 2, evtl. auch Position 3 bzw. 4 oder 5 bei Dreifach-Iso) (Kapitel 3.2.5)

d. Kondensat auf der außenseitigen Oberfläche (Position 1) (Kapitel 3.2.6)

3.2.1 Kondensat auf der raumseitigen Oberfläche (bei Zweifach-Isolierglas Position 4, bei Dreifach-Isolierglas Position 6)

Bei Einfachverglasungen im Fenster wird ein Beschlagen der Scheiben auf der Raumseite problemlos akzeptiert, sogar Eisblumenbildung kann hier sehr schnell bei Minustemperaturen erfolgen und wird zwangsläufig hingenommen. Durch den sehr viel besseren U_g-Wert von Isolierglas wird dieses Kondensat auf der raumseitigen Oberfläche oft als Mangel angesehen, da es in vielen Fällen mit der Garantiezusage des Herstellers des Mehrscheiben-Isolierglases – Beschlagfreiheit im SZR (siehe Abschnitt 3.2.5) – verwechselt wird.

3.2 Arten der Kondensatbildung

Starker Kondensatanfall an Innenscheibe von Isolierglas mit Wärmedämmbeschichtung im Dachflächenfenster.

Die Kondensatbildung auf der raumseitigen Oberfläche von Mehrscheiben-Isolierglas hängt allein von 4 Parametern ab:

- U_g-Wert der Verglasung
- Raumtemperatur
- Außentemperatur
- relative Feuchte der Luft im Raum

Die Zusammenhänge sind relativ einfach zu erklären. Bei kalten Außentemperaturen kühlt die Isolierglasscheibe aufgrund des Energieflusses von der warmen Innenseite zur kalten Außenseite auch auf der raumseitigen Oberfläche ab. Je größer bzw. schlechter der U_g-Wert dieser Verglasung, umso kälter wird die raumseitige Oberfläche, da mit schlechterem U_g-Wert mehr Wärme von innen nach außen abfließt. Die Raumluft kühlt sich nun ebenfalls an dieser kälteren Oberfläche ab. Bei hoher Luftfeuchtigkeit im Raum wie z.B. in Badezimmer, Küche u. ä. ergibt sich sehr schnell der Taupunkt an der Scheibenoberfläche und die Scheibe beschlägt. Je kälter die Außentemperatur und je schlechter der U-Wert, umso kälter ist die raumseitige Oberfläche und umso mehr Kondensat entsteht.

Beispiel:

Aus dem Taupunktdiagramm (siehe 3.5) kann abgelesen werden, dass eine Isolierglasscheibe mit U_g = 3,0 W/m²K, bei einer Raumtemperatur von 20° C und einer relativen Feuchte von 50 % bei Außentemperaturen ab ca. -9° C und kälter beschlägt. Bei etwas höherer relativer Feuchte von 70 % im Raum und gleicher Raumtemperatur tritt dieser Beschlag bereits bei Außentemperaturen ab ca. +4°C auf. Wenn nun ein Wärmedämm-Isolierglas mit einem verbesserten U_g-Wert von 1,1 W/m²K eingebaut ist und alle anderen räumlichen Bedingungen unverändert bleiben (20°C und 50 % r.F.), tritt Kondensat auf der Scheibenfläche erst bei Außentemperaturen von unter -40°C auf. Auch hierbei bewirkt eine höhere relative Feuchte im Raum (70 %) ein früheres Beschlagen, allerdings auch erst bei Außentemperaturen von unter -13° C.

Hochwärmedämmende Dreifach-Isoliergläser mit einem U_g-Wert von beispielsweise U_g = 0,7 W/m²K reduzieren aufgrund ihrer wärmeren raumseitigen Oberflächentemperaturen diese Kondensatbildung noch weiter hin zu wesentlich tieferen Außentemperaturen.

Diese Zusammenhänge sind in das Taupunktdiagramm (siehe 3.5) eingearbeitet, aus dem nahezu alle Kondensatbedingungen abgelesen werden können. Damit kann aber auch ebenso einfach ermittelt werden, wie hoch die relative Feuchte im Raum ist, wenn unter definierten Bedingungen Kondensat auftritt.

Beispiel:

Bei Isolierglas mit einem U_g-Wert von U_g = 1,1 W/m²K zeigt sich bei 20°C Raumtemperatur und -10°C Außentemperatur auf der raumseitigen Oberfläche Kondensat. Aus dem Taupunktdiagramm kann abgelesen werden, dass damit die relative Feuchte im Raum bei mindestens 75 % oder größer liegen muss, einem schon sehr hohen Wert, wie er z. B. im Badezimmer nach dem Duschen oder in der Küche beim Kochen erreicht werden kann.

Dieses Beispiel zeigt, dass bei sehr hoher Luftfeuchtigkeit natürlich auch hochwärmedämmendes Isolierglas auf der Raumseite beschlagen kann. Selbst bei Isolierglas mit einem U_g-Wert von U_g = 0,6 W/m²K würde dieses raumseitige Kondensat zwar erst ab einer relativen Luftfeuchtigkeit im Raum von > ca. 87 % auftreten, oder bei gleicher relativer Feuchte von 75 % erst ab einer Außentemperatur von < ca. -37 °C.

Bei nicht senkrecht eingebauten Isoliergläsern, also geneigtem bis waagrechtem Einbau wie zum Beispiel im Überkopfbereich, ist das wärmetechnische Verhalten etwas schlechter als bei senkrechten Verglasungen, da sich Konvektion und Leitung im SZR verändern. Die U_g-Werte solcher Verglasungen verschlechtern sich je nach Neigungswinkel um ca. 0,1 – 0,6 W/m²K bei Zweifach-Isolierglas und um ca. 0,1 – 0,2 W/m²K bei Dreifach-Isolierglas. Dadurch wird die Entstehung von Kondensat bei solchen Verglasungen deutlich früher einsetzen als bei senkrechten Verglasungen.

3.2.2 Kondensat auf der raumseitigen Oberfläche nur im Randbereich

Eine Besonderheit hierbei ist Kondensatbildung, die nur im unteren und seitlichen Randbereich von Mehrscheiben-Isolierglas, direkt an den Glashalteleisten des Fensters und nicht über die gesamte Scheibenfläche auftritt. Durch die modernen Fenstersysteme mit Glasfalzbelüftung nach außen zwecks Dampfdruckausgleichs entsprechend den einschlägigen Verglasungsrichtlinien und aufgrund des schlechteren U_g-Wertes von Isolierglas im Randbereich durch Stahl- oder Aluminium-Abstandhalter und Verklebung kommt es zwangsläufig zu einer wesentlich stärkeren und schnelleren Abkühlung dieser ca. 30 – 50 mm breiten, sichtbaren Randzone der Verglasung. Durch die sehr starke Abkühlung der Kanten entsteht nur in dieser Randzone erheblich früher Beschlag. Auch hierbei liegt kein rügefähiger Mangel vor, da einerseits Einbauvorschriften und systembedingte Herstellbedingungen für Mehrscheiben-Isolierglas diese Öffnung des Glasfalzes nach außen vorschreiben und andererseits die Isoliergläser systembedingt im Randbereich mit Abstandhalter und Dichtmassen verarbeitet werden müssen.

3.2 Arten der Kondensatbildung

Die Verwendung von Abstandhalterprofilen mit deutlich verbesserten Wärmedämmeigenschaften, sogenannter „Warmen Kante" kann die stärkere Abkühlung des Isolierglasrands nicht verhindern, jedoch mehr oder weniger stark reduzieren. Diese Temperaturunterschiede können normalerweise durchaus ca. 2 bis 4 °C betragen und sich bei sehr kalten Außentemperaturen noch vergrößern. Für diese „warmen Kanten" werden Materialien verwendet, deren Wärmeleitfähigkeit gegenüber Stahl oder Aluminium wesentlich niedriger ist wie beispielsweise Kunststoffe oder die mit besonders dünnen Wandstärken (Edelstahlprofile) auskommen. Diese „warmen Kanten" bei Isolierglas gibt es in vielerlei Ausführungen: als Kunststoffprofil, als thermisch getrenntes Aluminiumprofil, als Edelstahlprofil, als thermoplastisches Material (TPS) oder als geschäumtes Abstandhalterprofil. Auch ein etwas tieferer Falzeinstand des Isolierglases von ca. 20 mm bis maximal 30 mm anstelle der üblichen ca. 12 mm sorgt für eine Reduzierung dieser Wärmebrücke; bei zu tiefem Falzeinstand können jedoch Probleme mit Glasbruch entstehen, da dann sehr hohe, bruchauslösende Temperaturunterschiede zwischen Glasrand und Scheibenfläche entstehen können.

Raumseitige Kondensatbildung im Randbereich von Echtsprossenfenster, mit zunehmender Konvektion geringere Randkondensation bei oberen Scheiben.

Teil 3 Kondensat auf der Oberfläche

Raumseitige Eisbildung im Randbereich von Isolierglas mit Wärmedämmbeschichtung im Dachflächenfenster.

Mit der Software Caluwin® von Sommer-Informatik und Swiss-Spacer/Saint-Gobain Glass Solutions wurden für verschiedene Fensterrahmen aus Holz, Kunststoff und wärmegedämmtem Aluminium mit zwei unterschiedlich dämmenden Isolierverglasungen die raumseitigen Oberflächentemperaturen am Glasrand ermittelt. Die Werte wurden mit drei unterschiedlichen Abstandshalter-Profilen berechnet und zwar einmal mit herkömmlichem Aluminium-Abstandshalter, dann mit Edelstahl-Abstandshalter und als dritte Variante mit dem Kunststoff-Profil Swiss-Spacer V. Die Werte sind in nachfolgender Tabelle aufgeführt. Daneben ist die raumseitige Oberflächentemperatur in Scheibenmitte ebenfalls angegeben. Die berechneten Fenstergrößen lagen bei 1,0 m x 1,0 m und 1,23 m x 1,48 m, wobei sich hier keine Unterschiede der Glasrandtemperaturen ergaben. Es zeigt sich einerseits, dass es sehr deutliche Abweichungen von Scheibenmitte zum Glasrand gibt. Andererseits ist bei sehr kalten Außentemperaturen von -20 °C sogar bei gutem Wärmedämm-Isolierglas mit U_g = 1,1 W/m²K ein Vereisen des Glasrandes auf der Raumseite im Holzfenster und im etwas schlechter dämmenden thermisch getrennten Aluminiumfenster möglich, da hier die Temperaturen ab einer Außentemperatur von ca. -17 °C am raumseitigen Glasrand in den Minusbereich abrutschen. Bei den „warmen Kanten" aus Edelstahl oder Swisspacer V zeigt sich, dass diese Kanten tatsächlich deutlich wärmer bleiben, in dem errechneten Falle zeigen sich Temperaturunterschiede zum Aluminium-Abstandshalter von bis zu 8 °C.

3.2 Arten der Kondensatbildung

Tabelle 21: Vergleich der Glasrand- und Scheibenoberflächentemperaturen bei unterschiedlichen Fensterrahmen- und Abstandhaltermaterialien bei 20°C Raumtemperatur und -20°C Außentemperatur für Fenstergröße von 1,0 m x 1,0 m bis 1,23 m x 1,48 m.

Fensterrahmen	U_g Glas [W/m²K]	Glasrandtemperatur [°C] mit Abstandhaltermaterial			Temperatur Scheibenmitte [°C]
		Aluminium	Edelstahl	Swisspacer V	
Holz U_f=1,4 W/m²K	1,1	-1,6	2,8	6,0	14,5
	0,7	1,2	6,0	9,2	16,5
Kunststoff U_f=1,2 W/m²K	1,1	0,4	4,4	7,2	14,5
	0,7	2,4	6,4	8,8	16,5
Therm. getrennt. Aluminium U_f=1,6 W/m²K	1,1	-0,4	4,4	7,2	14,5
	0,7	2,8	7,6	10,4	16,5

3.2.3 Kondensatfreiheit bei Einfachverglasungen

Bei der Betrachtung von einfachverglasten Schaufenstern im Winter kann man oft feststellen, dass auch solche Verglasungen nahezu kondensat- und eisfrei gehalten werden können. Dazu sind allerdings immer ein oder mehrere sehr starke Ventilatoren nötig, die dafür sorgen, dass die warme Raumluft an der kalten Scheibenoberfläche nicht abkühlen kann und schnell daran entlang streicht. Der Nachteil dabei ist allerdings der größere Wärmebedarf an dieser Oberfläche, da durch diese Luftzirkulation sehr viel Wärme an die Scheibenoberfläche abgegeben und nach außen abgeführt wird (Wärmeübertragung durch Konvektion).

3.2.4 Feuchtequellen und Kondensatverstärker

Kochen, Baden und Duschen erhöhen die Luftfeuchtigkeit sehr schnell und sorgen so für ein frühzeitiges und starkes Kondensat auf den raumseitigen Wand- oder Scheibenoberflächen. Zierpflanzen oder gar Möbel direkt am Fenster und vor der Scheibe, sehr tiefe Fensterlaibungen, große Aquarien, eine größere Anzahl von Personen im Raum, die Lüftung von warmen Räumen in ungeheizte Räume, das Tapezieren von Wänden und selbst der schlafende Mensch erhöhen die Luftfeuchtigkeit unterschiedlich schnell und unterschiedlich stark und tragen so zu verstärkter Kondensatbildung bei. Behinderung der Luftzirkulation vor den Glasflächen durch Blumen, Jalousien, Rollos oder ähnliches lassen ebenfalls durch schnellere Abkühlung des ruhenden Luftpolsters verstärkte Kondensatbildung zu. Eine massive Förderung der Tauwasserbildung wird durch innenseitig vor dem Fenster angeordnete Behänge verursacht, aber auch durch das Aufstellen von Luftbefeuchtern. Oft kann dann durch einfache Maßnahmen wie Umstellung von Blumen die Kondensatbildung auf den Scheiben vermieden bzw. erheblich reduziert werden. Wo dies nicht hilft, ist kurzes aber kräftiges Lüften (Stoßlüftung) sinnvoll, um die relative

Teil 3 Kondensat auf der Oberfläche

Feuchte im Haus zu reduzieren. Stoßlüftung bedeutet, dass das Fenster nicht nur in Kippstellung kommt, sondern möglichst weit geöffnet wird, um einen schnellen und vollständigen Luftaustausch zu erreichen.

Tabelle 22: Feuchtigkeitsabgabe

Tätigkeit		Feuchtigkeitsabgabe
Schlafender Mensch	Erwachsener	25 – 40 g/h
Völlige Ruhe, ruhiges Liegen	Erwachsener	23 – 32 g/h
	Kind	21 – 28 g/h
Aktiver Mensch	Je nach Tätigkeit	20 – 300 g/h
Leichte Aktivität		30 – 60 g/h
Geringe Betätigung, ruhiges Sitzen	Kind (Tisch- oder Computerspiel)	25 – 34 g/h
	Erwachsener lesend	27 – 38 g/h
Leichte Tätigkeit	Kind Schule	41 – 57 g/h
	Erwachsener Büro	46 – 62 g/h
Leichte körperliche Arbeit	Kinder Gymnastik	70 – 95 g/h
	Hausfrau	78 – 108 g/h
Mittelschwere Arbeit		120 – 200 g/h
Schwere körperliche Arbeit	Kinder Ballspielen	117 – 160 g/h
	Erwachsene Handwerker	130 – 180 g/h
Schwere Arbeit		200 – 300 g/h
Küche	Koch- und Arbeitsvorgang	600 – 1500 g/h
	Kochen und feuchte Reinigung	800 – 3000 g/d
	im Tagesmittel	ca. 100 g/h
Bad	Wannenbad	1000 – 1500 g
	Dusche	ca. 2600 g/h 600 – 900 g/Dusche
Trocknende Wäsche	4,5 kg tropfnass	200 – 500 g/h
	4,5 kg geschleudert	50 – 200 g/h
Zimmer- und Topfpflanzen		5 – 25 g/h
	z.B. Veilchen	5 – 10 g/h
	z.B. Farn Topfpflanze	7 – 15 g/h
	z.B. mittelgroßer Gummibaum	10 – 20 g/h
Wasserpflanze	z.B. Seerose	6 – 8 g/h
Aquarium normale Größe	Freie Wasserfläche Normaltemperatur	Ca. 40 g/m²h
Jungbäume (2 – 3 m)	z.B. Buche	2000 – 4000 g/h
Altbäume (25 m)	z.B. Fichte	2 – 3 m³/h

Angaben aus RWE-Bauhandbuch [42], „Richtiges Lüften beim Heizen", Bundesbauministerium [51], VDI 2078 [52]

3.2 Arten der Kondensatbildung

3.2.5 Kondensat im SZR vom Mehrscheiben-Isolierglas

Bei Mehrscheiben-Isoliergläsern, die im Hochbau entsprechend den Verglasungsrichtlinien des Isolierglas-Herstellers eingebaut werden, übernimmt dieser für einen Zeitraum von in der Regel 5 Jahren eine Gewährleistung. Diese hat meist folgenden oder ähnlichen Wortlaut:

„Wir übernehmen gegenüber unseren Abnehmern für die Dauer von 5 Jahren, gerechnet vom Tag der Lieferung ab unserer Fabrik, die Garantie, dass die Durchsichtigkeit unserer Mehrscheiben-Isoliergläser unter normalen Bedingungen nicht durch Bildung von Kondensat an den Scheibenoberflächen im Scheibeninnenraum (SZR) beeinträchtigt wird. Treten solche Mängel auf, liefern wir kostenlos Naturalersatz für die fehlerhaften Einheiten; andere Ansprüche sind ausgeschlossen. Diese Garantie gilt ausschließlich für unser Isolierglas bei Verwendung im Bereich des Hochbaus. Ausgenommen von dieser Garantie sind gebogene Isoliergläser.

Voraussetzung dieser Garantie ist, dass die Einbauvorschriften unserer Verglasungsrichtlinie für Mehrscheiben-Isolierglas genau eingehalten und keinerlei Bearbeitung oder sonstige Veränderungen an den Isoliergläsern vorgenommen werden und der Scheibenrandverbund nicht beschädigt worden ist.

Die Verjährung des Garantieanspruches für unsere Mehrscheiben-Isoliergläser beginnt mit der Entdeckung des Mangels innerhalb der fünfjährigen Garantiezeit und endet sechs Monate danach. Im Übrigen gelten unsere allgemeinen Verkaufs- und Lieferbedingungen für Glaserzeugnisse für das Inland entsprechend."

Mit dieser Garantiezusage werden Herstellungsfehler erfasst, die in der Regel innerhalb der ersten 2 Jahre nach Herstellung auftreten. Aufgrund langjähriger Erfahrungen und vorliegender Schadensauswertungen kann gesagt werden, dass die Schadenshäufigkeit für solche Gewährleistungsfälle bei unter 0,01 % liegt. Allerdings ist neben qualitativ hochwertigem, sorgfältig produziertem Isolierglas auch eine korrekte Verglasung entsprechend den Verglasungs-Richtlinien ebenso wichtig. Nur bei Zusammenwirken beider Bedingungen können frühzeitige Schadensfälle durch Kondensat im Scheibenzwischenraum von Mehrscheiben-Isolierglas (SZR) vermieden werden.

Kondensation im SZR von beschichtetem Wärmedämm-Isolierglas mit Schichtoxidation, vom Kunden irrtümlich mit Schimmelbildung im SZR verwechselt.

Teil 3 Kondensat auf der Oberfläche

Dachflächenfenster mit stehendem Wasser im SZR.

Seit längerem Zeitraum im SZR kondensiertes Isolierglas mit starker Oberflächenauslaugung.

Diese Kondensation tritt immer dann auf, wenn das Trocknungsmittel im Abstandhalter des Isolierglases die eingedrungene Feuchtigkeit nicht mehr vollständig aufnehmen kann. Im Frühjahr oder Herbst schlägt sich diese Feuchtigkeit dann auf der äußeren Glasscheibe (Position 2) nieder, wenn die Luft im SZR durch Wärmeübertragung von der warmen Raumluft erwärmt und andererseits die Außenscheibe durch kalte Außentemperaturen stark abgekühlt wurde. Ein bis zwei Jahre nach dem erstmaligen Auftreten bleibt dieses Kondensat dann dauerhaft im SZR und führt zu Auslaugungen der Glasoberfläche, was sich durch immer stärker werdende, großflächige weißliche Fleckenbildung zeigt – die Isolierglasscheibe ist „blind".

3.2 Arten der Kondensatbildung

3.2.6 Kondensat auf der außenseitigen Oberfläche (Position 1)

Die gleichen physikalischen Grundgesetze, die für Kondensat auf der raumseitigen Scheibenoberfläche von Mehrscheiben-Isolierglas gelten, sind auch für die Tauwasserbildung auf der außenseitigen Scheibenoberfläche verantwortlich. Dabei muss diese außenseitige Oberfläche kälter sein als die Außenluft. Dies ist immer dann der Fall, wenn in klaren, kalten Nächten meist ohne Bewölkung eine sehr starke Wärmeabstrahlung der Erdoberfläche, der Gebäudeaußenfläche und natürlich auch der außenseitigen Scheibenoberfläche in den kälteren Raum (Weltraum) erfolgt, was im Frühjahr und Herbst sehr oft zutreffen kann. In den äußeren Atmosphärenschichten herrschen wesentlich niedrigere Temperaturen als auf der Erdoberfläche, bis unter −100 °C. Durch diesen Strahlungsaustausch kann es dazu kommen, dass auch Bauteiloberflächen niedrigere Temperaturen annehmen als die umgebende Außenluft. Während morgens mit Sonnenaufgang ein relativ schneller Anstieg der Lufttemperatur erfolgen kann, geschieht dies bei Bauteiloberflächen, wie beispielsweise Dachflächen, aber auch bei Scheibenoberflächen von Mehrscheiben-Isolierglas wesentlich langsamer, insbesondere wenn es sich um hoch wärmedämmendes Dreifach-Isolierglas mit sehr gutem/niedrigem U_g-Wert unter 1,0 W/m²K und dadurch nahezu fehlender Wärmeabgabe von innen nach außen handelt, welches zudem noch windgeschützt und im Schatten liegt. Diese Tauwasserbildung beschränkt sich deshalb bei Isolierglas, wie auch in der Natur, auf die Morgenstunden und tritt hauptsächlich auf der Scheibenfläche auf, während der Randbereich davon verschont bleibt. Die Ursache für die fehlende Randkondensation liegt an der etwas schlechteren Wärmedämmung im Randbereich des Isolierglases (siehe 3.2.2) und des Fensterrahmens und der dadurch nachfließenden Wärmeenergie, die diesen Randbereich nicht so stark abkühlen lässt wie die freie Scheibenfläche. In Gegenden mit hoher Luftfeuchtigkeit (Küste, Moor, See) und bei hochwärmedämmenden Energiesparisoliergläsern mit extrem niedrigem U_g-Wert kann diese außenseitige Kondensation noch verstärkt auftreten und im Extremfalle sogar gelegentlich zur Vereisung der außenseitigen Scheibenoberfläche führen.

Mit den Formeln zur Errechnung der Oberflächentemperaturen (siehe 3.3) kann eine relativ gute Abschätzung erfolgen. Allerdings ist hierbei die zusätzliche Abkühlung aufgrund erhöhter Wärmeabstrahlung an den Weltraum nicht mit einbezogen, sondern nur der Wärmefluss von innen nach außen aufgrund von U-Wert und Temperaturunterschied. Diese erhöhte Wärmeabstrahlung an klaren Nächten kann eine zusätzliche Abkühlung der außenseitigen Oberfläche um bis zu ca. 4 Kelvin (°C) bewirken. Dies gilt insbesondere für Fenster oder Verglasungen, die zum Himmel ausgerichtet sind, aber auch für alle anderen himmelwärts gerichteten Gebäudeflächen. Auch der Einfluss von windgeschütztem Einbau oder starkem Wind ist dabei nicht berücksichtigt, da die genormten Werte des Wärmeübergangswiderstandes in diese Gleichung einfließen, es sich also um eine Errechnung unter genormten Bedingungen handelt. In der Praxis können deshalb auch unterschiedlich starke Abweichungen davon auftreten.

Damit kann eindeutig festgestellt werden, dass Kondensatbildung auf der äußeren Oberfläche von Mehrscheiben-Isolierglas oder anderen Gebäudeflächen morgens nach klaren Nächten (evtl. auch schon nachts) ein Zeichen von sehr guter Wärmedämmung des Bauteils ist und damit keinen Mangel darstellt. Während dies bei Außenwänden oder Paneelen kein optisches Problem darstellt, fehlt dadurch bei hochdämmenden transparenten Flächen morgens der Durchblick. Je besser die Wärmedämmung, umso kälter werden die äußeren Oberflächentemperaturen, umso

Teil 3 Kondensat auf der Oberfläche

größer ist die Wahrscheinlichkeit von Tauwasserbildung auf diesen Oberflächen. Beeinflusst wird diese Kondensatneigung zudem vom Vorhandensein hoher Luftfeuchtigkeit, von der Lage der Scheiben zur Sonne und zur Windrichtung (Windschatten, Anströmrichtung) und auch von der Bepflanzung vor den Scheiben. Deshalb kann dieser Außenbeschlag bei Fenstern mit identischer Wärmedämmung durchaus auch unterschiedlich ausfallen. Nicht nur bei hochwärmedämmenden Verglasungen von beheizten Räumen tritt dieser Außenbeschlag auf, er kann auch bei nicht beheizten Räumen, wie z. B. bei Wintergärten, auftreten.

Außenkondensat an hochwärmedämmendem Dreifach-Isolierglas mit U_g = 0,7 W/m²K, durch die schlechtere Randdämmung auch bei warmer Kante bleibt der Rand beschlagfrei.

Fenster aus Bild oben, jedoch mit Vereisung an der Außenseite.

3.2 Arten der Kondensatbildung

Abhilfe kann hier zwar geschaffen werden, es bieten sich jedoch nicht immer sinnvolle Lösungen an:

- Verschlechterung der Wärmedämmung des Isolierglases mit U_g-Werten von 3,0 W/m²K kann keine sinnvolle Lösung sein.

- Heizbare Außenscheiben sind ebenfalls keine sinnvolle Lösung, da die Wärme nach außen verloren geht und der Sinn einer energiesparenden Verglasung ins Gegenteil umschlägt.

- Höhere Raumtemperaturen von über 24 °C können die Außenkondensation aufgrund erhöhten Wärmetransportes nach außen deutlich reduzieren, evtl. sogar vermeiden, allerdings mit dem Nachteil von wesentlich erhöhtem Energiebedarf und somit deutlich höheren Heizkosten – ebenfalls keine sinnvolle Lösung.

- Hausbau mit deutlich erhöhtem Dachüberstand von über 1 m. Dadurch werden die Glasscheiben gegen den kalten Nachthimmel abgeschirmt, die Oberflächentemperatur fällt nicht zu stark. Bei mehrgeschossigen Gebäuden oder raumhohen Verglasungsflächen kann es dennoch zu Außenkondensation, vor allem im unteren Bereich kommen.

- Verwendung von Glas mit außenseitiger, IR-reflektierender Beschichtung mit einer Emissivität von $\varepsilon \leq 0{,}20$. Dadurch wird das Abkühlen der Außenscheibe von Isolierglas während der kalten Nachtstunden verringert und so die Kondensatneigung mehr oder weniger stark reduziert. Eine absolute Vermeidung der Kondensatbildung auf der Außenseite bei allen Wetterlagen ist allerdings auch damit nicht zu erreichen. Kondensat tritt damit jedoch in geringerem Umfang und verzögert auf, somit auch keine absolut sichere Möglichkeit, die Außenkondensation unter allen Wetterbedingungen vollständig zu verhindern. Vor allem muss dazu die Außenscheibe ohne Schmutzablagerungen oder Feuchtigkeitsfilm (Regen) sein, da dies die Emissivität deutlich verschlechtert und wiederum zu frühzeitiger Kondensatbildung führt. Durch diese zusätzliche Beschichtung auf Position 1 reduzieren sich auch die Licht- und Energietransmission.

- Herablassen von Rollläden während der Nacht lässt den Beschlag oder die Vereisung auf der Rollladen-Außenseite entstehen, der morgens im Rollladenkasten verschwindet. Jedoch kann dann bei sehr frühem Hochziehen der Rollläden die Scheibenoberfläche unter ungünstigen Umständen dennoch leichtes Kondensat zeigen. In den meisten Fällen wird damit jedoch die Außenkondensation der Scheibenoberfläche verhindert, da sich nachts zwischen Rollladen und Außenscheibe ein etwas wärmeres Luftpolster als die Außenluft bildet und die Scheibenoberfläche nicht ganz so stark abkühlt. Somit die einzig effiziente und energiesparende Möglichkeit, die Außenkondensation bei hochwärmedämmenden Verglasungen bestmöglich zu vermeiden.

Teil 3 Kondensat auf der Oberfläche

Die Kondensation auf der außenseitigen Oberfläche von Wärmedämm-Isolierglas unterliegt rein physikalischen Gesetzmäßigkeiten und stellt deshalb keinen Mangel dar. Sie ist im Gegenteil ein eindeutiges Zeichen von besonders guter Wärmedämmung.

Außenkondensat an Fassadenplatten und Lisenen, während die Isoliergläser aufgrund der schlechteren Dämmung kein Kondensat aufweisen.

3.3 Formeln zur Errechnung der Oberflächentemperatur

Mit den nachfolgenden Formeln kann die raumseitige und außenseitige Temperatur der Scheibenoberfläche sehr einfach und überschlägig ermittelt werden. Sie gilt allerdings nur bei Oberflächenübergangswiderständen nach DIN/EN und entsprechend großen Scheiben ohne Randeinfluss. Je nach Art der Raumheizung, der außen herrschenden Windverhältnisse und der Größe der Glasscheiben können sich diese theoretischen Werte allerdings deutlich verändern und zu abweichenden Oberflächentemperaturen in der Praxis führen.

3.3 Formeln zur Errechnung der Oberflächentemperatur

3.3.1 Temperatur der inneren, raumseitigen Scheibenoberfläche (Position 4 bzw. Position 6)

$$T_{oi} = T_i + (U_g \cdot (T_a - T_i) \cdot R_{si}) \qquad [\,°C\,]$$

3.3.2 Temperatur der äußeren Scheibenoberfläche (Position 1)

$$T_{oa} = T_a + (U_g \cdot (T_i - T_a) \cdot R_{sa}) \qquad [\,°C\,]$$

Begriffserläuterungen:

T_{oi} = Oberflächentemperatur innen $\qquad [\,°C\,]$

T_{oa} = Oberflächentemperatur außen $\qquad [\,°C\,]$

T_i = Raumtemperatur $\qquad [\,°C\,]$

T_a = Außentemperatur $\qquad [\,°C\,]$

U_g = U_g-Wert der Verglasung $\qquad [\,W/m^2K\,]$

R_{si} = Wärmeübergangswiderstand innen nach DIN 4108, Teil 4, Tabelle 5 (R_{si} = 0,13 m²K/W) $\qquad [\,W/m^2K\,]$

R_{sa} = Wärmeübergangswiderstand außen nach DIN 4108, Teil 4, Tabelle 5 (R_{sa} = 0,04 m²K/W) $\qquad [\,W/m^2K\,]$

3.4 Vergleich der raumseitigen Oberflächentemperaturen bei Gläsern mit unterschiedlichen U_g-Werten

Tabelle 23: Raumseitige Oberflächentemperaturen verschiedener Verglasungen in Abhängigkeit der Außentemperaturen bei einer Raumtemperatur von 20°C unter genormten Bedingungen.

Glasart	Außentemperaturen						
	±0°C	-5°C	-10°C	-15°C	-20°C	-25°C	-30°C
Einfachglas U_g = 5,8 W/m²K	5,5 °C	2 °C	-2 °C	-5,5 °C	-9 °C	-12,5 °C	-16,5 °C
Isolierglas U_g = 3,0 W/m²K	12,5 °C	10,5 °C	9 °C	7 °C	5 °C	3 °C	1,5 °C
Wärmeschutz-Isolierglas U_g = 1,3 W/m²K	17 °C	16 °C	15 °C	14,5 °C	13,5 °C	13 °C	12 °C
Wärmeschutz-Isolierglas U_g = 1,1 W/m²K	17,5 °C	16,5 °C	16 °C	15 °C	14,5 °C	14 °C	13 °C
Hochdämmendes Wärmeschutz-Isolierglas U_g = 0,7 W/m²K	18,5 °C	18 °C	17,5 °C	17 °C	16,5 °C	16 °C	15,5 °C
Hochdämmendes Wärmeschutz-Isolierglas U_g = 0,5 W/m²K	19 °C	18,5 °C	18 °C	18 °C	17,5 °C	17 °C	17 °C

Anhand dieser Tabelle kann der Temperaturverlauf an der raumseitigen Scheibenoberfläche bei unterschiedlichen Verglasungen bei abnehmender Außentemperatur ermittelt und verglichen werden, ohne die Formel unter Abschnitt 3.3.1 verwenden zu müssen. Erwartungsgemäß gehen die raumseitigen Oberflächentemperaturen von Einfachglas ab ca. -8°C in den negativen Bereich über, Eisblumen entstehen bei Kondensation. Ausgehend von der Prämisse, dass sich bei raumbegrenzenden Oberflächentemperaturen von 12°C und wärmer im Raume ein Behaglichkeitsgefühl bei den sich dort aufhaltenden Personen einstellt, zeigt sich, dass Verglasungen mit U_g-Werten von 1,3 W/m²K und niedriger bei den in unseren Breiten herrschenden maximalen Wintertemperaturen immer im Behaglichkeitsbereich liegen.

3.5 Taupunktdiagramm

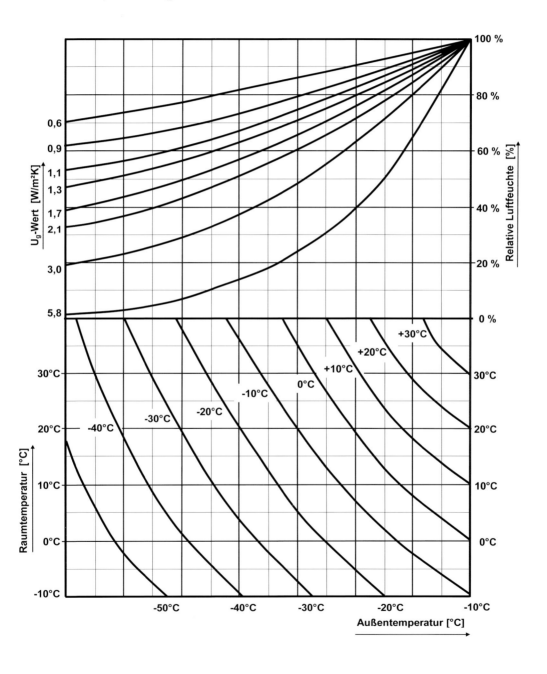

Teil 3 Kondensat auf der Oberfläche

Aus dem Taupunktdiagramm können die Zusammenhänge zwischen Temperatur und Luftfeuchtigkeit im Raum, Außenluft und raumseitiger Oberflächentemperatur von verschiedenen Isoliergläsern und deren Kondensatbildung auf der raumseitigen Scheibenoberfläche abgelesen werden. Daraus ist ersichtlich, dass mit niedrigerem U_g-Wert die Neigung von Isolierglas, ganzflächig Kondensat zu zeigen, immer stärker abnimmt. Andererseits kann daraus auch abgelesen werden, dass mit zunehmender Luftfeuchtigkeit im Raum die Unterschiede zwischen den verschieden dämmenden Verglasungen immer geringer werden und bei 100% relativer Feuchte im Raum alles beschlagen darf.

Dieses Taupunktdiagramm gilt NICHT für das Kondensieren von Isolierglas an der Glaskante. Dieses Kondensat im Randbereich tritt bereits wesentlich früher auf.

Beispiel 1:

Bei einer Raumtemperatur von 20°C (a. linke untere Hälfte) und einer Außentemperatur von -10°C (b. Kurve aus rechter unterer Ecke) kann man für unbeschichtetes Isolierglas (c. Kurve 3,0) ablesen, dass ab einer relativen Feuchte im Raum von ca. 48 % (d. rechte obere Hälfte) ganzflächiges Kondensat auf der Scheibenoberfläche im Raum auftreten darf (Von a. waagrecht nach rechts bis zum Schnittpunkt mit Kurve b. und nun senkrecht nach oben bis zur Kurve c. Vom Schnittpunkt waagrecht nach rechts zum Ablesewert ca. 48%).

Beispiel 2:

Wärmeschutz-Isolierglas mit U_g = 1,1 W/m²K (e. Kurve 1,1) zeigt ganzflächig Kondensat bei 20°C Raumtemperatur (a. linke untere Hälfte) und 0°C Außentemperatur (f. Kurve 0° rechts unten). Somit muss die relative Luftfeuchte im Raum größer 80% (d. rechte obere Hälfte) sein (Von a. waagrecht nach rechts bis zum Schnittpunkt mit Kurve f. und nun senkrecht nach oben bis zur Kurve e. Vom Schnittpunkt waagrecht nach rechts zum Ablesewert ca. 80 %).

3.6 Kurven gleicher relativer Feuchte

Tabelle 24: Kurven gleicher relativer Feuchte

Aus dem obigen Diagramm „Kurven gleicher relativer Feuchte" kann die Wassermenge abgelesen werden, die in der Luft (Raumluft oder auch Außenluft) bei unterschiedlichen Temperaturen und unterschiedlicher relativer Feuchte enthalten ist. Es zeigt auch die maximal aufnehmbare Wassermenge von Luft bei unterschiedlichen Temperaturen an und lässt erkennen, dass Luft mit steigender Temperatur immer mehr Wasser aufnehmen kann. Die maximal aufnehmbaren Wassermengen der Luft (100% r. F.) für unterschiedliche Temperaturen von -20°C bis 40°C sind ebenfalls unter 3.7 ablesbar.

Beispiel 1:

Luft mit einer Temperatur von 20°C kann maximal 17,22 Gramm Wasser pro m³ Luft aufnehmen. Bei 26°C können bereits 24,24 g/m² Wasser aufgenommen werden und bei 0°C sind es immerhin noch 4,98 g/m³. Es zeigt sich ganz klar, dass mit zunehmender Temperatur die Wasseraufnahmefähigkeit von Luft stark zunimmt.

Beispiel 2:

Wird 22°C warme Raumluft mit 65 % relativer Feuchte (12,57 g Wasser pro m³ Luft) mittels Lüften durch 0°C kalte Luft mit 100% r. F. (4,98 g/m³ Wasser) vollständig ersetzt, bleiben in dieser Luft anstelle von 12,57 nur noch 4,98 Gramm Wasser pro m³ übrig. Wird diese 0°C kalte Luft nun wieder auf 22°C erwärmt, so sinkt bei gleichbleibender Wassermenge die relative Feuchte auf ca. 26% r. F. und diese warme Luft ist in der Lage, wieder deutlich mehr Feuchtigkeit aufzunehmen, also beispielsweise feuchte Wände nach und nach zu trocknen.

3.7 Maximaler Feuchtigkeitsgehalt der Luft (100 % r. F.) in Abhängigkeit der Temperatur

Tabelle 25: Maximale Wasseraufnahmekapazität der Luft

Temperatur [°C]	Feuchtigkeits-gehalt [g/m³]	Temperatur [°C]	Feuchtigkeits-gehalt [g/m³]	Temperatur [°C]	Feuchtigkeits-gehalt [g/m³]
-20	1,05	6	7,28	25	22,93
-15	1,58	8	8,28	26	24,24
-10	2,30	10	9,39	28	27,09
-8	2,69	12	10,64	30	30,21
-6	3,13	14	12,03	32	33,64
-4	3,64	16	13,59	34	37,40
-2	4,22	18	15,31	36	41,51
+0	4,98	20	17,22	39	46,00
2	5,60	22	19,33	40	50,91
4	6,39	24	21,68		

Die Tabelle zeigt die maximale Aufnahmefähigkeit der Luft für Feuchtigkeit (Wasserdampf) von -20 °C bis +40 °C in Gramm Wasser pro Kubikmeter Luft auf. Selbst bei Minustemperaturen kann die Luft noch eine geringe Menge Feuchtigkeit aufnehmen, mit zunehmender Temperatur steigt diese Fähigkeit enorm an. Überschlägig kann die Aussage getroffen werden, dass sich die Wasseraufnahmefähigkeit von Luft in 10 °C-Intervallen in etwa verdoppelt.

3.8 Taupunkttemperaturen T_s der Luft in Abhängigkeit von Temperatur und relativer Feuchte nach DIN 4108

Tabelle 26: Temperatur- und feuchtigkeitsabhängige Taupunkttemperaturen der Luft

Taupunkttemperatur T_s der Luft in Abhängigkeit der Lufttemperatur T_L in °C und der relativen Luftfeuchtigkeit r.F. in %

Lufttemperatur T_L	Taupunkttemperatur T_s in °C bei einer relativen Feuchte von													
T_L °C	30 %	35 %	40 %	45 %	50 %	55 %	60 %	65 %	70 %	75 %	80 %	85 %	90 %	95 %
30	10,5	12,9	14,9	16,8	18,4	20,0	21,4	22,7	23,9	25,1	26,2	27,2	28,2	29,1
29	9,7	12,0	14,0	15,9	17,5	19,0	20,3	21,7	23,0	24,1	25,2	26,2	27,2	28,1
28	8,8	11,1	13,1	15,0	16,6	18,1	19,5	20,8	22,0	23,2	24,2	25,2	26,2	27,1
27	8,0	10,1	12,2	14,1	15,7	17,2	18,6	19,9	21,1	22,2	23,3	24,3	25,2	26,1
26	7,1	9,4	11,4	13,2	14,8	16,3	17,6	18,9	20,1	21,2	22,3	23,3	24,2	25,1
25	6,2	8,5	10,5	12,2	13,9	15,3	16,7	18,0	19,1	20,3	21,3	22,3	23,2	24,1
24	5,4	7,6	9,6	11,3	12,9	14,4	15,8	17,0	18,2	19,3	20,3	21,3	22,3	23,1
23	4,5	6,7	8,7	10,4	12,0	13,5	14,8	16,1	17,2	18,3	19,4	20,3	21,3	22,2
22	3,6	5,9	7,8	9,5	11,1	12,5	13,9	15,1	16,3	17,4	18,4	19,4	20,3	21,2
21	2,8	5,0	6,9	8,6	10,2	11,6	12,9	14,2	15,3	16,4	17,4	18,4	19,3	20,2
20	1,9	4,1	6,0	7,7	9,3	10,7	12,0	13,2	14,4	15,4	16,4	17,4	18,3	19,2
19	1,0	3,2	5,1	6,8	8,3	9,8	11,1	12,3	13,4	14,5	15,5	16,4	17,3	18,2
18	0,2	2,3	4,2	5,9	7,4	8,0	10,1	11,3	12,5	13,5	14,5	15,4	16,3	17,2
17	-0,6	1,4	3,3	5,0	6,5	7,9	9,2	10,4	11,5	12,5	13,5	14,5	15,3	16,2
16	-1,4	0,5	2,4	4,1	5,6	7,0	8,2	9,4	10,5	11,6	12,6	13,5	14,4	15,2
15	-2,2	-0,3	1,5	3,2	4,7	6,1	7,3	8,5	9,6	10,6	11,6	12,5	13,4	14,2
14	-2,9	-1,0	0,6	2,3	3,7	5,1	6,4	7,5	8,6	9,6	10,6	11,5	12,4	13,2
13	-3,7	-1,9	-0,1	1,3	2,8	4,2	5,5	6,6	7,7	8,7	9,6	10,5	11,4	12,2
12	-4,5	-2,6	-1,0	0,4	1,9	3,2	4,5	5,7	6,7	7,7	8,7	9,6	10,4	11,2
11	-5,2	-3,4	-1,8	-0,4	1,0	2,3	3,5	4,7	5,8	6,7	7,7	8,6	9,4	10,2
10	-6,0	-4,2	-2,6	-1,2	0,1	1,4	2,6	3,7	4,8	5,8	6,7	7,6	8,4	9,2

Ablesebeispiel:

Bei einer Lufttemperatur von T_L = 20 °C und 70 % r. F. kann aus der Tabelle abgelesen werden, dass bei Abkühlung der Luft auf 14,4 °C der Taupunkt (100 % r. F.) erreicht ist und bei weiterer Abkühlung Kondensat anfällt.

3.9 Taupunktvergleich

Tabelle 27: Kondensatbildung auf raumseitigen Glasoberflächen in Abhängigkeit von U_g-Wert und Außentemperatur

Glasart	±0°C	-5°C	-10°C	-15°C	-20°C	-25°C	-30°C
Einfachglas U_g = 5,8 W/m²K	< 39 %	< 30 %	< 23 %	< 18 %	< 14 %	< 10 %	< 8 %
	—	—	—	—	—	—	—
	0,55	0,99	1,34	1,62	1,84	2,01	2,15
Isolierglas U_g = 3,0 W/m²K	—	—	< 49 %	< 43 %	< 38 %	< 33 %	< 29 %
	> 62 %	> 55 %	—	—	—	—	—
	—	—	0,06	0,35	0,62	0,85	1,06
Wärmeschutz-Isolierglas U_g = 1,3 W/m²K	—	—	—	—	—	—	—
	> 82 %	> 78 %	> 74 %	> 70 %	> 67 %	> 64 %	> 60 %
	—	—	—	—	—	—	—
Wärmeschutz-Isolierglas U_g = 1,1 W/m²K	—	—	—	—	—	—	—
	> 85 %	> 81 %	> 77 %	> 74 %	> 70 %	> 67 %	> 64 %
	—	—	—	—	—	—	—
Hochdämmendes Wärmeschutz-Isolierglas U_g = 0,7 W/m²K	—	—	—	—	—	—	—
	> 90 %	> 87 %	> 85 %	> 82 %	> 80 %	> 78 %	> 76 %
	—	—	—	—	—	—	—
Hochdämmendes Wärmeschutz-Isolierglas U_g = 0,5 W/m²K	—	—	—	—	—	—	—
	> 93 %	> 91 %	> 89 %	> 87 %	> 86 %	> 84 %	> 82 %
	—	—	—	—	—	—	—

Tabelle gilt für

- 50 % relative Feuchte im Raum
- 20 °C Raumtemperatur
- Kondensat ganzflächig auf der raumseitigen Oberfläche

Angaben in Tabelle

- 1. Zeile: relative Feuchte, bei der kein Kondensat mehr ganzflächig auf der raumseitigen Scheibenoberfläche auftritt
- 2. Zeile: relative Feuchte, bei der ganzflächig Kondensat auf der raumseitigen Scheibenoberfläche auftreten darf
- 3. Zeile: ca. Kondensatanfall innerhalb von 24 h in l/m²

Teil 4 Oberflächenbeschädigungen an Glas

4.1 Chemische Oberflächenbeschädigungen

Glas besteht hauptsächlich aus den Rohstoffen Quarz (Siliziumdioxid oder Kieselsäure), Alkali und Kalk. Obwohl Glasgefäße zur Aufbewahrung von Säuren und Laugen verwendet werden, ist die Glasoberfläche nicht gegen alle chemischen Einflüsse resistent. Die mit den Glasbestandteilen verwandten Stoffe können eine Veränderung der Oberfläche bewirken. Der Grad der Sichtbarkeit hängt stark von der Art, Dauer und Intensität der Einwirkung solcher Stoffe ab nach dem chemischen Grundsatz „Gleiches löst Gleiches". Es bedarf nicht allein der Einwirkung von Flusssäure, die zum Glasätzen verwendet wird oder von heißer Phosphorsäure, um die Oberfläche zu beschädigen. Flusssäure löst das Siliziumdioxid im Glas und verwandelt es zu Hexafluorokieselsäure. Eine Vielzahl an anderen Mitteln und Substanzen können ebenfalls eine dauerhafte, irreparable Schädigung der Glasoberfläche verursachen.

Verätzungen, Veränderungen oder Trübungen der Glasoberfläche können in der Praxis durch folgende Materialien, abhängig von deren Zusammensetzung und Inhaltsstoffen, erfolgen:

- Stark alkalische Fassadenreiniger
- Flusssäure und flusssäurehaltige Reinigungsmittel
- Zementmörtel und Betonschlämme
- Mineralfarben (z. B. Kalkmilch, Silikatfarbe)
- Mineralputze
- Steinverfestiger, Fluate
- Wasserglas
- Laugen
- Konservierungs- und Imprägniermittel.

In vielen Fällen führt die ständige Einwirkung von oben genannten Produkten auf die Glasoberfläche zu einer Auslaugung. Hierbei können das Abtrocknen und ein wiederholtes Einwirken die Konzentration solcher Substanzen dramatisch erhöhen und die Oberflächenverätzung stark beschleunigen. Bereits die dauerhafte Einwirkung von Wasser auf die Glasoberfläche z. B. bei im Freien gelagerten Glasstapeln kann zu einer Auslaugung der Glasoberfläche führen.

Nach Untersuchungen der Pennsylvania State University wandern unter dem Einfluss von Wasser Natrium-, Kalzium- und Aluminiumionen aus den Oberflächenschichten des Glases ab und werden durch Wasser oder Wasserstoffionen ersetzt. Aus dem Siliziumdioxid entsteht ein wasserlösliches Gel, welches aus der Oberfläche ausgewaschen wird und mikroskopische Oberflächendefekte hinterlässt, die wiederum einen wesentlichen Einfluss auf die Festigkeit des Glases haben.

4.1.1 Alkalien

Aufgrund der Zusammensetzung des Glases (alkalische Bestandteile) kann es bei längerem Einwirken von starken Alkalien zu einer Reaktion mit dem Glas kommen. Oberflächenverätzungen bzw. -veränderungen sind die Folge. Deshalb sollten alle alkalischen Mittel, die an der Fassade verwendet werden, keinesfalls mit der Glasoberfläche in Berührung kommen. Insbesondere bei alkalischer Reinigung der Fassade sind die Glasflächen mittels Folienabdeckung zu schützen. Daneben kann die Glasoberfläche auch durch Intensivanlauger zum Abbeizen alter Anstriche beschädigt werden.

4.1.2 Zementverätzungen

Derartige Oberflächenverätzungen entstehen meist dann, wenn oberhalb der Glasfläche Betonteile angeordnet sind, die z. B. aus Sicht-, Struktur-, Waschbeton oder Zementfaserplatten bestehen. Aber auch Mörtelspritzer oder Zementschlämme können die Glasoberfläche angreifen. Vor allem im Neubaubereich können solche Oberflächenbeschädigungen häufig auftreten, da die Bestandteile des Betons (Zement - alkalisch(!), Kies, Sand) noch nicht ausgehärtet bzw. abgebunden sind. Regenwasser, das mit diesem Beton in Berührung kommt, löst dessen Alkalibestandteile heraus. Bei ständigem Einwirken dieser alkalischen Flüssigkeit auf die Glasoberfläche werden in Abhängigkeit von Konzentration und Einwirkzeit unterschiedlich starke Verätzungen verursacht.

4.1.3 Flusssäure

Es ist in Fachkreisen allgemein bekannt, dass Flusssäure ein hervorragendes Mittel zum Ätzen der Glasoberfläche ist. In sauren Steinfassadenreinigern ist meist Flusssäure enthalten. Beim Einwirken dieser Säure auf die Glasoberfläche geht die Kieselsäure des Glases in Siliziumfluorid bzw. Fluorkieselsäure und deren Salze über. Deshalb ist es zwingend notwendig, bei Arbeiten mit derartigen Mitteln (z. B. saure Fassadenreinigung) die Glasoberfläche sorgfältig mittels Folienabdeckung zu schützen. Dies gilt auch für Fluorsalze, die gegen Schimmel- und Pilzbefall vor allem in Spraydosen eingesetzt werden. Ein spezielles Reinigungsmittel, um leichte Korrosion auf der Glasoberfläche mittels flusssäurehaltiger Mittel zu entfernen, ist Radora B Cleanätz. In verdünnter Form eignet es sich besonders gut zur Entfernung von Verschmutzungen auf satinierten Oberflächen. Wichtig dabei ist allerdings immer der Schutz anderer Flächen und das zusätzliche Reinigen mit viel Wasser. Auf entsprechende Schutzkleidung ist dabei besonders zu achten, um jeglichen Hautkontakt zu vermeiden (Bedienungsanleitung sorgfältig lesen und beachten).

4.1 Chemische Oberflächenbeschädigungen

4.1.4 Kalkmilch

Kalkmilch greift die im Glas enthaltenen Bestandteile Alkali und Kalk an und führt somit zu einer Oberflächenbeschädigung, die oftmals durch weißliche Rückstände sichtbar ist.

4.1.5 Wasserglas

Wasserglas (Natriumsilikat) wird zum Teil noch als Kleber für Plakate und Poster oder in Fassadenfarben auf Bindemittelbasis (mit Kaliwasserglas) verwendet. Da es sich hierbei um eine Abart von Glas handelt (siehe auch Bild 2), sind bei Kontakt mit der Glasoberfläche entsprechende Verätzungen und Veränderungen die Folge.

4.1.6 Steinverfestiger, Fluate

Bei verwitterten Fassaden kommt oftmals ein Steinverfestiger zum Einsatz, der sehr häufig aus Kieselsäureestern besteht. Auch beim Einsatz solcher Mittel kommt es zu Reaktionen mit der im Glas enthaltenen Kieselsäure. Großflächige Oberflächenverätzungen können die Folge der Einwirkung auf die ungeschützte Glasoberfläche sein.

Fluate (Abk. für Fluorosilikate = Silikonfluoride) ist die Bezeichnung für wasserlösliche Salze der Fluorokieselsäure (Siliziumflourwasserstoffsäure, Kieselflusssäure). Diese Alkali-Salze sind giftig und wirken gärungshemmend. Sie vernichten u. a. den Hausschwamm und holzschädigende Insekten. Allerdings ist bei ihrer Handhabung äußerste Vorsicht geboten. Sie dürfen nicht mit Augen, Wunden, Kleidern, Metallen und vor allem nicht mit Glas in Berührung kommen. Fluate werden entweder in Form der kristallinen Salze oder als hochkonzentrierte Lösungen eingesetzt. Ihre Verwendung vor allem im Baugewerbe in Form von wasserlöslichen Al-, Mg-, Zn- und Pb-Salzen als Bautenschutzmittel dient zum Oberflächenschutz von Steinfassaden, -wänden und -fußböden. Nach dem Auftragen auf die gesäuberten und getrockneten Oberflächen (Fluatieren) erfolgt eine Reaktion mit den Zementbestandteilen und es entsteht wasserunlösliches Calciumfluorid und Kieselsäure. Dadurch werden derart bearbeitete Oberflächen gegen Witterungseinflüsse, Säuregase, aggressive Flüssigkeiten, Öle und andere negative Umwelteinflüsse geschützt. Auch Natur- und Kunststeine (z. B. bei Denkmälern) lassen sich mit Fluaten konservieren. Vor allem Glasoberflächen sind vor der Einwirkung von Fluaten und der Fluorokieselsäure besonders zu schützen. Ihre Einwirkung kann zu matten Glasoberflächen oder auch zu Veränderungen der Oberflächenplanität und damit zu optischen Verzerrungen führen. [56]

4.1.7 Konservierungs- und Imprägniermittel

Bei Stein- und Metallfassaden kommen häufig Konservierungs- oder Imprägniermittel auf Basis von Salinen, Siloxanen, Silikonharzen oder lösemittelhaltigen Silikon-Acrylharzkombinationen zum Einsatz. Aber auch Silikonwachse werden häufig zur Konservierung von Metallfassaden eingesetzt. Bei längerer Einwirkung auf die Glasoberfläche können auch diese Substanzen Verätzungen aufgrund von chemischen Reaktionen mit der im Glas enthaltenen Kieselsäure verursachen.

4.1.8 Folienabdeckung

Bei einigen Folienarten, wie z.B. bei PVC- oder vor allem bei Polyethylen-Folien kann es bei längerer Abdeckung des Glases unter Einwirkung von Wärme und Feuchtigkeit zu Polymerausdampfung kommen. Diese Polymere können sich an die Glasoberfläche anlagern und sind dann nur sehr schwer zu entfernen. In manchen Fällen kann es sogar zu einer Reaktion mit der Glasoberfläche kommen.

4.2 Mechanische Oberflächenbeschädigungen

Es gibt eine Vielzahl an Möglichkeiten, die Glasoberfläche mechanisch zu beschädigen. Entsprechend der Mohs-Härteskala kann die Glasoberfläche mit gleichharten oder härteren Materialen angeritzt und somit zerkratzt werden. Die in der Praxis häufiger auftretenden, charakteristischen Oberflächenbeschädigungen sind im Nachfolgenden dargestellt und erläutert. Die unzähligen zufälligen Oberflächenbeschädigungen, deren Aussehen von Fall zu Fall unterschiedlich sind und die somit nicht charakterisierbar sind, werden hierbei nicht erwähnt.

Die sehr glatt wirkende Oberfläche von Floatglas hat bereits nach der Herstellung eine Rauigkeit. Auf der Badseite liegt diese bei ca. 1 - 2 Nanometer, auf der Atmosphärenseite beträgt die Rauigkeit ca. 5 - 10 Nanometer. Diese geringe Rauigkeit ist für den Betrachter nicht sichtbar, da sie zwar optisch diffus, jedoch ohne erkennbare Lichtstreuung wirkt. Bereits beim Weiterverarbeiten, Transportieren und dem Glashandling wird die Glasoberfläche beschädigt, allerdings meist so geringfügig, dass auch diese Oberflächenschäden nicht sichtbar werden. Kratzer bis ca. 100 Nanometer Tiefe sind für das menschliche Auge noch nicht sichtbar, erst ab mehreren 100 Nanometern werden sie langsam erkennbar. Eine Kratzertiefe ab ca. 3.000 Nanometern (0,003 mm) wird manuell spürbar, ab 0,1 mm sind Kratzer deutlich spürbar und natürlich auch entsprechend sichtbar.

Die Unterteilung in nachfolgenden Schaubildern erfolgt in punktförmige, streckenförmige und flächige Oberflächenbeschädigungen, die nicht allein Kratzer sein können. Die mögliche Stärke bzw. Eindringtiefe dieser Oberflächenbeschädigung ist neben Aussehen und Auftreten im Text des Schaubildes beschrieben. Natürlich kann es von Fall zu Fall zu etwas unterschiedlichem Aussehen kommen, die Beschädigungen können in der Regel mittels des jeweiligen Schaubildes und der Erläuterungen klassifiziert werden. In den Fällen, in denen dies nicht der Fall ist, handelt es sich oft um zufällige, nicht eindeutig charakterisierbare Ursachen der Beschädigung. Hierbei ist dann die detektivische Feinarbeit des Sachverständigen gefordert!

Sofern die Oberflächenbeschädigung derart stark ist, dass dadurch Ausmuschelungen oder gar Glasbruch verursacht werden, sind diese Fälle nicht mehr in Tabelle 34 und den in Teil 8.1 dargestellten Schadensbildern, sondern in Teil 5 „Glasbruch" und den in Teil 8.2 dargestellten Glasbruch-Schadensbildern erläutert.

4.2 Mechanische Oberflächenbeschädigungen

4.2.1 Kratzer

Die verschiedenen Intensitäten und Störungsgrade der Kratzer auf der Glasoberfläche lassen sich folgendermaßen beschreiben:

Engelshaar: Extrem feine Oberflächenkratzer, die unter normalen Tageslichtverhältnissen nicht sichtbar sind. Bei Verwendung von Quarzlampen können diese feinsten Kratzer, die insbesondere bei softcoatings (LowE-Schichten) auftreten können, sichtbar gemacht werden. Nicht fühlbare Kratzer bis ca. 100 Nanometer Kratzertiefe (=0,0001 mm).

Haarkratzer: Feine, in der Regel nur gegen einen dunklen Hintergrund oder bei genauer Betrachtung und Kennzeichnung erkennbare Kratzer. Mit Fingernagel nicht fühlbare Kratzer von ca. 1.000 – 2.000 Nanometer Kratzertiefe.

Schwache Kratzer: Bei diffusem Tageslicht und gegen einen dunklen Hintergrund meist gut auszumachende Kratzer mit oft bläulichem Schimmer, im Gegenlicht „Funkeln". Mit Fingernagel spürbare Kratzer ab ca. 3.000 – 10.000 Nanometer Kratzertiefe (= 0,01 mm).

Starke Kratzer: Immer erkennbar, aus jedem Blickwinkel und gegen jeden Hintergrund. Weißliches Aussehen, oft auch „Funkeln" im Sonnenlicht durch unregelmäßige, raue Begrenzung. Mit Fingernagel deutlich spürbare Kratzer ab ca. 0,1 mm Kratzertiefe. Kurzhübige Kratzer sind meist starke bis sehr starke Kratzer.

Schürfe: Flächige Beschädigungen, die in der Regel aus einer Kratzerschar schwacher bis sehr starker Kratzer bestehen. Weißliche Erscheinung dieser kräftigen, meist deutlich sichtbaren Oberflächenmarkierung.

Die Entfernung von Kratzern in der Glasoberfläche ist nur bedingt möglich. Da Engelshaar unter normalen Lichtverhältnissen nicht sichtbar ist, stellt es keinen Mangel dar und bedarf keiner Gegenmaßnahmen. Die Entfernung von Haarkratzern, schwachen und starken Kratzern ist, sofern überhaupt möglich, unter dem Abschnitt 4.4 „Sanierungsmaßnahmen bei Oberflächenbeschädigungen" beschrieben.

4.2.1.1 Entstehung von Kratzern

Bei Herstellung, Transport, Weiterverarbeitung, Reinigung, Montage, Verpackung oder auch durch Begehung erfolgt bei Oberflächen wie auch bei der Glasoberfläche bereits eine Verschleißbeanspruchung. Auch fehlerhaftes Nutzerverhalten kann zu solch übermäßigem Verschleiß führen. Dieser Verschleiß, verursacht durch z. B. kleine und kleinste Steinchen, insbesondere durch Quarzkörner, führt zu Oberflächenschäden in Form von Eindrückungen, Ritzungen oder breitflächigeren Scheuerstellen, die als Kratzer oder Schürfe bezeichnet werden. Jede solche Oberflächenschädigung führt zu einer Reduzierung der Flächenbelastbarkeit, abhängig von der Art und Größe der Beschädigung. Spannungsspitzen, wie sie bei Kratzern auftreten, wirken sich entsprechend festigkeitsmindernd aus, da sie oft laterale Tiefenrisse aufweisen, die orthogonal zur Oberfläche entstehen. Solch ein abrasiver Materialabtrag, also ein Kratzer, hat eine durchschnittliche Breite von mindestens ca. 10 – 25 μm, die Tiefe variiert je nach Art der Druckbelastung und der Korngröße (siehe oben).

Die Belastung der Oberfläche durch beispielsweise den Druck eines Quarzkorns verursacht in der Kontaktzone Druckspannungen, es kommt direkt unter dem lasteintragenden Quarzkorn zum plastischen Verformen der Glasoberflächen, zum „Fliesen" des Glases [52]. Das Quarzkorn drückt auf die Oberfläche und dringt ein.

Unter dieser Druckbelastung entsteht zusätzlich eine Verdichtungszone, das Glas wird hier komprimiert. Nach dem Verschwinden der Belastung entstehen im Bereich der Komprimierung durch das „Rückfedern" der elastisch verformten Zone Zugspannungen um den verdichteten Bereich. [53]

Schematische Darstellung der Entstehung eines Kratzers/Risses/ Oberflächendefekts bei Glas

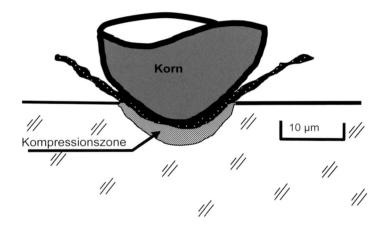

Während der folgenden Entlastung entstehen im Druckspannungsfeld unter der Verdichtungszone drei Arten von Rissen (sog. „Entlastungsrisse"):

a. laterale Tiefenrisse senkrecht zur Oberfläche, parallel zur Ritzung verlaufend.

b. Schollenrisse parallel zur Oberfläche, als flache, muschelartige Begleitsprünge, auch als laterale Abplatzungen oder Chipping bezeichnet. Diese weisen meist eine Größe von ca. 200 – 400 μm auf (siehe nachfolgendes Bild) und werden erst dadurch mit dem bloßen Auge deutlich wahrgenommen. Diese Schollenrisse können je nach Umgebungsbedingungen und Glasart über mehrere Tage wachsen, so dass erst nach einigen Tagen ihre endgültige Größe erkennbar und messbar ist.

c. Radiale Anrisse, die bogenförmig von der Kratzerspur weglaufen.

4.2 Mechanische Oberflächenbeschädigungen

Die nachfolgenden Bilder verdeutlichen diese Einwirkungen der Kratzer. Ähnliches, nur mit deutlich erhöhtem Andruck und vorbestimmter Richtung geschieht beim Glasschneiden mittels Diamanten oder Hartmetallrädchen. Nur sind hierbei die lateralen Tiefenrisse durch den meist verstärkten Andruck im Vergleich zu einem Kratzer tiefer und lassen somit ein präzises Brechen des Glases an dieser „Oberflächenbeschädigung" zu. Zusätzlich führt die Verwendung von „Schneidöl" dazu, dass der Tiefenriss durch das eingedrungene Öl an der Spitze unter Spannung bleibt und so leichter und auch mit etwas zeitlicher Verzögerung noch genau entlang des Schnitts gebrochen werden kann.

Schematische Darstellung der Rissentstehung durch Kratzer

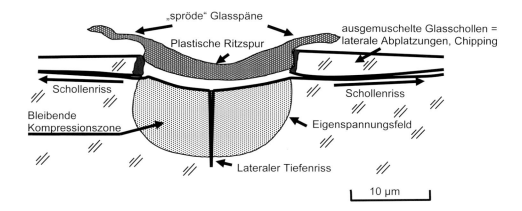

4.2.1.2 Kratzer auf Floatglas und ESG

Immer großflächigere und aufwändige Verglasungen führen auch zu einem erheblichen Reinigungsaufwand. In der Vergangenheit wurde vermutet, dass das häufige Auftreten von Kratzern auf ESG-Oberflächen in Zusammenhang mit einer weicheren Oberfläche durch den Vorspannprozess steht. Untersuchungen und Messungen an unbeschädigten und vorgeschädigten Float- und ESG-Scheiben der TU Darmstadt [54], [55] zeigten, dass dies nicht zutrifft. Entgegen dieser weit verbreiteten Meinung bestehen keine signifikanten Unterschiede zwischen der Kratzempfindlichkeit und der Kratzergröße von Floatglas und ESG. Hingegen wurde festgestellt, dass das Wachstum der den Kratzer begleitenden Schollenrisse bei ESG erheblich schneller geschieht und bereits nach kurzer Zeit die endgültige Größe dieser lateralen Risse vorliegt. Damit sind diese Kratzer bei ESG meist sofort sichtbar, während sie bei Floatglas erst nach bis zu 24 h erscheinen. Zudem lässt flüssiges Wasser die lateralen Risse bei Floatglas schneller entstehen, als bei z. B. 50 % relativer Feuchte, was bei ESG nicht zu beobachten war. Zusammenfassend wurde festgestellt, dass die Oberflächenhärten von ESG und Floatglas keine Unterschiede aufweisen, ESG-Kratzer sofort sichtbar werden, jedoch auch in der Größe der Abplatzungen nach ca. 24 h keinerlei Unterschiede mehr zeigten. Es konnten keinerlei Unterschiede zwischen den Floatgläsern verschiedener Floatglashersteller, keine Unterschiede zwischen verschiedenen

ESG-Produzenten und keine signifikanten Unterschiede zwischen der Luft- und der Badseite von Floatglas festgestellt werden.

Damit liegt die vermeintliche Häufung der Kratzer bei ESG wahrscheinlich an der starken Zunahme von ESG-Anwendungen in der Fassade und der bereits nach kurzer Zeit deutlicher erkennbaren Kratzerspuren bei ESG.

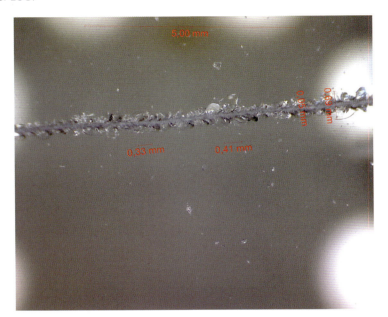

Kratzerspur bei Floatglas, kaum Schollenbildung vorhanden.

Kratzerspur auf ESG mit starker Schollenbildung.

4.3 Vorbeugende Maßnahmen

Breite Schollenbildung bei ESG-Kratzerspur.

4.2.1.3 Entfernung von Kratzern

Das Entfernen von Kratzern in der Glasoberfläche ist nur bedingt möglich. Da Engelshaar unter normalen Lichtverhältnissen nicht sichtbar ist, stellt es keinen Mangel dar und bedarf keiner Gegenmaßnahmen. Die Entfernung von Haarkratzern, schwachen und starken Kratzern ist, sofern überhaupt möglich, unter dem Punkt 4.4 „Sanierungsmaßnahmen bei Oberflächenbeschädigungen" beschrieben.

4.3 Vorbeugende Maßnahmen

Aufgrund der Verschiedenartigkeit der Ursache können generelle Schutzmaßnahmen nicht angegeben werden. Nur durch die Bewertung vor Ort bzw. eine Begutachtung oder Beurteilung der jeweiligen Verhältnisse und daraus abzuleitender Schutzmaßnahmen können derartige Oberflächenbeschädigungen vermieden werden. Es empfiehlt sich in jedem Falle größte Sorgfalt bei der Anwendung oben beschriebener Chemikalien. Ein Abdecken der Glasoberfläche durch Folien ist hierbei besonders ratsam. Zum Schutze der Glasflächen vor kalk- und alkaliangereichertem Regenwasser ist eine Regenablaufrinne oberhalb dieser Verglasungen sinnvoll. Bei Arbeiten mit aggressiven Substanzen in Glasnähe oder bei Oberflächenbehandlungen (Anstriche, Konservierungen, Reinigungen usw.) ist eine Abdeckung von Glasfläche bzw. Fenster- oder Fassadenfläche angebracht.

Mechanische Beschädigungen beim Transport lassen sich durch entsprechend weiche Zwischenlagen (Korkplättchen, Karton usw.) vermeiden. Bei allen mechanischen Arbeiten in der

Verglasungsnähe ist darauf zu achten, die Verglasung entweder nicht mitzubearbeiten oder die gesamte Fläche entsprechend abzudecken.

Schweiß- oder Schleifarbeiten sollten möglichst nicht in Glasnähe durchgeführt werden. Wo dies nicht anders möglich ist, muss die Glasfläche mit geeigneten, nicht brennbaren Materialien abgedeckt werden.

4.4 Sanierungsmaßnahmen bei Oberflächenbeschädigungen

Eine Bearbeitung der Glasoberfläche ist nur dort machbar, wo es sich um eine natürliche Glasoberfläche ohne Bearbeitung oder Beschichtung handelt.

Mechanische Oberflächenbeschädigungen (Kratzer o. Ä.) lassen sich nur dann wiederum mechanisch mittels Polieren entfernen, sofern die Beschädigungen nicht großflächig vorhanden sind und keine sehr tiefe Beschädigung vorliegt. Dies ist bei Haarkratzern und schwachen Kratzern durchaus möglich. Zu starkes Polieren der Glasoberfläche innerhalb eines eng begrenzten Bereiches z. B. bei starken Kratzern kann zu optischen Verzerrungen aufgrund der geringfügig veränderten Glasdicke und nicht mehr planparalleler Oberfläche führen. Daneben bedarf es eines erheblichen Zeitaufwandes.

Chemische Oberflächenveränderungen sind nur dann „abwaschbar", wenn es sich ebenfalls nur um leichte „Verätzungen" handelt. Je nach Grad der Verätzung können unterschiedliche Behandlungsmethoden erfolgversprechend eingesetzt werden. Bei frischen Mörtelspritzern oder noch nicht abgebundenen Zementschlämmen ist die Entfernung mit viel Wasser möglich. Leichte Zementverätzungen können oft mit einem sauren Reinigungsmittel (z. B. Sanitärreiniger, Essigsäure) oder mit speziellen Putzmitteln unter Einsatz eines weichen Putzlappens beseitigt werden. In manchen Fällen können auch handelsübliche Reinigungsmittel für Ceran-Kochfelder eine gute Reinigungswirkung erzielen. Bei Verätzungen mittleren Grades ist eine Entfernung mit Reinigungsmitteln nicht mehr möglich. Hier können geeignete Schleif- oder Poliermittel bzw. -pulver als wässrige Aufschwämmung (Schlämmkreide, Ceroxid, Zirkonoxid, Cerium C, Radora Brillant) hilfreich sein, wobei bereits höherer mechanischer Aufwand unter Verwendung von sauberen, weichen Putzlappen, Polierscheiben, Filz oder von Kork notwendig ist.

Bei sehr starken Verätzungen, wie sie oft bei Langzeitschäden auftreten, kann, wenn überhaupt, nur noch eine entsprechend vorsichtige Behandlung mittels verdünnter Flusssäure die Oberflächenschäden beheben. Ein probates und bewährtes Mittel ist dabei Radora B Cleanätz (siehe 4.1.3). Allerdings bedarf dies einiger Erfahrung und es ist am Bau nur begrenzt einsetzbar. W. Lutz empfiehlt hier in seinem Handbuch „Reinigungs- und Hygienetechnik" [12] die Benetzung der Glasoberfläche mit Wasser und anschließenden Auftrag von dreiprozentiger Flusssäure auf die verätzte Glasoberfläche. Nach kurzer Einwirkzeit soll mit klarem Wasser nachgespült werden. Dabei müssen angrenzende, säureempfindliche Nebenbauteile wie Eloxalrahmen o. a. ausreichend geschützt sein, was ebenfalls für die Verwendung von Radora B Cleanätz zutrifft. In vielen Fällen dürfte der damit verbundene, sehr hohe Aufwand (Sicherheitsvorschriften, Arbeitsschutzmaßnahmen, Schutz angrenzender Bauteile, Entsorgung usw.) wesentlich höher sein als der erzielbare Nutzen bzw. der Austausch der beschädigten Gläser.

4.4 Sanierungsmaßnahmen bei Oberflächenbeschädigungen

Starke ganzflächige Kalkverätzung, die mit Radora Brillant abrasiv noch entfernbar ist, da nur wenige Wochen alt. Verursacht durch nahe Autobahnbaustelle. Mit normalem Fensterreiniger nicht entfernbar.

4.4.1 Maschinelle Oberflächeninstandsetzung

Neben Poliermaschinen und Handgeräten zur Entfernung von kleineren, örtlich begrenzten und nicht zu tiefen Oberflächenschäden und Kratzern gibt es inzwischen auch Unternehmen, die großflächig vor Ort Oberflächenschäden beheben können. Die Idee, Glasflächen an der Schadensstelle zu reparieren anstatt das ganze Element auszutauschen, wurde zunächst im Automobilgewerbe in die Praxis umgesetzt und hat sich dort seit Jahrzehnten bewährt. Dieses Prinzip übertrug ein Schweizer Unternehmer bisher als einziger auf großflächige Flachglas-Fassadenelemente. Dieses patentierte VETROX®-Verfahren ist durchaus für die Behebung von Glasschäden in der Fassade geeignet. Die Scheibe bleibt, beseitigt wird nur der Schaden: Durch ein effizientes Zusammenspiel von Maschine und fein abgestimmten festen und flüssigen Schleifmitteln sowie langjähriger Erfahrung mit Glasoberflächen und Glasverhalten werden feinhandwerklich leichte bis mittlere, nicht zu tief reichende Kratzer z. B. durch Putz, Gips und Zement sowie Kontakt mit anderen Baumaterialien, Schäden durch Säureeinwirkungen, Verätzungen und Zementflecken wegpoliert. Ein weiteres Einsatzgebiet sind ungeschützte Glasflächen in öffentlichen Verkehrseinrichtungen, Vitrinen, Türen, Schaufenster und Glasfassaden, die besonders Vandalismus (Glas-Scratching, Graffiti) ausgesetzt sind. Die auf Schienen zwangsgeführte Oberflächenbearbeitung geschieht im Hundertstel-Millimeter-Bereich und liegt weit unter den zulässigen Toleranzen in der Glasherstellung. Dadurch ist der Abtrag relativ gleichmäßig. Der Geschäftsbetrieb oder die Terminfolge auf der Baustelle wird dadurch nicht unterbrochen. Daneben kann es in der Immobilienverwaltung wie im privaten Bereich eine einfache und günstige Alternative zum Austausch großer Glasflächen sein. Bei Glas-Elementen, die in den vergangenen Jahrzehnten in Fassaden, Dachfenstern oder Wintergärten verbaut wurden, sind durch umweltbedingte Alterungsprozesse, unsachgemäße Reinigung oder Abnutzung in den nächsten Jahren weiterwachsende Sanierungserfordernisse zu erwarten. Dieses Verfahren kann dazu eingesetzt werden, das vorhandene Glas in begrenztem Umfang aufzuklären und es wieder optisch instand zu setzen.

Tragbare Poliermaschinen werden ebenfalls dazu verwendet, kleinere Oberflächenschäden an Glas zu beheben. Wo sie zu einem nennenswerten Abtrag der Glasmasse in begrenztem Bereich führen, können optische Verzerrungen, sog. „Linseneffekte", auftreten.

Bei außenbeschichteten, besonders veredelten Glasoberflächen entfallen diese Möglichkeiten. Auch bei Gläsern mit Vorspannung (ESG, TVG) ist diese nachträgliche Oberflächenbearbeitung nicht zulässig, da sie zu einem Festigkeitsverlust der Scheibe führt und somit die Sicherheit des Bauteils beeinträchtigt wird. In der E DIN EN 12150 (2012-01) wird vor der nachträglichen Bearbeitung von ESG gewarnt und unter Abschnitt 7.1 geschrieben: *„Warnung: Thermisch vorgespanntes Kalknatron-Einscheibensicherheitsglas sollte nach dem Vorspannen nicht mehr geschnitten, gesägt, gebohrt, kanten- oder oberflächenbearbeitet werden (z. B. durch Sandstrahlen oder Säureätzung), da ein erhöhtes Bruchrisiko gegeben ist oder das Glas sofort zerstört werden kann."*

Stärkere Oberflächenschäden wie z. B. starke, tiefe Kratzer können mit solchen mechanischen Methoden meist nicht mehr entfernt werden, da Zeitaufwand und Kosten und die zusätzlichen optischen Beeinträchtigungen nicht unerheblich sind.

Es gibt aber inzwischen weitere Verfahren, die ohne abrasiven Oberflächenabtrag den Glaskratzer „verschwinden" lassen. Hierbei werden spezielle Poliermittel verwendet, die durch den Polierprozess (Wärme und Druck) in den Glaskratzer eingearbeitet werden, so dass dieser zwar erhalten bleibt, aber optisch nicht mehr erkennbar ist. Ähnlich arbeiten auch Autoglas-Reparaturfirmen, bei denen der Oberflächenschaden durch Steinschlag auch nicht entfernt, sondern „verschlossen" wird.

Wo diese Maßnahmen nicht erfolgreich eingesetzt werden können, ist in Abwägung des vorhandenen Schadens nur noch eine Wertminderung oder ein Austausch in Erwägung zu ziehen.

4.5 Scheibenreinigung

Verunreinigungen der Glasoberfläche, die durch Einbau und Verglasung sowie Aufkleber und Distanzplättchen entstanden sind, können mit einem weichen Schwamm oder einem glatten Kunststoffspachtel mit viel warmer Seifenlauge vorsichtig abgelöst werden. Sind alkalische Baustoffe, wie Zement, Kalkmörtel oder Ähnliches auf die Glasoberfläche gelangt, so müssen diese, so lange sie noch nicht abgebunden haben, mit viel Wasser abgespült werden. Gleiches gilt für von Regen auf die Glasoberfläche gespülte Ausblühungen von Baustoffen. Bei allen nicht beschichteten Glasoberflächen können zum Entfernen solcher starken Kleberückstände, Verschmutzungen oder Silikonisierungen bzw. zum Nachpolieren handelsübliche Küchenreinigungsemulsionen (Sidol, Stahlfix o. Ä.) oder Cerium C, Zirkonoxid und Cerdioxid (engl. ceriumoxid, Poliermittel für Glas) verwendet werden. Reinigungsmittel dürfen allerdings keine Scheuer- oder Schürfbestandteile enthalten. „Wiener Kalk" ist hier ein altbewährtes Reinigungsmittel für Glasoberflächen. Ein weiteres, sehr gut geeignetes Reinigungsmittel für viele Oberflächen, speziell aber auch für Glasoberflächen, ist Radora Brillant, das neben einer exzellenten Reinigungswirkung auch eine leichte Oberflächenpolitur ermöglicht.

Staubige, körnige und eingetrocknete Ablagerungen auf der Glasoberfläche dürfen keinesfalls trocken entfernt werden. Ein Scheuereffekt durch solche Verschmutzungen muss vermieden werden und kann nur bei fachgerechter Nassreinigung mit viel sauberem Wasser erfolgen. Ein häufiges Wechseln der Reinigungsflüssigkeit und des Reinigungsgegenstands (Schwamm, Lappen, Fensterleder, Gummiabstreifer u.a.) ist sinnvoll, da dadurch vermieden wird, dass abgewaschener Schmutz, Sand oder Staub wieder auf die Glasoberfläche gelangt und zu Kratzern führt.

Rückstände, die durch das Glätten von Versiegelungsfugen bedingt sind, müssen sofort von der Oberfläche entfernt werden, da sie im ausgetrockneten Zustand nahezu nicht mehr beseitigt werden können. Bei Reinigung von auf der Witterungsseite beschichteten Sonnenschutzgläsern oder entspiegelten Schaufensterverglasungen ist grundsätzlich Rücksprache mit dem Hersteller/Lieferanten erforderlich, da hierfür spezielle Reinigungsvorschriften gelten.

Die Entfernung von Silikon bzw. Silikonrückständen auf Glas ist schwierig, da nur Chemikalien geeignet sind, die die Silizium-Sauerstoff-Bindung angreifen. Flusssäure scheidet wegen ihrer ätzenden Wirkung aus. Zur Anwendung gelangen daher alkalische Phosphate oder ammoniakhaltige Putzmittel.

Besonders hartnäckig festsitzende und schwierig zu entfernende Verunreinigungen wie z. B. Kleberrückstände, Farb- oder Teerspritzer sollten nur mit geeigneten Lösungsmitteln wie Waschbenzin, Spiritus, Industrie-alkohol (Isopropanol) oder Aceton angelöst und anschließend gründlich nachgereinigt werden. Dabei ist besonders darauf zu achten, dass die verwendeten Lösungsmittel keine anderen angrenzenden organischen Bauteile, Dichtungsmaterialien oder sogar den Isolierglasrandverbund angreifen oder beschädigen können. Die Glasoberfläche niemals mit Reinigungsmitteln, die Scheuer- oder Schürfbestandteile enthalten, aggressiven Reinigungsmitteln, Rasierklingen, Messern, Stahlspachteln oder anderen metallischen Gegenständen reinigen, insbesondere nicht mit dem bei Reinigungsunternehmen üblichen „Glashobel". Bei Verwendung von Stahlwolle in Ausnahmefällen ist nur eine feine Körnung 000 oder kleiner zulässig, allerdings darf diese nur mit viel Wasser und nie in trockenem Zustand verwendet werden.

4.6 Benetzbarkeit der Oberfläche durch Kondensat

Die Glasoberfläche ist mikromolekular gesehen nach der Herstellung keineswegs so glatt, wie dies dem Nutzer erscheint. Unter dem Mikroskop mit hoher Vergrößerung betrachtet, kann man feststellen, dass es sich um eine „Gebirgslandschaft" mit Hügeln und Tälern handelt. Deshalb kann diese „jungfräuliche" Glasoberfläche die verschiedensten Materialien, mit denen sie direkt nach der Erschmelzung und Abkühlung in der Floatanlage in Berührung kommt, auch unterschiedlich stark aufnehmen. Bereits bei erstmaligem Transport der 3,21 x 6,0 m großen Floatglasscheiben zum Verarbeiter werden Trennmittel zwischen den Einzelscheiben aufgebracht, um ein Zusammenkleben dieser großen Scheiben zu vermeiden. Auch bei der Herstellung zu ESG, zu VSG und zu Isolierglas werden die Glasoberflächen der Einzelscheiben in einer speziell dafür geeigneten Bürsten-Waschmaschine mit aufbereitetem, demineralisiertem Wasser sehr gründlich gewaschen. Damit erzielt man außerordentlich saubere Glasoberflächen, die jedoch auch chemisch und physikalisch hochaktiv sind und mit ihr in Berührung kommende „Verschmutzungen" sehr schnell aufnehmen können. Durch diese Adsorptions- und Diffusionsprozesse kann eine nicht sichtbare Veränderung der Oberfläche erfolgen. Beim Zuschneiden von kleineren Einzelscheiben aus den großen Floatglasscheiben wird Schneidöl verwendet, das zwar leicht flüchtig ist, aber dennoch Rückstände auf dem Glas hinterlässt. Kreidekennzeichnungen, Aufkleber, Distanzplättchen, Etiketten, Verpackungsfolien, Papiermaserungen von Trennpapier, Trennmittel auf den Saugern für das Scheibenhandling, Transportrollen, Dichtstoffreste, Glätt- und Gleitmittel beim Verglasen, Fett, Handschweiß, Staub, Schmutz und andere Materialien und Umwelteinflüsse lassen deshalb bei Kontakt mit der frischen Glasoberfläche eine gewisse Schicht darauf zurück, die zu einer wesentlich verzögerten und unterschiedlichen Abwitterung der Oberfläche führen kann. Weiterhin können sich diese Materialien gegenüber Wasser anders verhalten als die Glasoberfläche und die Tropfenbildung aufgrund unterschiedlicher Oberflächenspannung verändern. Die Benetzbarkeit der Glasoberflächen an den Außenseiten des Isolierglases oder bei Einfachverglasungen kann deshalb unterschiedlich sein. Bei Kontakt mit Wasserdampf/Kondensat infolge von Tauwasser, Regen, Reinigungswasser oder warmer, feuchter Luft (Kochdampf, Badezimmer o.a.) kann sich diese unterschiedliche Benetzbarkeit der feuchten Glasoberfläche deutlich zeigen. Glasfremde Stoffe können aufgrund ihrer unterschiedlichen Oberflächenenergie ein anderes Spreitverhalten zeigen als die Glasoberfläche. Dies zeigt sich darin, dass die Größe und Form von Wassertropfen, die darauf entstehen, sehr unterschiedlich sein kann. Oberflächen, die eine geringe Randspannung bei Wassertropfen zeigen, äußern sich in flachen Tropfen und umgekehrt. Diese Unterschiede können sich in klar abgegrenzten, starken Tropfen bis hin zu einem völlig die Glasoberfläche benetzenden Wasserfilm äußern. Sobald die Befeuchtung der Oberfläche verschwindet, werden auch diese Abdrücke und Rückstände wieder unsichtbar. Es handelt sich bei dieser unterschiedlichen Benetzbarkeit jedoch nicht um sichtbare Rückstände oder Verschmutzungen im Sinne der VOB, da sie bei trockener Glasoberfläche nicht sichtbar sind.

Saugerabdruck, der nur bei Außenkondensat aufgrund unterschiedlicher Benetzbarkeit sichtbar wird.

4.6 Benetzbarkeit der Oberfläche durch Kondensat

Die unterschiedliche Oberflächenbenetzbarkeit kann, sofern störend, meist beseitigt werden, löst sich aber auch im Laufe der Zeit durch die Scheibenreinigung meist von selbst auf, je nachdem, wie und mit welchen Mitteln diese gereinigt werden. Zur schnellen, sofortigen Entfernung reichen allerdings die handelsüblichen Putz- und Reinigungsmittel für Glas nicht aus. Erst bei Unterwanderung bzw. Entfernung der Störschichten kann die normale Glasoberfläche wieder hergestellt wiederhergestellt werden.

Probate Wasch- oder Reinigungsmittel sind deshalb ammoniakhaltige Mittel. In hartnäckigen Fällen hat sich eine Mischung aus 50 % verdünntem Salmiakgeist und 50 % Spiritus gut bewährt. Ein damit gut durchfeuchteter Leinenlappen mit „Wiener Kalk" (Dolomitpulver = Kalkstein, $CaCO_3$ und $MgCO_3$) darauf bildet eine Schlämme, mit der sich bei kräftigem Verreiben auf der Glasoberfläche sehr gute Erfolge erzielen lassen. Wiener Kalk ist in gut sortierten Fachgeschäften und vielen Drogerien erhältlich. Einfachere Mittel sind Reinigungsmittel für Ceran-Glaskochfelder, da sie keine abrasiven Scheuerpulver enthalten; sie hinterlassen jedoch meist einen Oberflächenbelag aufgrund der in ihnen enthaltenen Silikonöle. Edelstahl-Putzmittel sind hier, aufgrund ihres Anteils an abrasiven Materialien, nicht oder nur bedingt geeignet, da sie die Glasoberfläche aufrauen, also verkratzen und zu matten Oberflächen führen können.

Weitere Reinigungsmittel, um diesen Effekt möglichst schnell zu beheben, sind RS-Troplexin der Fa. Schmalstieg GmbH, ein schwachsaurer Steinreiniger. Er löst binnen Sekunden nach dem Auftragen auch alte und starke Verschmutzungen. Bei sachgemäßer Anwendung eignet es sich auch für die Reinigung von Natur- und Kunststeinen, mineralischen und kunstharzgebundenen Putzen. In hoher Verdünnung kann RS-Troplexin auch zur Reinigung von polierten Gesteinen, Fliesen und Kacheln und auch zur Glasreinigung verwendet werden.

RADORA BRILLANT der Süddeutschen Radora-Werke ist ebenfalls sehr gut geeignet, es handelt sich dabei um ein leicht abrasives Reinigungsmittel, das bei Autoglas, Isolierglas, Fensterglas, Floatglas, Spiegeln, Sonnenreflexionsglas, Messing, Kupfer, Chrom, Kunststoffrahmen, pulverbeschichtetem Aluminium, Kacheln, Fliesen und Ceran-Feldern Anwendung findet. Es beseitigt ebenfalls zuverlässig Schlieren, Saugerabdrücke und Silikonvernetzungen sowie Silikon-, Glätt- und Trennmittelrückstände auf Glas.

Unterschiede der Oberflächenbenetzung bei „selbstreinigendem" Glas, verursacht durch falsche Dichtmasse. Deutlich sichtbar ist, dass das Silikonöl auch oberhalb der Versiegelungsfuge die Scheibenfläche überzieht. (siehe auch A-025)

Teil 4 Oberflächenbeschädigungen an Glas

wie Bild Seite 101 und unten

Unterschiede der Oberflächenbenetzung bei „selbstreinigendem" Glas, verursacht durch falsche Dichtungen oder Verwendung von silikonhaltigen Gleitmitteln beim Dichtung einziehen.

Zur Reinigung von stark verschmutztem Glas mit Ablagerungen von Beton- und mineralischen Edelputzrückständen eignet sich RADORA B. Es entfernt ebenfalls Auswaschungen von Betonfassaden auf der Glasoberfläche und kann bei leicht blindem, angeblautem Glas oder satiniertem und sandgestrahltem Glas verwendet werden. Da dieses Reinigungsmittel in geringem Anteil Flusssäure enthält, ist bei seiner Anwendung äußerste Vorsicht walten zu lassen und die Anleitung des Herstellers peinlichst genau zu befolgen.

Für alle diese oben genannten Reinigungsmittel gilt: Reinigungsanleitung des Herstellers vor Verwendung aufmerksam durchlesen und sich sehr genau danach richten, um Schäden an anderen Bauteilen wie z.B. Fensterrahmen oder Fußboden zu vermeiden!

4.7 Außenbeschichtete oder besonders veredelte Gläser

Etikettenabdruck, der nur bei Außenkondensat aufgrund unterschiedlicher Benetzbarkeit sichtbar wird.

Weder für den Glas- oder Isolierglashersteller, noch für den glasverarbeitenden Handwerker ist diese unterschiedliche Benetzbarkeit der Glasoberfläche ein Reklamationsgrund.

4.7 Außenbeschichtete oder besonders veredelte Gläser

Gläser mit Außenbeschichtung (auf Position 1) oder besonders bearbeitete und veredelte Glasoberflächen bedürfen besonderer Vorsicht und Sorgfalt bei der Reinigung. Bei diesen meist sehr hochwertigen Produkten kann eine Oberflächenbeschädigung aufgrund des veränderten Reflexionsverhaltens an der Schadensstelle oft wesentlich deutlicher erkennbar sein, als dies bei normaler Glasoberfläche der Fall ist oder die Funktionsweise der Beschichtung wird durch die Beschädigung massiv verändert.

Bei solchen Gläsern kann es sich um stark reflektierendes Sonnenschutzglas, um entspiegeltes Glas, um bedrucktes, emailliertes oder geätztes Glas, um Glas mit selbstreinigender oder schmutzabweisender Oberfläche oder auch um Glas mit wärmedämmender Oberfläche handeln, bei denen die Art der Beschichtung nicht immer optisch deutlich erkennbar sein muss. Eine mechanische Bearbeitung dieser Oberflächen führt zwangsläufig zu irreparablen Schäden. Deshalb muss bei solchen Oberflächen geprüft werden, ob hier eine produktabhängige Reinigungsvorschrift des Herstellers vorhanden ist und diese auch eingehalten werden.

Teil 5 Glasbruch

5.1 Wie entsteht Glasbruch?

Jedes Material kann aufgrund seiner Eigenschaften Belastungen unterschiedlich stark aufnehmen. Man spricht hierbei von Kräften, die auf das Material einwirken. Durch diese Krafteinwirkung entstehen im Material Spannungen. Deren Ursachen können z. B. sein: Erwärmung, Bewegung, Verformung wie Dehnung oder Biegung. Glas verhält sich hier entsprechend seinen spezifischen Materialkennwerten: Wenn die von außen einwirkenden Spannungen größer sind, als die Materialkennwerte des Glases (Zug- und Druckfestigkeit), kommt es immer zum Glasbruch. Eine plastische Verformung durch den Abbau von Spannungsspitzen wie z.B. bei Metallen tritt bei Glas nicht auf. Allerdings ist Glas im Allgemeinen gegenüber Druckkräften nicht so empfindlich wie gegenüber Zugkräften. So ist die Druckfestigkeit von Glas ca. 10-fach größer als die Zugfestigkeit (ca. 900 N/mm² zu ca. 90 N/mm², siehe auch Tabelle 6 „Eigenschaften von Glas" und Tabelle 11 „Biegezugspannungswerte für Glasarten"). Glasbruch tritt somit immer nur dann auf, wenn die Biegezugfestigkeit des Glases aufgrund der einwirkenden Kräfte überschritten wird. Die Biegezugfestigkeit ist die eigentliche Kenngröße für die Festigkeit von Glas. Die nachfolgende Abbildung zeigt das Verhalten von Glas beim Einwirken einer Kraft von oben bei Auflagerung auf zwei Kanten. In diesem Falle wird die Glasscheibe verformt, sie biegt sich entsprechend der Richtung des Kraftvektors durch. Dabei entsteht im oberen Bereich eine Zone mit Druckspannung, im Kern eine neutrale Zone und im unteren Bereich durch die Dehnung des Materials eine Zugzone.

Verformung einer Glasplatte bei Krafteinwirkung

Sobald die Zugspannungen im Material den kritischen Wert überschritten haben, kommt es zum Versagen und damit zum Glasbruch. Eine entscheidende Einwirkung hat dabei die Kante der Glasscheibe. Grundsätzlich verläuft ein Glasbruch immer nach dem Prinzip des geringsten Widerstandes. Je tiefer die Kerbe zuläuft, umso höher ist die Bruchanfälligkeit bei Glas.

Die Bruchgeschwindigkeit in Glas ist stark von der Art des Glases abhängig. Zusätzlich bestimmt die Größe der maximalen Zugspannung die Ausbreitungsgeschwindigkeit des Bruchs. Diese Bruchausbreitungsgeschwindigkeit beträgt in Floatglas maximal ca. 1.500 m/sec und in Kieselglas ca. 2.200 m/sec, also wesentlich weniger als die Schallgeschwindigkeit in Glas mit 5.000 m/sec.

Die in der obigen Abbildung dargestellte mechanische Belastung (z. B. durch Kugel, Stein o. Ä.) kommt es bei Überschreiten des kritischen Wertes zum Glasbruch, der bei Punktbelastung zum typischen sternförmigen Bruchbild (bei nicht vorgespanntem Floatglas) führt. Die Verformung der Glasplatte führt zusätzlich zu Tangentialbrüchen, wie in nachfolgender Abbildung gezeigt:

Entstehung von Tangentialbrüchen

Das schematisierte Bruchbild kann dann folgendermaßen aussehen:

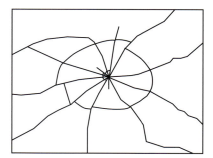

Schematisiertes Bruchbild mit Tangentialbrüchen

Zusätzlich kann es im Bereich der Glasoberfläche unter Druckspannung zu Ausmuschelungen an den Bruchkanten kommen.

Entstehung von Ausmuschelungen entlang der Bruchkanten

5.2 Die Kerbspannungstheorie

Der Zusammenhang vieler Glasbrüche mit der Dimension mikroskopisch kleiner Anrisse an der Glaskante (Mikroeinläufe) bis hin zu größeren Kerben ist erwiesen. Eine ideale Kante ohne jegliche Kerben hätte demzufolge eine extrem hohe Belastbarkeit der Scheibe zur Folge. Da eine solche Kante jedoch aufgrund der Bearbeitungsart von Glas nicht möglich ist, beeinflusst die Größe der Mikroeinläufe nach dem Schneiden oder Bearbeiten entscheidend die Belastbarkeit von Glas. Bereits beim Schneiden von Glas wie auch beim Brechen entstehen unweigerlich

5.3 Abhängigkeiten bei Floatglas

Mikroeinläufe, aber auch an der Oberfläche von Glas können je nach Belastung Kerben und Anrisse entstehen. Liegen solche Anrisse vor, so treten je nach Anrisstiefe unterschiedlich hohe Spannungsspitzen an der Kerbe auf.

Spannungen innerhalb einer unbeschädigten, homogenen Glasplatte

Bei idealer, homogener, unbeschädigter Glasoberfläche und der Einwirkung von Zugkräften verteilen sich die Spannungen gleichmäßig über die gesamte Querschnittsfläche, es entstehen an keiner Stelle besonders hohe Spannungsspitzen und das Material kann den Spannungen ohne negative Auswirkungen widerstehen.

Spannungen innerhalb einer inhomogenen, eingekerbten Glasplatte

Bei eingekerbter, inhomogener Oberfläche und dem Einwirken von Zugkräften treten die höchsten Spannungen direkt an der Kerbe auf. Diese sehr hohen Spannungsspitzen an der Kerbe führen zu gefährlicher Risserweiterung, die bis zum Glasbruch führen kann.

5.3 Abhängigkeiten bei Floatglas: Anrisstiefe, Biegezugfestigkeit und Temperaturwechselbeständigkeit

Eine homogene Kante oder Oberfläche ohne Anrisse ist idealerweise extrem hoch belastbar. Ohne jede Art von Beschädigungen an Kante oder Oberfläche hätte normales Floatglas (Alkalisilikatglas/Kalk-Natronsilikatglas) eine extrem hohe theoretische Festigkeit von ca. 5.000 bis 8.000 N/mm². Diese theoretische Festigkeit wird durch Bearbeitung und damit einhergehende mikroskopische Defekte auf der Oberfläche und der Kante wesentlich stärker herabgesetzt, als dies durch strukturelle Defekte im Glasgitter der Fall ist. Bereits 1959 wurde durch A. M. Kruit-hof und L. A. Zylstra [32] ein Zusammenhang zwischen Festigkeit des Glases und der Kantenbeschaffenheit in den Glastechnischen Berichten veröffentlicht. Dieser ist in der nachfolgenden Abbildung dargestellt.

Zusammenhang zwischen Festigkeit und Kerbtiefe nach Kruithof und Smekal

Man kann grundsätzlich nach Flächenfestigkeit und Kantenfestigkeit unterscheiden, wobei die Flächenfestigkeit (ca. 100 N/mm²) in etwa doppelt so groß ist wie die Kantenfestigkeit, die je nach Schnittqualität und Bearbeitungsart deutlich schwanken kann. Dass Festigkeit und Kantenbeschaffenheit in direktem Verhältnis zueinanderstehen, zeigt die Kerbspannungstheorie auf.

Je tiefer ein Anriss, desto geringer ist die benötigte Kraft (Spannung) zur Bruchauslösung. Somit kann aus der Anrisstiefe eines Mikroeinlaufs oder Glasschnittes die notwendige Spannung, die Biegezugfestigkeit errechnet werden, die zum Bruch der Scheibe führt. Alle Materialien haben kleine und kleinste Defekte, die zu Spannungserhöhungen führen. In duktilen Materialien führen plastische Verformungen dazu, dass die Risse abstumpfen, in spröden Materialien wie Glas bestimmt die Größe der Defekte die Festigkeit des Materials. Dabei tritt das Versagen, wie bei anderen spröden Materialien auch, nahezu schlagartig ohne merkliche vorherige Ankündigung ein. Mit folgender Formel kann die Abschätzung einer solchen Spannung, die bei Raumtemperatur zum Glasbruch in feuchter Luft bzw. im Wasser führt, vorgenommen werden:

$$a = \frac{25}{\sigma^2} \times Z^*$$

a = Anrisstiefe [mm]
σ = Biegezugfestigkeit [N/mm²]
Z^* = Proportionalitätsfaktor

Wird eine Glasfläche unterschiedlich stark erwärmt, so kommt es zu Spannungen zwischen diesen unterschiedlich warmen Glaszonen, da ein schneller Temperaturausgleich aufgrund der nicht sehr guten Wärmeleitfähigkeit von Glas nicht möglich ist. Diese Temperaturunterschiede, die bei Teilerwärmung innerhalb einer Glasfläche auftreten, erzeugen nun im Glas eine Spannung, die bei entsprechend hohen Temperaturunterschieden bis zum Glasbruch führen kann. Dabei kann die Temperaturdifferenz und die Biegezugfestigkeit in der Schei-

5.3 Abhängigkeiten bei Floatglas

be äquivalent betrachtet werden, weil die beiden weiteren Einflussgrößen, der Elastizitätsmodul nach EN 572-1 ($E = 7{,}0 \times 10^4\,\text{N/mm}^2$) und der lineare Ausdehnungskoeffizient ($\alpha = 9 \times 10^{-6}\,\text{K}^{-1}$) von Glas, Konstanten darstellen. Damit ergibt sich die folgende Beziehung [65]:

- Je tiefer der Anriss, desto geringer die Biegezugfestigkeit, die zum Bruch führt bzw.
- Je tiefer der Anriss, desto geringer die Temperaturdifferenz, die zum Bruch führt.

Aus nachfolgender Formel können diese Zusammenhänge erkannt werden:

$$\sigma_{max} = E \times \alpha \times \Delta\vartheta$$

E =	Elastizitätsmodul	[N/mm²]
$\Delta\vartheta$ =	Temperaturdifferenz	[K]
α =	linearer Ausdehnungskoeffizient	[K⁻¹]

Der Spannungsintensitätsfaktor K_I für kleine Risse der Tiefe a am unbelasteten Rand einer Floatglasscheibe bei einer einwirkenden Spannung σ ist, wenn die Risse senkrecht zum Rand verlaufen, gegeben durch:

$$K_I = 1{,}12 \times \sigma \times \sqrt{\pi \times a}$$

Eine Abschätzung der Auswirkungen durch Umstellen der obigen Formel ergibt die folgenden Abhängigkeiten zwischen Anrisstiefe (a), Biegezugfestigkeit (σ), Temperaturdifferenz ($\Delta\vartheta$) und mittlerem linearen Ausdehnungskoeffizienten α wie in nachfolgender Tabelle dargestellt:

Tabelle 28: Abhängigkeiten zwischen Anrisstiefe, Biegezugfestigkeit und Temperaturdifferenz

$\Delta\vartheta$ [°C]	σ [N/mm²]	a [mm]
5	3,15	1,64
7,5	4,73	7,73
10	6,3	0,41
20	12,6	0,1
30	18,9	0,05
40	25,2	0,03
50	31,5	0,02
60	37,8	0,01
70	44,1	0,008
80	50,4	0,006

Damit lässt sich klar aussagen, dass Temperaturdifferenzen innerhalb der Scheibenfläche von ca. 30 bis 60 °C, wie sie im Hochbau durchaus vorkommen, bereits bei Anrisstiefen von ca. 0,05 bis 0,01 mm Glasbruch auslösen können. Nach DIN 1249-10 beträgt die Temperaturwechselbeständigkeit von Floatglas nur 40 K.

Teil 5   Glasbruch

Neben diesen Abhängigkeiten ist auch die Belastungsdauer bei Glas ein Faktor, der nicht unberücksichtigt bleiben darf. Kurzzeitig auftretenden Lasten kann Glas wesentlich besser widerstehen als länger anhaltende Belastungen. Ein Beispiel dafür sind die unterschiedlichen Biegezugspannungswerte bei Lasten im Hochbau (Tabelle 11) und bei Dauerbelastungen wie zum Beispiel im Aquarienbau. Während im Hochbau je nach Einsatz und Verglasungsart Biegezugspannungswerte für Glas von 18 N/mm² bis 30 N/mm² angesetzt werden dürfen, sind geneigte Überkopfverglasungen nur noch mit 12 N/mm² und Aquarienverglasungen mit lediglich 6 bis 7 N/mm² dimensionierbar. Belastungsversuche an Glasplatten zeigen eindeutig, dass kurzzeitig (ca. 1 bis 5 sec) bis zu doppelt so hohe Belastungen bis hin zum Glasbruch einwirken können gegenüber Langzeitlasten (> 24 h).

5.4   Bruchmechanik von Glas

Bereits 1937 schrieb Professor Dr. Adolf Smekal in den Glastechnischen Berichten [31]: „Der Bruch geht von einer dem Glasstück eigentümlichen Stelle aus und schreitet im Allgemeinen senkrecht zur größten Hauptspannung der augenblicklichen elastischen Spannungsverteilung im Glase fort. Wenn die Fortpflanzungsgeschwindigkeit des Bruches verhältnismäßig gering ist, werden spiegelnd-glatte Bruchflächen gebildet. Bei großen Fortpflanzungsgeschwindigkeiten dagegen entstehen raue Bruchflächenteile; hierbei treten die größten Spannungen auf, und nur hier werden auch Verzweigungen der Bruchflächen beobachtet." Bei genauer Betrachtung von Glasbrüchen zeigt sich, dass der Bruchbeginn von Defekten, also von Kerben oder Rissen der Oberfläche oder der Kante ausgeht. Die Angaben der Festigkeit von Glas sind reine Zahlenangaben mit entsprechendem Sicherheitsbeiwert. Die tatsächliche Belastbarkeit bis zum Eintritt des Bruchs ist wesentlich höher. Allerdings versagen identische Proben aus spröden Materialien nicht bei einem reproduzierbaren Festigkeitswert, sondern es ergibt sich eine Festigkeitsverteilung. Daher muss die Festigkeit bei spröden Körpern immer mit statistischen Methoden über eine hinreichend große Defektpopulation beschrieben werden. Daraus ergibt sich auch die große Streuung bei der Festigkeitsermittlung von Flachglas und die schwere Vorhersage der exakten Festigkeit einer Probe, da in der Regel die Größe und Position des kritischen Defekts nicht bekannt ist. Diese „Mikroeinläufe" in der Glaskante weisen nicht nur in Abhängigkeit der Bearbeitungsart unterschiedliche Kerbtiefen auf, sondern sind darüber hinaus von einer Vielzahl von Bearbeitungs- und Handlingdetails abhängig. Allerdings sind sie bei der Verarbeitung von Glas immer vorhanden und deshalb bereits in die Festigkeitswerte von Glas einbezogen.

Probe mit großer Anzahl an kleinen Defekten, die zwar belastet sind, jedoch nicht zum Bruchversagen führen.

5.4 Bruchmechanik von Glas

Auch hier gilt: „Die Kette ist so stark, wie das schwächste Glied", das bedeutet für Glas, die Festigkeit der Probe ist so groß, wie der größte Defekt es zulässt.

5.4.1 Rissentstehung und -ausbreitung

Werkstoffe unterliegen in der Praxis komplizierten, sich überlagernden Spannungsfeldern, die von F. Kerkhof [11] in **3 Grundarten (Modi) der Rissbeanspruchung** eines Randrisses unterschieden werden und in den nachfolgenden Abbildungen dargestellt sind.

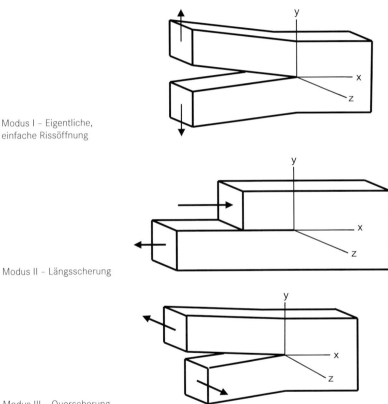

Modus I – Eigentliche, einfache Rissöffnung

Modus II – Längsscherung

Modus III – Querscherung

In der Praxis auftretende Beanspruchungsarten sind oft Überlagerungen zweier oder dreier Modi, typische Beispiele für Modus II ist die Klotzung und für Modus III sind Spannlatten bei Transportgestellen.

Glas als spröder Körper zeigt bei Belastung keine plastische Verformung (Deformation und Längenänderung) wie duktile Körper, sondern bricht bei Überschreiten der Materialkennwerte. Deshalb ist bei Glas das Spannungsdehnungsdiagramm eine Gerade, deren Steigung den E-Modul und deren Endpunkt die Bruchfestigkeit angibt. Für die spröde Rissausbreitung in Glas ist Modus I, die eigentliche, einfache Rissöffnung entscheidend. Die spröde Rissausbreitung tritt

Teil 5 Glasbruch

immer auf, wenn eine Zugbeanspruchung des Risses senkrecht zur Rissfläche vorhanden ist. Die Risstiefe „a" bestimmt dabei die lokale Spannung σ, die an der Rissfront bzw. der Rissspitze überhöht ist. Größere Risstiefen bedürfen zur Rissausbreitung kleinerer Zugbeanspruchungen.

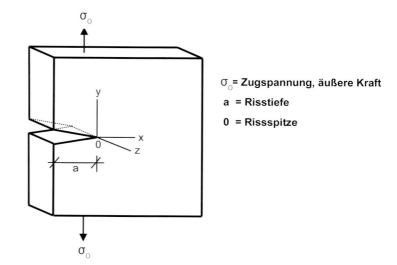

Spröde Rissausbreitung
im Modus I

Um einen Riss zu erweitern, ist Energie notwendig. Diese Energie muss an die Rissfront / Rissspitze „transportiert" werden. Sie kann in Form von Zugbeanspruchung, als Biegemoment, als thermische Energie oder auch als chemische Energie (Wasser, Feuchtigkeit) anliegen. Ein Riss kann nur dann erweitert werden, wenn die einwirkende Kerbspannung σ_K größer als die molekulare Festigkeit σ_{MOL} des Materials ist. Dies gilt nicht nur für Glas, sondern für alle Materialien. Bei der Ausbreitung eines Risses werden immer neue Oberflächen gebildet.

Die Intensität der spröden Rissausbreitung ist abhängig von der Spannung σ_0, die vor der Rissspitze auftritt. Die Größe dieser Spannung wiederum ist proportional zum Spannungsintensitätsfaktor K_I, in den die Risstiefe a, die einwirkende Kraft (Zugspannung, äußere Kraft) σ_0 und ein Korrekturfaktor f eingehen. Der Korrekturfaktor f(a/b) ist von der Geometrie des Risses und der Probe abhängig und ist das Verhältnis der Risslänge „a" zur Scheibenbreite /-dicke „b". Nachfolgende Formel zeigt diesen Zusammenhang:

$$K_I = \sigma_0 \times \sqrt{a \times f} \qquad [\,N\,mm^{-3/2}\,]$$

Die Abhängigkeit der Bruchgeschwindigkeit von der maximalen Zugspannung zeigt das nachfolgende Diagramm. In ihm sind die Bruchgeschwindigkeit log V_b in Abhängigkeit des Spannungsidentitätsfaktors K_I für Floatglas dargestellt. Im Bereich der niedrigsten Bruchgeschwindigkeiten, im sogenannten „unterkritischen Geschwindigkeitsbereich" wird die Rissgeschwindigkeit durch die Temperatur und die relative Feuchte – also durch Umgebungseinflüsse – erhöht, wobei die Spannungsintensität nicht weiter ansteigt, sondern gleich bleibt. Bei Bruchgeschwindig-keiten von unter V_b = 1 mm/s wird der rissfördernde Einfluss von Wasserdampf durch einen „bremsenden" Einfluss des Wassers kompensiert. Das Diagramm gibt einen aktuellen Überblick über diese Zusammenhänge.

5.4 Bruchmechanik von Glas

Tabelle 29: Abhängigkeit der Bruchgeschwindigkeit (log V_b) von der maximalen Zugspannung (K_I) bei Floatglas

Im Bereich des unterkritischen Risswachstums können die Einwirkung von Wasser oder Temperatur den Bruch wachsen lassen.

5.4.2 Bruchstrukturanalyse

Jeder Glasbruch lässt Rückschlüsse auf die bruchauslösende Spannung zu. Nicht nur das Aussehen und der Verlauf des Sprungs sind dabei wichtig. Die Art der Glasbruchstücke, ihre Form und Größe, insbesondere aber Struktur und Aussehen der Bruchflächen lassen Aussagen auf Art und Größe der bruchauslösenden Belastung und der auftretenden Spannungen zu. Die Ermittlung der Bruchrichtung, des Bruchausgangspunktes und der Oberfläche des Bruchausgangs ist damit möglich. Dazu muss allerdings die Möglichkeit bestehen, die Struktur der Bruchfläche genau betrachten und untersuchen zu können und nicht nur den Verlauf des Bruchs an der Oberfläche. Eine Vielzahl an Untersuchungen von Kerkhof [11], Jebsen-Marwedel [7], Smekal [31], Michalske [32], Mattes [30], Fréchette [34], Shinkai [35] und anderen von 1950 bis heute belegen dies anschaulich.

Am Bruchbeginn zeigt immer ein Bruchspiegel, dass es sich hier um den Ausgangspunkt des Bruchs handelt. Er entsteht immer im Zentrum der zum Bruch führenden Belastung. Die nachfolgende Abbildung zeigt beispielhaft einen solchen Bruchspiegel, der hier zwar symmetrisch dargestellt ist, in der Praxis aber auch davon abweichend aussehen kann.

Fraktographie: typisches Aussehen eines Bruchspiegels am Ausgangspunkt des Bruchs.

Die Größe des Bruchspiegelradius ergibt einen Hinweis auf die bruchauslösende Energie. Ist dieser Bruchspiegel, also die glatte Fläche vom Bruchursprung bis zur Rauzone besonders deutlich ausgeprägt, ist dies ein Zeichen für langsame Rissausbreitung. Bei schneller Rissausbreitung ist die Ausprägung wesentlich schwächer. Eine genaue Betrachtung der Bruchflächen und insbesondere des Bruchspiegels am Bruchausgang lässt deshalb auch Rückschlüsse auf die einwirkende Energie, die Richtung der Krafteinwirkung und in gewisser Weise auch auf die Art der bruchauslösenden Spannung zu. Einige schematisch dargestellte Beispiele von Bruchspiegeln zeigen die nachfolgenden Abbildungen auf.

Beispiel eines Bruchspiegels, durch Biegespannung verursacht, Bruchausgang im Eckbereich.

Beispiel eines Bruchspiegels, durch Biegespannung verursacht, Bruchausgang auf der Oberfläche.

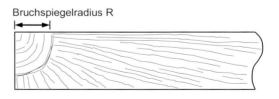

Beispiel eines Bruchspiegels, durch thermische Spannung verursacht, Bruchausgang im Eckbereich.

Beispiel eines Bruchspiegels, durch thermische Spannung verursacht, Bruchausgang auf der Oberfläche.

5.4 Bruchmechanik von Glas

Bruchspiegel eines 19 mm Floatglases an der linken oberen Ecke.

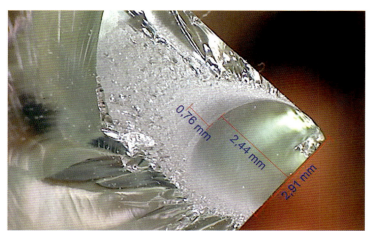

Detail des obigen Bruchspiegels mit Vermassung.

Grundsätzlich ist es zwar schwierig, aber möglich, den Radius des Bruchspiegels zu messen und dadurch die einwirkende Energie, die zur bruchauslösenden Spannung führt, zu errechnen. Allerdings ist dies bei Glasbrüchen z. B. an in der Fassade eingebautem Flachglas nicht immer möglich und auch mit einer gewissen Streuung behaftet. Verschiedene Untersuchungen dazu von Duckworth, Shetty und Rosenfield [33], [37], von Johnson und Holloway [39] und von Kirchner und Conway [36] zeigen auf, dass dies unter Laborbedingungen möglich ist, jedoch stark von der Art der Messung des Bruchspiegelradius parallel oder rechtwinklig zur Oberfläche abhängig ist. Die besten, reproduzierbarsten Ergebnisse erzielten Messungen parallel in geringem Abstand zur Glasoberfläche, während Messungen rechtwinklig zur Oberfläche eine deutlich größere Streuung und Abweichung aufwiesen. Die Besonderheit liegt hierbei an der Größe des Bruchspiegels, der mit zunehmender Spannung immer kleiner wird, sodass er bei sehr hoher Bruchspannung derart klein wird, dass er kaum mehr erkennbar ist. Große Bruchspiegel weisen deshalb immer auf eine relativ geringe Bruchspannung hin.

Teil 5 Glasbruch

Den Zusammenhang zwischen der Größe des Bruchspiegelradius und der einwirkenden Zugbelastung zeigt nachfolgende Tabelle, in die drei unterschiedliche Laboruntersuchungen eingearbeitet wurden. Die Werte wurden bereits vor Jahrzehnten von Fréchette [34] veröffentlicht, Shand [40] kommt zu einem deutlich abweichenderen Ergebnis, die Untersuchung von Michalske [62] ist ebenfalls abweichend, obwohl sie der von Shand ziemlich nahekommt. Alle Werte wurden mit Kalknatron-Silikatglas ermittelt. Hierbei zeigt sich, dass selbst Laborbedingungen unterschiedliche Ergebnisse zeigen können, da Glasdicke, Glasgröße der Prüfkörper, Prüfaufbau und weitere Parameter das Ergebnis stärker beeinflussen können. Für die Praxis ist die Ermittlung der Bruchspannung über den Bruchspiegelradius deshalb nicht sehr aussagekräftig und kann höchstens zu einer groben Abschätzung führen. Bei anderen Glas- oder Keramikarten und differierenden Lasten zeigen sich davon abweichende Bruchspiegelradien.

Tabelle 30: Zusammenhang zwischen Zugbelastung (Biegebruchspannung) und Bruchspiegelradius von Bruchflächen an Kalknatron-Silikatglas nach Fréchette, Shand und Michalske

Die oben dargestellten Zusammenhänge der Bruchspiegeloberflächen gelten nur für nicht vorgespannte Gläser aus Kalk-Natronsilikatglas.

Bei nahezu allen Bruchoberflächen zeigen sich sogenannte „Wallner'sche Linien", benannt nach dem Physiker Dr. Helmut Wallner, der diese Linien an Bruchflächen 1938 entdeckte und diese Entdeckung 1939 in der Zeitschrift für Physik unter „Wallner'sche Bruchlinien" veröffentlichte.

5.4 Bruchmechanik von Glas

Detail eines ESG-Bruchs mit Rauzone mittig und deutlich sichtbaren Wallner-Linien.

Bruchfläche mit Wallner-Linien.

Mehrere, nebeneinanderliegende Bruchoberflächen eines Flächendruckbruchs mit deutlich erkennbaren Wallner Linien in Bruchfortpflanzungsrichtung.

Bruchoberfläche eines 15 mm Floatglases mit Wallner-Linien und sauberer Schnittkante.

Anhand der Wallner'schen Linien kann die Fortpflanzungsrichtung des Bruchs bei Betrachtung der Bruchflächen erkannt werden, wie im Bild unten erkennbar. Die Voraussetzung für das Auftreten von Wallner'schen Linien ist allerdings eine Bruchgeschwindigkeit von >10^4 mm/s. Bei sehr geringer Bruchenergie und langsam fortschreitendem Bruchwachstum treten sie nicht auf. Die Unterscheidung nach primären, sekundären und tertiären Wallner'schen Linien soll hier nicht ausgeführt werden, vielmehr zeigen die nachfolgenden Abbildungen den Zusammenhang von unterschiedlichen Zugspannungen und dem dadurch veränderten Aussehen der Wallner'schen Linien.

Wallner'sche Linienformen bei unterschiedlichen Zugspannungen:

Gleichmäßige Zugspannungsverteilung im Probenquerschnitt.

Größte Zugspannung in Probenmitte, zum Rand deutlich abnehmend.

Größte Zugspannung an unten liegender Oberfläche, oben liegende Oberfläche mit bruchauslösender Druckspannung, die den von unten ausgehenden Bruch verursacht.

Bruchfortpflanzungsrichtung

5.5 Bearbeitung von Glas

Ein zusätzliches Indiz für die Höhe der Bruchgeschwindigkeit sind nicht nur diese Wallner'schen Linien allein, sondern auch ihre Häufigkeit. Eine sehr enge Anordnung der Linien hintereinander deutet auf einen sehr schnell laufenden Bruch hin, weiter auseinander liegende Linien entstehen bei etwas langsamer voranschreitendem Bruch, der jedoch immer noch mit einer Bruchgeschwindigkeit von $> 10^4$ mm/s läuft.

Bei teilvorgespannten oder vorgespannten Gläsern zeigen sich etwas andere Bruchoberflächen. Zwar sind auch hier Wallner'sche Linien sichtbar, die die Ausbreitungsrichtung des Bruchs zeigen, aufgrund der Druck- und Zugspannung im Glas ergibt sich jedoch ein anderes Bild als bei nicht vorgespannten Gläsern. Ein Beispiel einer Bruchoberfläche bei vorgespanntem Glas (ESG) zeigt die folgende Abbildung. Typisch sind die doppelt vorhandenen Wallner'schen Linien beidseitig der Rauzone des Glasmittelpunkts. Solche deutlich erkennbaren Oberflächenmarkierungen sind bei ESG jedoch nicht an jedem Bruchstück erkennbar.

Aussehen einer idealisierten Bruchoberfläche bei vorgespanntem Glas (ESG), zur besseren Erkennbarkeit deutlich verlängert. Kann in dieser Deutlichkeit nicht bei jedem ESG-Bruchstück beobachtet werden.

5.5 Bearbeitung von Glas

In den vorausgegangenen Kapiteln wurde detailliert erläutert, dass durch das bei Glas übliche und nicht zu vermeidende Schneiden und Brechen in der Glaskante immer mikroskopisch kleine Anrisse und Verletzungen entstehen, die bei der Verarbeitung von Glas absolut nicht vermieden werden können. Bei Belastung der Scheiben stellen diese Mikroeinläufe eine mitentscheidende Schwachstelle dar. An den Schnittkanten können teilweise extrem hohe Spannungsspitzen (Kerbspannungen) bei Belastung entstehen. Dadurch wird der Widerstand des Glases gegen Bruch erheblich reduziert. Deshalb sollte auf einen möglichst guten Schnitt geachtet werden. Schneiddruck, Schneidöl und Schneidrädchen (früher Diamant) sind entscheidende Einflussgrößen für die Qualität eines Schnittes. Wo früher die Hand des Meisters dafür sorgte, dass der Schnitt gelang, ist heute die Maschineneinstellung entscheidend. Daneben ist die Art des Brechens für die Kantenbeschaffenheit ebenfalls ausschlaggebend.

Ein guter Schnitt ist bereits an der Schnittlinie zu erkennen. Es entsteht eine schmale, graue Linie. Ein schlechter Schnitt, der zu sehr gedrückt ist, ergibt eine weiße Linie, die direkt nach dem Schnitt knistert und zur Seite hin aussplittert. Diese Splitter werden auch „Glasflöhe" genannt.

Floatglas 15 mm mit sehr guter Schnittkante und deutlich erkennbaren Wallner Linien.

Isolierglasstapel mit guten und schlechten Schnittkanten.
(Foto: Franz Zapletal)

Die Qualität eines Schnittes kann an der Bruchkante nach dem Brechen sehr schnell erkannt werden. Von der Stelle des Schnittes mit dem Glasschneider laufen in etwa rechtwinklig zur Oberfläche kleinste Kerben in die Kantenfläche. An der Tiefe dieser Kerben kann die Schnittqualität erkannt werden. Auf Über- oder Unterbruch beim Brechen wird an dieser Stelle nicht eingegangen.

Vierfach-VSG mit unterschiedlicher Schnittkantenqualität.

5.5 Bearbeitung von Glas

Glas mit schlechter Schnittkante.

Nicht alle Glasarten können sauber gebrochen werden. Bereits bei VSG mit zähelastischen Folienzwischenschichten sind unterschiedliche Arten des Brechens und vor allem des Trennens der Folie üblich, die die Qualität der Glaskante entscheidend beeinflussen. Idealerweise werden VSG-Schneidtische verwendet, die nach Schnitt und Bruch die PVB-Folie erwärmen, die weiche Folie etwas auseinanderziehen und anschließend abschneiden, ohne dass die Glaskanten gegeneinandergedrückt werden.

Aussehen von Glaskanten

Gutes Bruchbild: Saubere Schnittkante mit nur kleinsten Einkerbungen durch den Glasschneider.

Schlechtes Bruchbild: Schnittkante mit starken Einkerbungen und Ausbrüchen.

Extrem schlechtes Bruchbild: Schnittkante mit starken Einkerbungen, Ausbrüchen, Ausmuschelungen und auch Über- oder Unterbrüchen.

Am ungünstigsten sind beim Brechen Gläser mit Drahteinlage, da der Draht in der Regel durch kräftiges Aneinanderdrücken der Bruchkanten gewaltsam getrennt wird. Bereits dadurch ist die Kantenbeschaffenheit durch Kerben und Ausmuschelungen zwangsläufig stark verschlechtert. Allerdings gibt es zurzeit noch keine andere Methode des Brechens und Trennens von Gläsern mit Drahteinlage, so dass diese Beeinträchtigungen der Belastbarkeit aufgrund des Brechens nicht vermeidbar sind. Allerdings nimmt der Einsatz von Gläsern mit Drahteinlage immer stärker ab, da es heute eine Vielzahl an vorgespannten, teilvorgespannten und laminierten Gläsern gibt, deren Eigenschaften denen von Gläsern mit Drahteinlage deutlich überlegen sind und die größere optische und gestalterische Vielfalt zulassen.

Vor der Benutzung von Diamanten zum Glasschneiden wurde Glas mittels „Trenneisen" getrennt. Dabei wurde an der Glaskante eine kleine Kerbe verursacht und dann mit dem glühend heißen Trenneisen der Bruch verursacht und entsprechend weitergeleitet. Dadurch entstanden sehr glatte, saubere Bruchoberflächen, ähnlich denen, die durch den Laser entstehen. Solche Trennversuche an Gläsern wurden durch Glasermeister Tobias Eberle und den Unterzeichner mit mittelalterlichem Trennwerkzeug nachgestellt. Dabei entstanden ebenfalls saubere, glatte Bruchoberflächen ohne die schwächenden Bruchoberflächenmerkmale, die früher mit Diamantschneider oder heute mittels Schneidrädchen entstehen, siehe nachfolgendes Bild. Interessanterweise konnten damit sogar kleine Glasteile mit sehr engen Formen und Radien produziert werden.

Nach jahrhundertealtem Verfahren getrenntes Glas mittels eines „Trenneisens". Kante ohne Beschädigungen.

5.6 Laserschneiden (thermisches Trennen)

Die herkömmlichen Schneidanlagen der Floatglashersteller und -verarbeiter arbeiten mit Hartmetall-Schneidrädchen. Je nach Glasdicke werden zum automatischen Glasschneiden Schneidrädchen mit unterschiedlichen Winkeln eingesetzt. Bedingt durch Abnutzung, Anpressdruck, Schneidgeschwindigkeit, Glasdicke und verwendetem Schneidöl ergeben sich unterschiedliche Schnittqualitäten und dadurch die unter den oben dargestellten Abbildungen aufgezeigten Bruchbilder. Diese wiederum haben einen direkten Einfluss auf die Belastbarkeit der Glaskanten aufgrund der entstehenden Mikroeinläufe.

Mit Laser geschnittene Gläser weisen eine wesentlich bessere Schnittkante ohne Mikrorisse auf. Dadurch erhöht sich die Kanten- und Biegefestigkeit erheblich. So getrennte Gläser weisen eine um 30 % bis zu 250 % höhere Biegefestigkeit auf als kantennachbearbeitete Gläser. Dünnere Gläser haben dabei eine deutlich höhere Biegefestigkeit als dicke Gläser. Ein weiterer Vorteil besteht darin, dass je nach Laserverfahren, auch mehrschichtige Gläser, z. B. VSG in einem

5.6 Laserschneiden (thermisches Trennen)

Arbeitsschritt geschnitten werden können. Dabei kann sogar das sonst übliche mechanische Brechen der Gläser je nach Laserschnittverfahren entfallen. Zudem ist die Verwendung von Schneidöl nicht notwendig, die Glasoberfläche bleibt sauber und es entstehen keine Glassplitter oder „Glasflöhe".

Allerdings sind diese Schneidverfahren einerseits aufgrund der Kostensituation und andererseits aufgrund der noch relativ langsamen Schneidgeschwindigkeit bisher nur in Floatlinien als Bortenschnitt und bei wenigen Spezialglasverarbeitern, bei Flachglasverarbeitern bisher jedoch noch nicht einsetzbar. Bei diesem Verfahren wird das Glas des Floatbandes lokal begrenzt mit dem Laser bestrahlt und die Strahlungsenergie wird im Oberflächenvolumen absorbiert. Es erfolgt so eine Materialerwärmung und dadurch wird Druckspannung in das Glas induziert. Anschließend wird Kühlmittel gezielt auf diesen Oberflächenbereich aufgetragen und die resultierende Abkühlung verursachte eine Zugspannung, die am Initialriss entlang der Arbeitslinie des Lasers gezielt die Rissausbreitung ermöglicht und die mechanische Brechung erfolgt. Dadurch entstehen absolut saubere, glatte Glaskanten ohne festigkeitsreduzierende Mikrorisse, wie dies sonst bei herkömmlichem Schneiden mit Schneidrädchen der Fall ist. Einige weitere Vorteile dieser Art des Glasschneidens sind die nicht mehr vorhandenen „Glasflöhe" auf den geschnittenen Scheiben und das meist nicht mehr notwendige Schleifen oder Randsäumen der Glaskanten zur Belastbarkeitserhöhung. Ein zeitverzögertes „Zuwachsen" des Schnittes wird ebenfalls vermieden, da das Glas sofort „getrennt" wird.

Die erste Laseranlage für Bortenschnitt (Randschnitt des Floatglases) wurde 2007 in Saratov (Russland) übergeben, Mitte 2007 ging auch die erste deutsche Floatanlage mit Laser-Bortenschnitt in Betrieb.

Biegebruchversuche verschiedener Institute zeigen, dass eine Glasscheibe mit Laserschnittkante erst bei zwei- bis vierfacher Biegespannung im Vergleich mit konventionell geschnittenem Glas bricht. Sollte sich dies auch bei ESG- und VSG-Scheiben bestätigen, so eröffnen sich für lasergeschnittene Gläser neue Anwendungen. Die bisher für Glas eingesetzte Statik muss für diese Glaskantenqualität überarbeitet werden, da lasergeschnittene Gläser mehr Belastung aushalten als herkömmlich geschnittene Gläser gleicher Glasdicke bzw. dünnere „Laserkantengläser" gleiche Belastungen wie dickere „Standardschnittkantengläser" aushalten.

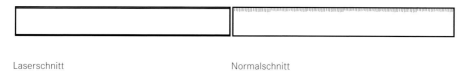

Laserschnitt   Normalschnitt

Vergleich: Lasergeschnittene Glaskante zu guter normal geschnittener Glaskante.

5.7 Am Baukörper auftretende Lasten

Bei senkrechten, geneigten oder waagrechten Verglasungen an Hochbau und Innenausbau können verschiedene Lasten einwirken. Die am Baukörper auf solche Verglasungen auftretenden Lasten zeigt die nachfolgende Abbildung. Zur besseren Veranschaulichung wurde eine Senkrechtverglasung dargestellt. Bei geneigten Verglasungen können die einwirkenden Lasten identisch sein, jedoch in ihrer Intensität variieren.

Lasten am Baukörper

Je nach Art der Verglasungen, deren Einbau, der Art des Rahmens oder der Unterkonstruktion usw. treten die oben dargestellten Lasten in den verschiedensten Kombinationsvarianten auf.

Darüber hinaus können durch fehlerhaften Transport, falsche Lagerung oder ungeeignetes Handling ebenfalls erhebliche Lasten auf Glas einwirken, die bereits vor dem Einbau Glasbruch auslösen können oder durch Vorschädigung der Oberfläche oder der Kante die Belastbarkeit deutlich reduzieren – unabhängig davon, dass dadurch in vielen Fällen ein sichtbarer Mangel vorliegt.

5.8 Thermisch verursachter Bruch

Ein thermischer Bruch entsteht immer dann, wenn die typischen Materialkennwerte des Glases in Abhängigkeit der Glaskantenbeschaffenheit und der Temperaturwechselbeständigkeit überschritten werden. Besonders typisch ist hierbei der Einlauf, der von der Glaskante immer im kürzesten Weg zur Kalt-/Warmzone (Druck- oder Zugzone) verläuft. Beim Eintreten in diese Kalt-/Warmzone kommt es dann zu einer deutlichen Richtungsänderung und einem mäanderförmigen weiteren Verlauf, einer ebenfalls typischen Eigenschaft von thermischen Sprüngen. Im Durchlauf ist der Sprung immer rechtwinklig, weil er auch hier nach dem kürzesten Weg verläuft

5.8 Thermisch verursachter Bruch

(siehe Abbildung Abschnitt 5.8.3). Damit kann für thermische Sprünge die Aussage getroffen werden, dass der Sprungverlauf immer den Weg des geringsten Widerstandes geht.

Thermische Sprünge sind immer aufgrund zweier klar ersichtlicher, eindeutiger Parameter zweifelsfrei zu erkennen:

- rechtwinkliger Einlauf und
- rechtwinkliger Durchlauf.

Die einzige Ausnahme eines thermischen Sprunges, bei dem diese Aussagen nicht zutreffen, ist der „thermische Wurmsprung". Da er weder an der Glaskante beginnt, noch an dieser endet, kann er nicht nach den Kriterien der rechtwinkligen Einlauf- und Durchlaufart zur Glaskante beurteilt werden.

Oft bildet der thermische Sprung am Sprungende zusätzlich ein so genanntes „Häkchen" aus, das jedoch nicht immer vorhanden sein muss. Eine weitere, ebenfalls nicht immer deutlich anzutreffende Erscheinung sind die „Wallner'schen Linien" [29], die im Bereich der Warm-/Kaltzone von thermischen Sprüngen entstehen können. Sie haben ein schuppenartiges Aussehen und verlaufen von Oberfläche zu Oberfläche vor allem im Bereich des ersten Richtungswechsels des Sprungs. Nach Wallner [29] entstehen diese Linien durch die Überlagerung der Rissausbreitung mit sehr kurzen, transversalen Spannungsimpulsen, die von dem sich ausbreitenden Riss an kleinen Störstellen, -kerbstellen oder kleinsten Einschlüssen selbst ausgelöst wurden. Aus den Wallner-Linien kann man nicht nur die Richtung der Bruchausbreitung erkennen, sondern auch die Geschwindigkeit der Bruchausbreitung ermitteln (siehe Kapitel 5.4). Des Weiteren zeigen diese Linien die Druck- und die Zugspannungsseite bei Glasbruch an. Für die reine optische Beurteilung eines thermischen Bruches anhand des Bruchbildes ist dies jedoch nicht weiter relevant. Vielmehr sollte die Beurteilung von thermisch verursachten Sprungbildern deshalb grundsätzlich folgenderweise vorgenommen werden:

- Art des Einlaufs   –   rechtwinklig?
- Art des Durchlaufs   –   rechtwinklig?

Damit ist dann bereits im ersten Schritt eine Zuordnung möglich.

Bezüglich weiterer, nachträglich entstandener Sprünge gilt besonders bei thermischen Sprüngen der Grundsatz, dass ein Leitsprung (Ausgangssprung) niemals durch andere Sprünge (Sekundärsprünge) übersprungen wird. Dies ist allerdings auch bei bestimmten mechanischen Sprüngen der Fall.

5.8.1 Ursachen für bruchauslösende Temperaturdifferenzen auf Glasscheiben

Eine Vielzahl an Auslösemechanismen kann die Entstehung von größeren Temperaturdifferenzen verursachen, die zum thermischen Sprung führen. Die meisten, häufig auftretenden sind in der nachfolgenden Tabelle aufgelistet, die keinen Anspruch auf Vollständigkeit erhebt.

Tabelle 31: Ursachen und Beispiele für thermische Sprünge

Ursache	Beispiel
Teilbeschattung/Schlagschatten	Dachüberstände, Bäume, Markisen
Direkte Sonnenbestrahlung ohne Abdeckung	Dicht abgedeckte größere Glaspakete, dickere Gläser, Wärme- oder Sonnenschutz-Isoliergläser im Stapel, zwei oder mehr geöffnete Hebeschiebe- oder Falttüren voreinander stehend.
Innenliegender Sonnenschutz, Verdunkelungsanlagen	Zu geringer Abstand zur Innenscheibe, nur teilweise die Scheibe abdeckend, teil- oder ganzflächig auf Innenscheibe aufgeklebte Sicht- oder Sonnenschutzfolien mit hoher Absorption.
Bemalen, Bekleben, Innenabdeckung, Scheibendekoration	Bei Verwendung dunkler Farben, Plakate, Bilder, Poster, Reklameschilder und -aufkleber, aufgeklebte Bilder-, , übergroße innere Versiegelungsfuge, zu breite innere Auflage.
Heizkörper	Zu geringer Abstand von Innenscheibe
Lokale Erwärmung	Starke Strahler, Heißluftgebläse, Grill, Auftaugeräte, Lötlampen, Schweißgeräte, Auspuff
Dunkle Gegenstände direkt hinter der Verglasung	Baumaterial, Innendekoration, Sitzmöbel, Aktentasche, Koffer, Klavier, Schaufensterdekoration, schwere Vorhänge oder Ähnliches.
Breite, dunkelfarbige Sprossen im SZR von Isolierglas	45er Sprosse in rot, blau, braun, schwarz oder anderen dunklen, stark absorbierenden Farben.
Tiefer Falzeinstand	Ab ca. 30 mm, z. B. bei Dachverglasungen oder hochwärmedämmenden Fenstern.
Gewitterregen	An Sommer- und Herbsttagen
Verlegung von Gussasphalt	Bei bodenständigen Glaskonstruktionen und ungleichmäßiger Schutzabdeckung.
Extreme Erwärmung	Dreifach-(Vierfach-)Isolierverglasung mit LowE-Beschichtung auf mittlerer Floatglasscheibe

5.8 Thermisch verursachter Bruch

5.8.2 Glasbrüche mit thermischen Ursachen

Tabelle 32: Glasbrüche mit thermischen Lasten

\multicolumn{3}{l}{Thermische Lasten an Glas}		
Intensität	Punktlast	Streckenlast (begrenzte Fläche)
schwach		B-000 Thermischer Minimalsprung B-001 Thermischer Normalsprung B-006 Thermischer Streckensprung I B-007 Thermischer Streckensprung II
stark	B-002 Thermischer Palmbruch B-008 Thermischer Wurmsprung B-010 Nickelsulfidbruch (ESG) „Spontanbruch"	B-002 Thermischer Palmbruch B-003 Starker thermischer Bruch B-004 Sehr starker thermischer Bruch B-005 Thermischer Randbruch B-006 Thermischer Streckensprung I B-007 Thermischer Streckensprung II
	\multicolumn{2}{l}{B-050 – B-053 Hybridsprung I – III (Kombinationssprung thermisch/mechanisch)}	

5.8.3 Aussehen und Beurteilung von thermischen Sprüngen

Typisches Aussehen eines thermischen Sprunges.

Bei teilflächiger thermischer Belastung kommt es im Bereich der lokalen Erwärmung zur Ausdehnung des Glases gegenüber dem nicht erwärmten Bereich. Dadurch entstehen im kalten Bereich Zugspannungen. Bei Überschreiten der Biegezugfestigkeit kommt es zum thermischen Bruch, der die in obiger Abbildung dargestellten typischen Merkmale aufweist, wobei rechtwinkliger Einlauf und rechtwinkliger Durchlauf bei thermischem Sprung immer, die anderen Merkmale wie Häkchen nur bedingt vorhanden sind. In der nachfolgenden Abbildung ist diese Situation der Teilerwärmung einer Glasfläche und des damit verbundenen Spannungsaufbaus beispielhaft dargestellt.

Die wichtigsten Beurteilungskriterien sind:

- Einlaufwinkel
- Durchlaufwinkel
- Bruchverlauf
- Bruchbild
- Bruchentstehungsort
- Richtungswechsel
- Häkchen
- Erzeugnisspezifische Bruchbilder

5.8 Thermisch verursachter Bruch

Thermischer Bruch an gelbem Ornamentglas einer Innentüre, verursacht durch Wohnungsbrand. Deutlich erkennbar ist der rechtwinklige Bruchbeginn zur Glaskante und der Richtungswechsel parallel zur Glashalteleiste.
(Foto: Wolfgang Sawall)

Thermisch induzierte Spannungen bei Teilerwärmung einer Glasscheibe in der Scheibenfläche und kaltem Randbereich.

Eine Untersuchung von Zhong-wei [43] zeigt, dass bei Gläsern, die im Rahmen verglast sind, ein durch Temperaturunterschiede zwischen Scheibenfläche und Scheibenrand verursachter thermischer Glasbruch nie in der Ecke, sondern immer nur im Bereich der Kante entstehen kann. Die Temperaturunterschiede zwischen erwärmter Scheibenfläche und kaltem Scheibenrand verursachen in der Scheibenfläche eine Zone mit Druckspannungen. An der Glaskante bauen sich dadurch Zugspannungen auf, die allerdings zur Ecke hin wieder sehr stark abnehmen und genau im Eckbereich wieder in eine Druckspannungszone übergehen. Die Zugspannungen an den Kanten erreichen bei gleichmäßig erwärmter Scheibenfläche und gesamter Abdeckung der Glaskante im mittleren Bereich (ca. 60 % der Kantenlänge) ihr Maximum. Deshalb entstehen solcherart verursachte thermische Glasbrüche nie direkt in der Ecke, sondern an der schwächsten Stelle im mittleren Kantenbereich. Je nach Verlauf der Scheibenerwärmung kann dieser Bruchbeginn auch deutlich außerhalb der Kantenmitte liegen, wird jedoch extrem selten im Eckbereich beginnen, außer bei stark geschwächter Ecke durch beispielsweise beschädigte Glaskante.

Spannungsverlauf an Glasscheibe, die in Scheibenmitte stark erwärmt wird und deren Kanten vor Erwärmung geschützt sind.

Auch die Anzahl der Sprünge lässt Aussagen über die Intensität der einwirkenden Spannung zu. Ähnlich wie beim mechanischen Bruch zeigt sich auch hier: je stärker die Verzweigung des Bruchs, umso höher ist die einwirkende Bruchspannung, wie nachfolgend beispielhaft dargestellt. Bei sehr guter Kantenbeschaffenheit ist deshalb zwangsläufig eine höhere Bruchspannung notwendig, um den Bruch auszulösen. Allerdings kann auch sehr schnelle oder sehr hohe Temperatureinwirkung hohe Bruchspannungen erzeugen.

Thermische Sprünge mit unterschiedlich hoher Bruchspannung.

5.9 Mechanisch verursachter Bruch

Ein mechanisch verursachter Bruch entsteht immer dann, wenn die typischen Materialkennwerte des Glases, die Biegezugfestigkeit überschritten werden. Die Beurteilung dieser mechanischen Brüche stellt sich allerdings wesentlich schwieriger dar als bei thermischen, da eine viel größere Anzahl an Merkmalen zugrunde gelegt werden muss. Die wichtigsten Beurteilungskriterien sind:

- Einlaufwinkel
- Durchlaufwinkel
- Bruchzentrum
- Bruchverlauf ohne Zentrum
- Bruchbild
- Bruchentstehungsort
- Art der Ausmuschelungen
- Ort der Ausmuschelungen
- Erzeugnisspezifische Bruchbilder
- Artspezifische Bruchbilder

Bei mechanischen Brüchen gilt, anders als bei thermischen, dass der Bruchverlauf nicht immer den Weg des geringsten Widerstandes geht. In sehr vielen Fällen folgt der Bruch der kraftauslösenden Komponente (z. B. Kantenstoß, Sprossenbruch). Grundsätzlich gilt aber auch hier, dass Sekundärsprünge immer nur bis zum Ausgangssprung (Leitsprung) laufen und diesen nicht überschreiten.

Mögliches Aussehen eines mechanischen Bruchs (Biegebruch) mit niedriger Spannung (unter 10 MPa).

Einlauf rechtwinklig oder auch nicht

Kein rechtwinkliger Durchlauf

5.9.1 Glasbrüche mit mechanischen Ursachen

Tabelle 33: Glasbrüche mit mechanischen Ursachen

Lastart	Dauer	Mechanische Lasten an Glas – Punktlast	Streckenlast	Flächenlast
dynamisch	kurzzeitig	B-009 ESG-Bruch B-010 ESG-Nickelsulfidbruch B-047 Steinschlag/Vogelvandalismus B-012 + B-013 Beschussloch I + II B-014 + B-015 Steinschleuderbruch I + II B-016 + B-017 Steinwurfbruch I + II B-018 Kantenstoßbruch B-019 Eckenstoßbruch B-023 + B-024 Randbruch I + II B-028 Klemmsprung B-032 Sprossenbruch II B-045 Mechanischer Wurmsprung B-046 Sauger-Wurmsprung B-042 Barbelé-Bruch VSG aus Float B-011 Oberflächenmuschelung B-048 Kreisbruch	B-028 Klemmsprung B-030 Torsionsbruch B-031 Sprossenbruch I B-032 Sprossenbruch II	B-035 Flächendruckbruch III B-036 Flächendruckbruch IV (Berstbruch) Float B-037 Flächendruckbruch V (Berstbruch) VSG B-042 Barbelé-Bruch VSG aus Float B-048 Kreisbruch
dynamisch	langanhaltend	B-032 Sprossenbruch II	B-031 Sprossenbruch I B-033 Sprossenbruch II B-043 + B-044 Deltabruch	B-033 Flächendruckbruch I B-034 Flächendruckbruch II B-038 + B-039 Flächendruckbruch VI+VII VSG aus TVG
statisch	kurzzeitig	B-020 Kantendruckbruch I B-021 Kantendruckbruch II TVG B-022 Kantendruckbruch III Vorschädigung B-025 Punkthalterbruch VSG-TVG B-026+B-027 Punkthalter-/Klemm-Halterbruch VSG aus Float B-041 Eckendruckbruch Eckendruckbr. VSG aus Float	B-041 Eckendruckbruch VSG aus Float	B-035 Flächendruckbruch III
statisch	langanhaltend	B-020 Kantendruckbruch B-021 Kantendruckbruch II TVG B-022 Kantendruckbruch III Vorschädigung B-026+B-027 Punkthalter-/Klemm-Halterbruch VSG aus Float B-028 Klemmsprung	B-028 Klemmsprung B-029 Kantendruckbruch VSG B-043 + B-044 Deltabruch	B-022 Kantendruckbruch III Vorschädigung B-033 Flächendruckbruch I B-034 Flächendruckbruch II B-038 + B-039 Flächendruckbruch VI+VII VSG aus TVG B-040 Flächendruckbr. VIII-Iso
		B-050 Hybridsprung ESG-TVG B-051 – B-053 Hybridsprung I – III (Kombinationssprung thermisch/mechanisch)		

5.10 Glasbruch bei Glas mit Drahteinlage

Bei Gläsern mit Drahteinlage wie Draht-, Drahtornament- oder Drahtspiegelglas kommt es durch die Drahteinlage besonders leicht zu Glasbruch. Oft als Armierung bezeichnet, bewirkt die Drahteinlage allerdings das Gegenteil, sie schwächt die Belastbarkeit der Scheibe. Durch den Austritt des Drahtes an der Glaskante ist diese eingekerbt und somit geschwächt. Diese Kerbwirkung kommt einerseits zustande, da das Glas und das eingearbeitete Metallgitter unterschiedlich starke Ausdehnungskoeffizienten besitzen. Dadurch entsteht ein verstärkter innerer Druck vom Drahtgitter auf die Glasfläche, was besonders starke Auswirkungen auf die eingekerbte, geschwächte Glaskante (Mikroeinläufe) hat.

Drahtglas mit nicht korrodiertem Drahtnetz.

Zum Zweiten entsteht bei Drahtglas im Laufe der Lebensdauer der Scheibe eine starke Kerbwirkung durch Korrosion der Drahtenden des Drahtgitters. Korrosion von Metallen bedeutet immer eine starke Volumenvergrößerung. Ausgehend vom Kantenbereich bewirkt die Korrosion des eingebetteten Metallgitters ebenfalls einen zusätzlichen starken inneren Druck auf die Glaskante.

Drahtglas mit korrodiertem Drahtnetz.

Eine dritte Bruchursache bei Gläsern mit Drahteinlage stellt das nicht symmetrisch in den Querschnitt eingebrachte Drahtgitter dar. Die Drahteinlage liegt nicht genau mittig im Glas, sondern befindet sich in Bezug auf die Glasdicke bei den meisten Gläsern im Verhältnis von 2:1 im Glas. Dies bedeutet bei Belastung eine zusätzliche Schwachstelle.

Schnitt durch Drahtglas.

Besonders im Bereich der Überkopfverglasungen kann dies sehr negative Auswirkungen haben, wenn das Glas mit der Drahteinlage nach unten verlegt wird. Damit wird die sowieso schon schwächer belastbare Zugzone des Glases durch die eingebettete Drahteinlage noch weiter geschwächt.

Schwächung des Drahtglases durch Drahteinlage in Zugzone.

Drahteinlage im oberen Drittel: keine negativen Auswirkungen.

Eine typische Eigenheit von Glasbrüchen an Gläsern mit Drahteinlage ist die Tatsache, dass der Sprungbeginn in fast allen Fällen direkt am Drahtaustritt beginnt und oft auch an diesem endet, da – wie oben ausführlich beschrieben – diese Kerbwirkung das Glas schwächt und somit für den Sprungbeginn die schwächste Stelle darstellt. Auch der Bruchverlauf innerhalb der Scheibenfläche ist nicht immer mit den für Floatglas typischen Bruchbildern identisch. Aufgrund der wesentlich geringeren Anwendung von Gläsern mit Drahteinlage wurden die oft nur sehr schwierig zu identifizierenden Bruchursachen und nicht immer eindeutig darstellbaren Bruchverläufe nicht in diese Abhandlung mit aufgenommen. Sie werden gegebenenfalls zu einem späteren Zeitpunkt ergänzt.

Die oben erläuterten Eigenschaften von Gläsern mit Drahteinlage führen dazu, dass diese nicht für jeden Anwendungsfall geeignet und zulässig sind. Darüber hinaus wird der geringeren Belastbarkeit dieser Gläser in den meisten Verordnungen und Richtlinien mit einer wesentlich niedrigeren Biegezugspannung Rechnung getragen (siehe Tabelle 11 „Biegezugspannungswerte für Glasarten").

Aufgrund der vielen Schwachstellen von Gläsern mit Drahteinlage sollte deren Einsatz wohl überlegt und deren Vor- und Nachteile gegeneinander abgewogen werden. Es gab sicher viele Anwendungsmöglichkeiten, unter anderem besaßen Drahtgläser im Brandschutzbereich als einfache G 30-Variante in der senkrechten Innenanwendung ihre Berechtigung. Bereits seit Jahrzehnten nicht mehr einsetzbar sind sie bei hohen Anforderungen an den Verletzungsschutz wie z. B. im Schul- und Kindergartenbau.

5.11 Glasbruch bei Einscheiben-Sicherheitsglas (ESG)

ESG ist ein thermisch vorgespanntes Glas, bei dem die Vorspannung durch eine Wärmebehandlung des Glases erreicht wird. Durch rasches und gleichmäßiges Erhitzen der Glasscheibe auf über 600 °C werden Temperaturen zwischen dem Transformations- und dem Erweichungspunkt erreicht. Dabei muss das Glas einerseits noch fest genug sein, um ohne Deformationen bewegt werden zu können, aber andererseits noch plastisch genug, um innere Spannungen abbauen zu können. Das Glas ist damit spannungsfrei. Ein sofort anschließendes zügiges Abkühlen (Abschrecken) mit kalter Luft bewirkt eine sehr schnelle Verfestigung der äußeren Zonen der Scheibe. Das verzögerte Abkühlen des Scheibenkerns lässt die charakteristische Spannungsverteilung im ESG entstehen, da die bereits verfestigten äußeren Zonen das Zusammenziehen des Kerns behindern. Dabei müssen beide Spannungen zueinander im Gleichgewichtszustand stehen, um einen stabilen Spannungsverlauf zu erreichen, der die Sicherheitseigenschaften von ESG garantiert. Die Herstellung von **E**inscheiben-**S**icherheits**G**las (ESG) und auch von **T**eil**V**orgespanntem **G**las (TVG) erfolgt immer in zwei Schritten, wobei sich der Herstellprozess von ESG zu dem von TVG nur durch eine deutlich langsamere Abkühlzeit für TVG unterscheidet:

Die fertig bearbeiteten Scheiben gleicher Glasdicke werden auf das Rollenband der Einlaufzone aufgelegt, so dass eine möglichst optimale Flächenausnutzung erfolgt. Sie werden dann in den Ofen transportiert und dort im ersten Schritt bis zum Erweichungspunkt erwärmt. Dabei erfolgt ein ständiger Vor- und Zurücktransport der Scheiben innerhalb der Heizzone, um Welligkeit möglichst zu vermeiden. Bei Erreichen der notwendigen Temperatur erfolgt der Weitertransport in die Kühlzone. Dort werden die Scheiben nun im zweiten Schritt mit kühler Luft stark angeblasen, um eine sehr schnelle, aber absolut gleichmäßige Abkühlung der Oberfläche zu erreichen. Nur dadurch ist gewährleistet, dass die Scheiben beim Abkühlen nicht zu Bruch gehen und sich die gewünschte Spannungszone im Glas aufbaut. Sind die Scheiben genügend stark abgekühlt, laufen sie aus der Kühlzone in die Glasabnahme. In Abhängigkeit der Glasdicke erfolgt die Temperaturführung und Verweildauer der Scheiben im Ofen. Je dicker die Glasscheiben sind, umso länger ist die Taktzeit der Anlage. Es gibt heute ESG-Anlagen, die bis zu 3,21 m x 6,00 m große ESG/TVG-Scheiben produzieren können.

Nachfolgende Abbildung zeigt einen Querschnitt durch eine ESG-Scheibe mit Darstellung der Spannungszonen innerhalb der Scheibe und im Kantenbereich.

Teil 5   Glasbruch

Spannungszonen im ESG.

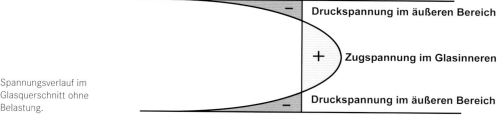

Spannungsverlauf im Glasquerschnitt ohne Belastung.

Die Druck- und Zugspannungszonen verteilen sich bei korrekter ESG-Herstellung gleichmäßig über die gesamte Glasdicke. Je dicker die Scheibe ist, umso höher ist die erzeugte Druckspannung (ca. ≥ 20 % der Glasdicke). Sehr dünne Glasscheiben unter 3 mm Glasdicke lassen sich deshalb nur sehr schwer thermisch vorspannen. Deshalb ist bei dünnen Gläsern von ≤ 3 mm das chemische Vorspannen eindeutig im Vorteil.

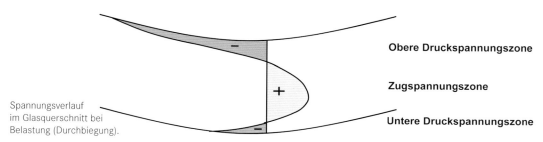

Spannungsverlauf im Glasquerschnitt bei Belastung (Durchbiegung).

Bei Belastung der Scheibe von oben und damit verbundener Durchbiegung wandert die Zugspannungszone nach unten, die obere Druckspannungszone vergrößert sich, die untere wird reduziert (wie oben dargestellt). Bei extremer Belastung wandert die Zugspannungszone bis zur Glaskante, die Druckspannungszone wird aufgehoben und die Scheibe bricht. Dabei wird die Spannung explosionsartig frei und das Glas zerfällt in kleine Glaskrümel, der typischen Bruchstruktur von ESG. Glasbruch bei ESG wird ebenfalls durch eine Beschädigung, die von der Druckspannungszone in die Zugspannungszone reicht, im Augenblick der Beschädigung ausgelöst. Ausmuschelungen oder andere Beschädigungen an ESG-Scheiben müssen nicht zwangsläufig zum sofortigen Glasbruch führen, sofern diese Beschädigungen in der Druck-

5.11 Glasbruch bei Einscheiben-Sicherheitsglas (ESG)

spannungszone liegen und die Scheibe keinerlei Belastungen erfährt. Dadurch wird jedoch die umlaufende Druckspannungszone reduziert, was natürlich auch eine Schwächung der Belastbarkeit bedeutet. Solche Scheiben können bei geringster Belastung „spontan" zu Bruch gehen. Deshalb bedeuten Kantenbeschädigungen bei ESG immer ein erhöhtes Bruchrisiko bei reduzierter Belastbarkeit. Bruchbild, Anzahl der Bruchstücke und deren Größe sind in EN 12190 eindeutig geregelt.

5.11.1 Nickelsulfidbruch bei ESG

Bei der Glasherstellung sowohl im Floatverfahren wie auch bei gezogenen Gläsern können kleinste Kristalle aus Nickel und Schwefel im Glas, so genannte Nickel-Sulfid-Einschlüsse, entstehen. Blasen, Augen und Steinchen sind zwar äußerst selten, aber aufgrund ihrer Größe und der optischen Veränderungen (Hof) meist deutlich erkennbar. Anders ist dies bei kleinsten Nickel-Sulfid-Einschlüssen (NiS). Deren Größe liegt in der Regel im Bereich unter 0,2 mm und sie sind deshalb optisch nicht einfach zu erkennen. Bei Temperaturbelastung können diese Nickel-Sulfid-Einschlüsse, sofern sie in der Zugspannungszone des ESG liegen, ihre Zustandsform ändern (allotrope Umwandlung) und dadurch erheblich größer werden. In nicht vorgespanntem Floatglas sind diese Einschlüsse absolut ungefährlich. Durch die hohen Temperaturen des Vorspannprozesses von über 600 °C wird β-NiS in α-NiS umgewandelt. Im sehr schnellen Abkühlprozess der ESG-Produktion kann sich dieses α-NiS nicht mehr schnell genug in die β-NiS-Modifikation zurück umwandeln. Erst bei späterer Erwärmung der Scheibe über einen längeren Zeitraum erfolgt dann diese verzögerte Rück-Umwandlung in β-NiS. Diese Phasenumwandlung vom α-NiS in β-NiS geht mit einer Volumenvergrößerung von ca. 4% einher. Zusätzlich führt der größere Temperaturausdehnungskoeffizient von NiS zu einer zusätzlichen Spannungserhöhung in der Zugspannungszone des Glases. Dies kann zu einem sehr großen Spannungsanstieg im Glas und im Extremfall zu Glasbruch ohne äußere Einwirkungen führen, denn die hohe Zugspannung im Inneren des Glases sorgt bei Überschreiten der Festigkeit und bei Rissausbreitung in die Druckspannungszone dafür, dass die gesamte Scheibe „zerkrümelt". Dieser Glasbruch wird oft auch als „Spontanbruch" bezeichnet, der nur bei ESG entstehen kann. Sein Auftreten ist äußerst selten, er kann auch noch 10 Jahre nach der Herstellung auftreten. Durch die Zerstörung des Glases in kleinste Glaskrümel ist ein solcher Nickel-Sulfid-Einschluss im Bruchfalle nur zu finden, wenn die Scheibe nicht in sich zerfällt. Er ist daran zu erkennen, dass das Bruchzentrum eine schmetterlingsähnliche Form aufweist und im Bruchzentrum ein Einschluss, erkennbar als schwarzer Punkt (meist 0,1 < 0,5 mm ⌀) vorhanden ist. Eine sehr gute Schutzwirkung gegen das Auftreten von Spontanbrüchen erzielt man mit der Heißlagerungsprüfung, die nachfolgend beschrieben und für viele Anwendungsfälle zwingend vorgeschrieben ist. Sie kann aber keine hundertprozentige Sicherheit bieten, reduziert jedoch die Wahrscheinlichkeit des Auftretens von Spontanbrüchen um mindestens eine Zehnerpotenz. Eine absolut nickelsulfidfreie Floatglasherstellung, bei der solche Spontanbrüche nach der Verarbeitung zu ESG nicht mehr auftreten können, ist bisher allerdings noch nicht möglich. Empirische Beobachtungen von Dr. Kasper [10, 57, 58, 59] zeigen aber, dass NiS-Einschlüsse, die kleiner als 50 µm sind, keinen Spontanbruch mehr auslösen.

Um einen Nickelsulfid-Einschluss mit absoluter Sicherheit als Bruchursache festzustellen, sind nach dem heutigen Stand der wissenschaftlichen Erkenntnisse folgende Merkmale nachzuweisen:

1. Schmetterlingsbruch im Bruchzentrum, allerdings nur sichtbar, sofern die Scheibe im Rahmen stehen bleibt oder größere zusammenhängende Scheibenfragmente des Bruchzentrums vorhanden sind (z.B. bei VSG aus ESG).
2. Kugelförmiger metallischer Einschluss unmittelbar im Bruchursprung (auf dem Bruchspiegel).
3. Charakteristische Messing-Farbe des Einschlusses unter dem Lichtmikroskop und raue Oberfläche (Elefantenhaut).
4. Größe des Einschlusses mit Durchmesser von ca. 0,05 mm bis ca. 0,5 mm.
5. Lage des Einschlusses in Querschnittsmitte im Zugspannungsbereich der Scheibe.
6. Nachweis der charakteristischen Anteile von Nickel und Schwefel, z. B. durch energiedispersive Röntgenspektroskopie (EDX).
7. Bruchspiegelanalyse.

Wurden alle sieben Merkmale durch entsprechende Analyse bestätigt, kann mit absoluter Sicherheit von einem NiS-Bruch ausgegangen werden. Das Vorliegen eines einzigen Merkmals allein reicht nicht aus als absolut sicherer Nachweis für Nickelsulfid als Bruchauslöser. In der Praxis werden diese sieben Prüfpunkte eigentlich nie durchgeführt, da bei Einzelscheiben der Prüfaufwand in keinem Verhältnis zum entstandenen Schaden steht.

Bei TVG entfallen diese Prüfungen, da nach heutigem Kenntnisstand keine Spontanbrüche aufgrund von Nickel-Sulfid-Einschlüssen auftreten können. Dies liegt daran, dass die innere Zugspannung bei TVG durch die wesentlich langsamere Abkühlung nicht so stark ausfällt.

Ein Spontanbruch darf aber nicht mit zeitlich ebenso versetzt auftretenden Glasbrüchen durch mechanische Einwirkungen oder nachträgliche Kantenverletzungen verwechselt werden. Diese können vielfältige Ursachen haben: Bauwerksetzungen, Kantenbeschädigungen oder nachträgliche Glasbearbeitung, Unachtsamkeiten während Transport und Einbau, falsche Klotzung, Zwängung durch unsachgemäßen Einbau, Kontakt von Glas zu harten Materialien wie z. B Schrauben, Kühlrisse bei Schweißarbeiten in Glasnähe und natürlich auch Vandalismus. Dadurch kann Glasbruch „spontan" auch verzögert, also einige Zeit nach Beschädigung ohne Anlass auftreten.

5.11 Glasbruch bei Einscheiben-Sicherheitsglas (ESG)

5.11.2 Heißlagerungsprüfung (Heat-Soak-Test)

Zur Vermeidung von Nickel-Sulfid-Brüchen wird ESG nach der Herstellung einer Heißlagerung nach DIN EN 14 179 „Glas im Bauwesen – Heißgelagertes thermisch vorgespanntes Kalknatron-Einscheibensicherheitsglas" unterzogen. Für hinterlüftete Fassadenplatten als Außenwandbekleidung ist dies vorgeschrieben, es empfiehlt sich allerdings, auch bei ESG-Anwendungen im Innenbereich wie bei Türen, Anlagen, Duschen, Vitrinen u. a. eine Heißlagerungsprüfung (Heat-Soak-Test) durchführen zu lassen. Dabei durchlaufen die Scheiben in einem kalibrierten Ofen eine Aufheizphase, bei der die Temperatur langsam auf 290 °C (±10 °C) hochgefahren wird. In der Haltephase müssen alle Scheiben im Ofen über zwei Stunden der Temperatur von 280 bis 300 °C unterworfen sein, wobei damit nicht die Lufttemperatur, sondern die Temperatur im Glas gemeint ist. Nach der deutschen Bauregeliste muss ESG-H sogar über vier Stunden bei dieser Temperatur gelagert werden. In der anschließenden Abkühlphase wird die Temperatur langsam wieder reduziert, um Glasbruch durch Temperaturunterschiede zu vermeiden. Ab einer Glastemperatur von 70 °C ist dieser Vorgang abgeschlossen und die Scheiben entsprechend geprüft. Je nach Ofenabmessung, zu behandelnder Glasmenge, Abstand zwischen den Scheiben (≥ 20 mm) und Leistungsfähigkeit des Heizsystems kann dieser Vorgang unterschiedlich lange dauern. Wichtig dabei ist, dass während der Prüfung gebrochenes ESG die Luftzirkulation nicht behindert.

ESG-Scheiben mit Nickel-Sulfid-Einschlüssen und damit latentem Bruchrisiko werden mit dieser Prüfung bereits vor der Auslieferung mit 95 %-iger Sicherheit zerstörend aussortiert, eine hundertprozentige Sicherheit ist damit allerdings nicht möglich. Auch bei derart geprüften Scheiben bleibt nach EN 14 179 ein bekanntes, jedoch geringes Restrisiko von 1 Glasbruch auf ca. 400 t geprüften Glases, was bei einer Glasdicke von 6 mm heißgelagertem ESG bedeutet, dass unter ca. 27.000 m² Glas noch ein Glasbruch durch NiS auftreten darf. Aufgrund neuester Forschungsergebnisse kann bei heißgelagertem ESG von einem Restrisiko des Versagens von 1:1.000.000 bis 1:10.000.000 im Jahr ausgegangen werden. Solche geringen und allgemeinen Risiken bestehen aber ebenfalls bei anderen Bauteilen, weshalb dann keine Bedenken bestehen (und auch keine Hinweispflicht?). Bei nicht der Heißlagerung unterzogenem ESG geht man von einer Bruchquote aus, die um mindestens eine Zehnerpotenz höher liegt.

Allerdings wird die Planität des ESG durch diese Heißlagerung nicht verbessert, sondern eher etwas verschlechtert. Dies ist der Grund, weshalb nicht alle ESG-Hersteller dünnes ESG (4 mm und dünner) diesem Prozess unterziehen. Zusätzlich wird die Vorspannung durch diese lange Lagerung bei sehr hohen Temperaturen um bis zu 5 % abgebaut, was allerdings keine Auswirkungen auf die Belastbarkeit im Praxiseinsatz hat, da die nach EN vorgeschriebenen Biegezugspannungswerte dadurch keinesfalls unterschritten werden, sondern immer noch deutlich über den Mindestanforderungen für diese Glasart liegen.

5.12 Glasbruch bei teilvorgespanntem Glas (TVG)

Teilvorgespanntes oder auch wärmeverfestigtes oder thermisch verfestigtes Glas wird in einem ähnlichen Herstellungsverfahren produziert wie ESG, lediglich die Abkühlung des Glases erfolgt langsamer. Dadurch entsteht ein geringerer Vorspannungsgrad, die Druck- und Zugspannungen im Glas sind wesentlich geringer.

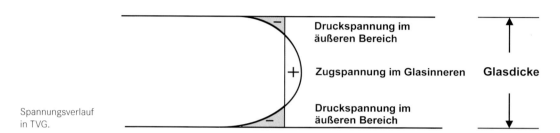

Spannungsverlauf in TVG.

Es handelt sich hierbei nicht um ein Sicherheitsglas. Die Sicherheitseigenschaften von TVG entsprechen ungefähr denen von normalem Floatglas. Erst durch die Verarbeitung zu VSG entsteht – wie auch mit Floatglas – ein Sicherheitsglas. Die Biegefestigkeit von TVG liegt mit 40 N/mm² zwischen Floatglas und ESG, die Temperaturwechselbeständigkeit liegt bei ca. 100 K und damit auch deutlich höher als bei Floatglas, erreicht jedoch nicht ganz den Wert von ESG. Eine Bearbeitung nach der Herstellung ist bei TVG wie bei ESG nicht möglich.

Das Bruchbild ist deutlich unterschiedlich zu ESG, eine Krümelung ist nicht zulässig. Die DIN EN 1863 „Glas im Bauwesen, Teilvorgespanntes Kalknatron-Glas Teil 1: Definition und Beschreibung" beschreibt das Bruchbild, das keine Bruchinseln mit Querbrüchen innerhalb der Glasfläche zulässt und bei dem jeder Sprung zur Glaskante reichen muss (siehe Bruchbilder B-021 und B-024). Die Gefahr eines Spontanbruchs wie bei ESG ist bei TVG aufgrund des wesentlich geringeren Vorspannungsgrades nicht vorhanden. Deshalb muss TVG auch keine Heißlagerungsprüfung (HS-Test) nach DIN 18 516 oder EN 14 179 durchlaufen.

5.13 Glasbruch bei Verbund-Sicherheitsglas (VSG)

Verbund-Sicherheitsglas besteht aus zwei oder mehreren gleichdicken oder unterschiedlich dicken Glasscheiben, die mit einer oder mehreren hochreißfesten und zähelastischen Folien aus Polyvinylbutyral (PVB) dauerhaft zu einer Einheit verbunden sind. Die Glasscheiben können klar, eingefärbt, beschichtet oder mit einseitig leichter Ornamentstruktur versehen sein, die Folien können klar, farbig, durchscheinend oder mit zusätzlichen Eigenschaften wie schalldämmend oder UV-schützend ausgeführt sein.

Bei der Herstellung von VSG wird auf die gereinigte Glasscheibe entsprechend deren Eigenschaften eine oder mehrere Folienzwischenlagen aus Polyvinylbutyral (PVB) gelegt. Dies geschieht in einem konditionierten und staubfreien Raum im waagrechten Durchlaufverfahren.

5.13 Glasbruch bei Verbund-Sicherheitsglas (VSG)

Anschließend wird die Gegenscheibe aufgelegt und die überstehenden Folienränder abgeschnitten. Nach diesem Verfahren können zwei oder mehrere Scheiben zum gewünschten Elementaufbau zusammengesetzt werden. Danach durchläuft dieses Scheibenpaket den Vorverbund, wo mittels Temperatur und Walzendruck die Folie bereits mit dem Glas verklebt wird. Dabei wird aus der ursprünglich milchig weißen PVB-Folie eine etwas transluzentere Zwischenschicht. Die VSG-Pakete werden nun auf besonderen Gestellen abgestapelt und in den Autoklaven gebracht. Dort erfolgt in einem mehrstündigen Prozess unter Hitze und hohem Druck der endgültige, dauerhafte Verbund von Glas und Folie. Die erhaltene Einheit ist von hoher Festigkeit und klarer, verzerrungsfreier Transparenz. Die herstellbare Scheibengröße richtet sich nach den Abmessungen der Verbundanlage und kann vom kleinen Festmaß bis zur Bandmaßgröße von 3,21 m x 6,00 m produziert werden. Auch längere Scheiben bis 7,00 m sind heute bereits auf Spezialanlagen produzierbar, wobei der Aufwand für Produktion, Transport, Verarbeitung und Einbau ein Mehrfaches des sonst üblichen Aufwandes beträgt.

VSG kann aus den nachfolgenden Basisprodukten hergestellt werden:

- Floatglas (DIN EN 572 Teil 2)
- Gezogenes Flachglas (DIN EN 572 Teil 4)
- Ornamentglas (DIN EN 572 Teil 5)
- ESG (DIN EN 12150 Teil 1 und DIN 1249)
- TVG (DIN EN 1863)
- Sonstige Flachgläser

Das Glas kann sein:

- farblos, besonders klar (extraweiß)
- eingefärbt
- transparent, transluzent, opak oder opal
- beschichtet (Siebdruck, LowE, Email, Sonnenfunktionsschicht usw.)
- oberflächenbehandelt

Die Polyvinylbutyralfolie (PVB-Folie) kann sein:

- farblos
- eingefärbt
- transparent, transluzent oder opak
- luminiszierend

VSG ist ein splitterbindendes Glas, bei dem im Fall des Glasbruchs die Bruchstücke an der Folie haften. Dadurch können keine scharfkantigen Glassplitter aus dem Verbund gelöst werden und die Verletzungsgefahr wird erheblich minimiert. Anders als bei ESG, das im Bruchfalle zu Krümeln zerfällt, bleibt bei VSG die verglaste Öffnung geschlossen, der Raumabschluss und die Durchsicht erhalten. Diese Resttragfähigkeit bewirkt, dass auch nach dem Bruch der Scheibe Lasten aufgenommen werden können und über einen ausreichenden Zeitraum noch Schutz für Leib und Leben besteht. Die verwendete PVB-Folie erschwert durch ihre zähelastischen Eigenschaften das Durchdringen des Gesamtglaselements erheblich, so dass auch die aktive Sicherheit deutlich erhöht wird. Kombinationen aus mehreren unterschiedlich dicken Scheiben, verschiedenen Scheibenarten und unterschiedlich dicken PVB-Folienschichten geben der Einheit in Abhängigkeit vom jeweiligen Aufbau zusätzliche angriffhemmende Eigenschaften, die je nach Aufbau einbruch-, durchschuss- oder explosionshemmende Wirkung aufweisen.

Bei der Verarbeitung von TVG anstelle von Floatglas zu VSG ergeben sich zusätzliche Eigenschaften wie erhöhte mechanische und thermische Belastbarkeit und die Resttragfähigkeit bleibt erhalten. Die Kombination mit ESG erhöht die mechanische und thermische Belastbarkeit noch weiter, allerdings fehlt hier die Resttragfähigkeit aufgrund der Krümelbildung bei ESG-Bruch.

VSG-Scheiben können bei Dicken bis 12 mm als Festmaß oder Bandmaß beschichtet werden, dies ergibt eine Vielzahl an Sonnen- und Wärmeschutzscheiben. Wo diese nachträgliche Beschichtung aufgrund hoher Glasdicken und Glasgewichte nicht möglich ist, bietet sich in fast allen Fällen die nachträgliche Verarbeitung der beschichteten Scheiben (softcoating und hardcoating) zu VSG an. Damit ist die Kombinationsvielfalt mit beschichteten VSG-Scheiben nahezu unbegrenzt.

Weitere Gläser, die zu VSG verarbeitet werden können, sind Drahtspiegelglas und bestimmte Ornamentgläser mit mindestens einseitig planer Oberfläche. Allerdings ist in Abhängigkeit der Planität der zu verklebenden Scheiben (z. B. leichte Welligkeit von ESG) oftmals eine Erhöhung der Foliendicke notwendig.

Das Erscheinungsbild eines Glasbruchs bei VSG ist abhängig von der Glasart, aus der VSG hergestellt ist. VSG aus Floatglas zeigt immer die gleichen oder ähnliche Bruchbilder, wie Floatglas-Einzelscheiben. Durch die Verklebung mit der PVB-Folie bleibt jedoch im Bruchfalle die Einheit erhalten, eine Öffnung entsteht nur bei sehr hohen Einwirkkräften.

Oft lässt die Art der Ausmuschelungen an den Bruchkanten und die Position der gesprungenen Scheibe im VSG-Verbund eine zusätzliche Aussage auf die Lasteinwirkung zu. Das nachfolgende Bild zeigt die Auswirkung einer auf VSG einwirkenden Kraft.

Obwohl die Verklebung nicht als absolut schubfester Verbund betrachtet werden darf, reagiert die VSG-Einheit bei kurzzeitiger und hoher Krafteinwirkung entsprechend. Glasbruch entsteht dabei zuerst an der mit Zug belasteten Scheibe. Beim Bruch beider Scheiben wird es in der Regel zu deutlichen Ausmuschelungen am Sprung in der Druckzone kommen, während die Scheibe der Zugzone, sofern überhaupt, nur aufgrund eines evtl. möglichen Zurückfederns geringere

5.14 Glasbruch bei Ornamentglas

Ausmuschelungen aufweisen wird. Im Allgemeinen wird immer zuerst die höher belastete bzw. die schwächer belastbare Scheibe zu Bruch gehen.

Lasteinwirkung bei VSG.

Zwischen VSG (Verbund-Sicherheitsglas) mit PVB-Zwischenschichten und VG (Verbund-Glas) oder GH (Gießharz) mit z. B. Acrylat-Zwischenschicht gibt es keine grundlegenden Verhaltensunterschiede bei mechanischer oder thermischer Belastung und bei Glasbruch. Die Gießharzschichten können lediglich in weicherer Einstellung eingesetzt werden und ermöglichen den Verbund von Ornamentgläsern mit der strukturierten Seite zum Laminat. Allerdings ist in den letzten 15 Jahren der Einsatz von Gießharz-Verbundscheiben aufgrund von Unverträglichkeitsreaktionen dieser Acrylat-Zwischenschicht nahezu gegen Null gegangen. (siehe 8.3)

Neben der Standard-VSG-Zwischenschicht aus PVB (Polyvinylbutyral) sind weitere Verbundschichten am Markt erhältlich, die jedoch nicht automatisch als VSG (Verbund-SICHERHEITS-Gläser) bezeichnet werden können, sondern nur als Verbundgläser, sofern sie keine entsprechende Zulassung haben. Solche Zwischenschichten können sein:

- **Sentry Glas:** PVB in Plattenform mit hohem Molekulargewicht.
- **EVA:** Ethylvinylacetat, ein Copolymer, hergestellt aus Ethylen und Vinylacetat, das mit nahezu allem klebt.
- **PET:** Polyethylenterephthalat, ein thermoplastischer Kunststoff der Familie der Polyester.
- **PU:** Polyurethan, wird vor allem bei der Verklebung von Glas mit Polycarbonat verwendet.

5.14 Glasbruch bei Ornamentglas

Ornamentglas (Glas mit einseitig oder beidseitig strukturierter, ornamentierter Oberfläche) oder auch Gussglas verhält sich bei Glasbruch ähnlich wie Floatglas. Allerdings gibt es auch hierbei mehr oder weniger deutliche Abweichungen, da solche Gläser zum Teil sehr starke Dickenschwankungen aufgrund der besonderen Oberflächenstruktur aufweisen können, was den Bruchverlauf beeinflussen kann. Stark strukturierte Gläser sind zum Beispiel Abstracto®, Butze®, Flora® oder Silvit®, weniger stark strukturiert sind z. B. Chinchilla® oder Masterpoint®. In der Statik werden diese Glasdickenschwankungen bei Ornamentgläsern mit niedrigen Werten für die Biegezugspannung und somit geringerer mechanischer Belastbarkeit berücksichtigt. Das thermische Verhalten entspricht dem von Floatglas und ist auch von der Kantenbeschaffenheit abhängig. Die EN 572 „Glas im Bauwesen, Teil 5 Ornamentglas" legt die Anforderungen an Abmessungen und Mindestqualitäten (Fehler usw.) von Ornamentglas fest.

Besonders kritisch bezüglich Belastungen reagieren stark strukturierte Ornamentgläser mit Drahteinlage, da zu den Dickenunterschieden noch die Kerbwirkung des Drahtaustritts hinzukommt.

In der Masse gefärbte Ornamentgläser wirken aufgrund ihrer Einfärbung wie Sonnenschutzgläser, obwohl sie nicht zum Zwecke des Sonnenschutzes, sondern aus optischen Gründen eingesetzt werden. Durch die Einfärbung kommt es zu einer wesentlich schnelleren Erwärmung aufgrund höherer Strahlungsabsorption und somit auch zu höheren Temperaturen bzw. höherer Teilerwärmung. Dies kann bei solchen Gläsern sehr schnell zu thermischen Sprüngen führen und muss bei ihrem Einsatz und natürlich bei der Beurteilung von Glasbruch besonders beachtet werden.

5.15 Glasbruch in Abhängigkeit der Auflagerung

Die **vierseitige Lagerung** stellt die im Hochbau und Innenausbau häufigste Form der Befestigung von Glas dar. Deshalb basiert die größte Anzahl der Bruchbilder auch auf allseitiger/vierseitiger Lagerung.

Die **zweiseitige Lagerung** ergibt etwas abweichende Bruchbilder, da die frei liegenden Kanten in der Regel geringer belastbar sind und deshalb der Bruch oft von diesen ausgeht. Einige Bruchbilder berücksichtigen dies und zeigen derartige Bruchverläufe (z. B. Deltabruch B-043 und B-044).

Punktförmige oder einseitige Lagerung von Glas ist hier nur in in drei Bruchbildern aufgenommen, da es sich dabei außer bei Regalböden immer um Gläser mit Vorspannung (ESG, TVG oder VSG aus ESG/TVG) handelt. Deren Bruchbild ist immer abweichend von dem nicht vorgespannter Gläser. Der Glasbruch bei VSG aus TVG, das mit Punkthaltern befestigt ist, wird unter B-040 aufgezeigt, die punktförmige Befestigung von VSG aus Floatglas ergibt Bruchbilder wie unter B-026 und B-027 gezeigt.

5.16 Vorgehen beim Beurteilen von Glasbrüchen

- Suche nach dem Bruchausgang: wo beginnt der Bruch und wie beginnt der Bruch, ist ein Bruchspiegel vorhanden?
- Sammlung aller Bruchteilstücke, sofern möglich. Kontakt zwischen den Bruchstücken möglichst vermeiden.
- Betrachtung mit dem Auge: bei Bedarf ein Vergrößerungsglas verwenden, Notizen und Zeichnungen anfertigen.

- Bruchlaufrichtung an jedem Bruchstück untersuchen und aufzeichnen (Wallner'sche Linien, Bruchaufspaltung in Laufrichtung), sofern vorhanden.
- Untersuchung des Bruchbildes: gegebenenfalls die Bruchteile mit transparenter Klebefolie sichern.
- Untersuchung des Bruchspiegels, um Rückschlüsse auf die Krafteinwirkung und die Einwirkungsrichtung ziehen zu können.
- Untersuchung der Wallner'schen Linien (sofern vorhanden): Druck- bzw. Zugspannungsoberfläche ermitteln.
- Mikroskopische Untersuchung, sofern möglich und notwendig.
- Dokumentation mit möglichst aussagefähigen, detaillierten Bildern, Zeichnungen und Notizen.

5.17 Bruchregeln

Es gibt einige Grundregeln, die bei Glasbruch von nicht vorgespannten Gläsern immer zutreffen und deshalb Beachtung finden müssen.

1. Brüche gabeln sich immer nur in ihre Ausbreitungsrichtung.

Verfolgt man diese Gabelungen zurück, so kommt man zum Ursprung und damit zum Bruchzentrum.

2. Ein Sprung kann niemals einen bereits vorhandenen überspringen.

Ein Sprung endet immer an dem Sprung, den er anläuft. Aus dieser Tatsache kann oft die zeitliche Reihenfolge ihrer Entstehung und Ort/Ursache des Ursprungs abgeleitet werden. Der Glaser nutzt diese Eigenschaft zum „Abfangen" eines Sprungs.

3. Die mittlere Anzahl der Bruchstücke ist abhängig vom Belastungsgrad im Augenblick des eintretenden Bruchs.

In der Regel ergibt sich ein dichteres Sprungnetz, wenn die Scheibe eine höhere Bruchlast ertragen hat, nicht umgekehrt. Mit zunehmender Energieeinwirkung steigt die Anzahl der Bruchstücke.

Weitere Grundsätze der Bruchausbreitung:

4. Der Bruch verläuft immer senkrecht zur größten Zugspannung an der Bruchspitze, dem Ort der Bruchfront.

Die Laufrichtung des Bruchs zeigt den Spannungsverlauf innerhalb der Scheibe. Eine hohe Zugspannung an der Bruchspitze führt zu sehr schnell laufenden Brüchen.

5. Änderungen in der Richtung der Zugspannung führen sehr schnell auch zu Änderungen des Bruchverlaufs.

Die Laufrichtung zeigt den bruchverursachenden Spannungsverlauf innerhalb der Scheibe. Allerdings ist dabei zwischen Primärbruch und später weiterlaufendem Sekundärbruch zu unterscheiden, was nicht immer eindeutig erkennbar ist, da die später einwirkenden Kräfte durchaus verschieden zu denen des Primärbruchs sein können.

6. Reduziert sich die Zugspannung und geht gegen Null, so bleibt der Sprung stehen und läuft nicht mehr weiter.

Zur Bruchausbreitung wird immer Energie (thermisch, mechanisch) benötigt. **Kein Bruch entsteht ohne äußere Einwirkung.** Eine unbelastete Scheibe kann nicht zu Bruch gehen. Bei nur kurzen Einrissen deutet dies darauf hin, dass nur geringe Energie zur Bruchauslösung vorhanden war.

Bei der Beurteilung von Bruchbildern sollte grundsätzlich immer mit der Frage nach thermischer Ursache begonnen werden, um hier im ersten Schritt eine eindeutige Zuordnung zur Gruppe der thermischen oder mechanischen Sprünge sicherzustellen. Aufgrund der typischen rechtwinkligen Einläufe zur Kante und zur Oberfläche ist die Erkennung von thermisch verursachten Brüchen relativ einfach. Ein detailliertes Eingehen auf die gesamte Reklamationsabwicklung bei Glasbruch kann hier nicht vorgenommen werden, da dies aufgrund des großen Umfanges einer gesonderten Ausarbeitung bedarf.

5.18 Rissheilung

Die Festigkeit des Glases hängt, wie bereits hinreichend erläutert, von der Größe und der Art der vorhandenen Defekte an der Oberfläche und im Gefüge ab. Bei Oberflächenschäden und Rissen gibt es einen gewissen Selbstheilungseffekt. Dem Glaser ist dies bekannt, was durch den Spruch „Alter Schnitt = kalter Schnitt" ausgesagt wird. Einerseits führen Oberflächendefekte bei Belastungen, die in zeitlich größeren Abständen auftreten, nicht mit der gleichen Wahrscheinlichkeit zum Versagen, wie dies bei dauerhaft mit gleicher Intensität belasteten Bauteilen der Fall ist. Andererseits spielen Rissheilungseffekte zum Beispiel bei der Prüffestigkeit von Glas eine entscheidende Rolle. In spannungs- und belastungsfreien Zeitintervallen heilen Oberflächendefekte durch chemische Prozesse an der Defektspitze aus, dadurch erhöht sich merklich die Belastbarkeit, die Gefährlichkeit der Defekte nimmt ab. Verschiedene Untersuchungen haben gezeigt, dass bereits nach 4 Tagen unbelasteter Lagerungsdauer zwischen Schädigung und Prüfbelastung die Festigkeit der Proben um bis zu 25% ansteigt.

5.18 Rissheilung

Zurück zum Glaser: wird ein Schnitt mit dem Glasschneider sofort gebrochen, so ist der Bruch sauber und glatt möglich, bereits nach 2 Tagen ist es kaum mehr möglich, den Schnitt sauber zu brechen, es kommt vor, dass der Bruch nicht mehr nur an der Schnittstelle bricht, sondern von dieser abweicht. Deshalb wird auch beim Schneiden von Glas Schneidöl verwendet. Dieses leichtflüchtige Öl läuft sofort mit dem Schnitt in die entstandene Kerbe den Tiefenriss und verhindert so ein rasches Schließen der Kerb-/Bruchspitze, so dass das Brechen auch noch etwas zeitverzögert möglich ist, denn die Bruchspitzen können sich nicht sofort wieder verschließen. Allerdings hält diese Wirkung auch nicht mehrere Tage an.

Teil 6 Materialunverträglichkeiten

6.1 Allgemeines

Glas ist bekanntermaßen ein Material, das mit nur ganz wenigen anderen aggressiven Chemikalien eine Wechselwirkung eingeht. Unter normalen Einsatzbedingungen kommt es zu keinerlei negativen Reaktionen, es bleibt in seinen Eigenschaften dauerhaft bestehen.

Anders sieht dies bei den vielen Materialien, Stoffen oder Stoffgemengen aus, die zur Weiterverarbeitung zu Isolierglas, zur Verglasung, Verklebung, Abdichtung usw. verwendet werden. Dabei ist nicht nur die Eignung für das jeweilige Einsatzgebiet zu prüfen, sondern auch besonderes Augenmerk darauf zu richten, welche Stoffe miteinander in Kontakt kommen und ob hierbei negative Wechselwirkungen entstehen. Auch die Umweltverträglichkeit und der Schutz der Gesundheit von Verarbeitern und Nutzern ist inzwischen ein wichtiges Kriterium, das in erster Linie von den Herstellern, aber natürlich auch von den Verarbeitern beachtet werden muss.

Heutzutage ist am Bau eine Vielzahl an unterschiedlichsten Materialien und Produkten im Einsatz. Oft ist es dem Verarbeiter nicht bekannt, welche zusätzlichen Materialien oder Stoffe mit seinem Gewerk noch in Kontakt treten können. Umso wichtiger ist es deshalb, dass die beim Einsatz von Glas und Isolierglas verwendeten Materialien keinerlei negative Reaktionen oder Wechselwirkungen zeigen. Sie müssen miteinander VERTRÄGLICH sein.

Von Verträglichkeit spricht man immer dann, wenn die in einem System enthaltenen Materialien/Stoffe keinerlei schädlichen Wechselwirkungen zeigen.

Unverträglichkeit liegt dann vor, wenn folgende Veränderungen durch negative Wechselwirkungen der beteiligten Substrate auftreten:

- Struktur- oder Konsistenzveränderungen (z. B. Oberflächenklebrigkeit, Erweichung, Verhärtung, Versprödung, Verflüssigung, Auflösung)
- Volumenveränderungen (z. B. Quellung, Schrumpfung)
- Optische Veränderungen (z. B. Farbveränderung, Blasenbildung)
- Veränderungen der mechanischen Eigenschaften (z. B. Haftverlust, Elastizitätsverlust, Plastizität, Bruchdehnung, Querkontraktionszahl)

6.2 Grundlagen

Glas ist ein Material, das außer mit Flusssäure mit keinen anderen Materialien in relativ schnelle Wechselwirkung tritt und bei dem es dadurch zu Veränderungen wie Verfärbungen, Erweichungen, Auflösung oder Ähnlichem kommt. Einzig die chemische Verbindung mancher Dichtstoffe mit der Glasoberfläche kann bei Entfernung dieser Dichtmaterialien eine Oberflächenveränderung hervorgerufen haben. Diese kann aber meist durch entsprechende Politur wieder behoben werden, sodass die glatte Glasoberfläche wieder erscheint. Bekanntermaßen hat das dauerhafte Einwirken von Wasser einen negativen Effekt auf die Glasoberfläche und führt nach längerer Einwirkzeit zu Auslaugung und damit zu Irisationserscheinungen. Dies kann bei „blinden" Isoliergläsern im SZR beobachtet werden oder im Glasstapel, der über einen längeren Zeitraum ständiger Feuchtigkeit ausgesetzt ist (z. B. Kistenware).

Floatglas wird jedoch zu diversen Produkten weiterverarbeitet. In der Fassade und im Innenausbau sind dies hauptsächlich Isolierglaseinheiten und Verbundsicherheitsglas. Damit ergeben sich bei Floatglas (Kalk-Natron-Silikatglas) keinerlei Probleme mit schädlichen Wechselwirkungen. Die weiterverarbeiteten und veredelten Gläser werden jedoch in diverse unterschiedlichste Konstruktionen eingebaut und kommen dadurch mit weiteren Materialien und chemischen Stoffen oder Stoffgemengen in Berührung, die zwar nicht das Glas, aber die mit ihm verarbeiteten Stoffe verändern können. (siehe Abbildung unter 6.7)

6.3 Wechselwirkung/Migration

Bei direktem Kontakt zweier Stoffe kann es zu Wechselwirkungen kommen. Sofern diese keinen Einfluss auf die jeweiligen Materialeigenschaften haben, besteht kein Problem. Manche dieser Wechselwirkungen sind sogar erwünscht, z. B. die chemische Verbindung eines Abdichtungsmaterials mit der jeweiligen Oberfläche zum Aufbau einer dauerhaften chemischen Verbindung, also einer guten Haftung. Dies ist bei den Dichtstoffen, die zur Randversiegelung der Isolierglaseinheit verarbeitet werden, der Fall (z. B. Silikon, Polysulfid, Polyurethan).

Die DIN 52460 schreibt zur Verträglichkeit: *„Stoffe sind miteinander verträglich, wenn zwischen ihnen keine schädliche Wechselwirkung auftritt. Solange Wechselwirkungen nicht schädlich sind, werden sie nach der Definition nicht grundsätzlich ausgeschlossen."*

Schädliche Wechselwirkungen treten immer dort auf, wo Stoffe ihre Eigenschaft durch Migrationsvorgänge verändern. Migration bedeutet hierbei, dass Bestandteile eines Stoffes aus diesem in den anderen eindringen, also „abwandern" und diesen dadurch in seinen Eigenschaften negativ verändern. Dazu muss aber immer mindestens ein migrationsfähiger Stoff A vorhanden sein, der im Gefüge beweglich ist und weiterhin ein Stoff B, in den dieser auch einwandern kann. Er muss also in der Lage sein, die migrationsfähigen Komponenten aufnehmen zu können, bzw. diese zu transportieren.

Teil 6   Materialunverträglichkeiten

Ein erster wichtiger Parameter dabei ist das Konzentrationsgefälle, also der Unterschied im Anteil des migrationsfähigen Stoffes in diesen beiden Stoffen. Wo keine solchen Konzentrationsunterschiede vorhanden sind, findet auch keine Migration statt. Geringe Unterschiede führen zu sehr langsamer Migration. Je größer nun der Gradient dieses Konzentrationsgefälles ist, desto schneller laufen diese Migrationsvorgänge ab.

Ein zweiter Parameter, der Einfluss auf diese Migration hat, ist die Temperatur. Mit zunehmender Temperatur beschleunigt sich diese Migration, niedrige Temperatur lässt den Vorgang langsamer ablaufen.

Zwei unterschiedliche Schadensmechanismen sind überwiegend möglich und nachfolgend schematisch dargestellt:

6.3.1   Migration von A nach B, also direkter Kontakt zweier Stoffe

Eine oder mehrere migrationsfähige Komponenten des Stoffes A wandern beispielsweise direkt über die Kontaktfläche in Stoff B ein und verändern dessen Eigenschaften meist negativ. Dabei kann es auch zu negativen Veränderungen im Stoff A kommen, dem dann die abgewanderten Inhaltsstoffe fehlen. So können beide Stoffe durch die Migration geschädigt werden.

6.4 Verträglichkeitsprüfung

6.3.2 Migration von A nach B über C, ohne direkten Kontakt der beiden wechselwirkenden Stoffe

Stoff A   Stoff C   Stoff B

Eine oder mehrere migrationsfähige Komponenten des Stoffes A wandern im dargestellten, schematisierten Beispiel über den dazwischen liegenden Stoff C in den Stoff B ein und verändern dessen Eigenschaften negativ. Die Eigenschaften von Stoff C müssen diese „Durchwanderung" allerdings auch ermöglichen. Dabei kann es zusätzlich auch zu negativen Veränderungen im Stoff A kommen, dem dann die abgewanderten Inhaltsstoffe fehlen. Ebenso kann es durch die eingewanderten/durchgewanderten Stoffe auch zu negativen Veränderungen im Stoff C kommen. So können alle beteiligten Stoffe (A, B und C) durch die Migration geschädigt werden.

6.4 Verträglichkeitsprüfung

Je nach Einsatz und Anwendung werden genormte oder in Richtlinien festgeschriebene Prüfverfahren angewendet, da es kein Prüfverfahren gibt, das für alle theoretisch möglichen wie auch die unterschiedlichsten Anwendungsfälle (Isolierglas-Randversiegelung, Bauanschlussfuge, Glasverklebung, u. v. a.) und Stoffkombinationen geeignet ist.

Bei einer solchen Laborprüfung werden zwei oder auch mehrere miteinander in Verbindung stehenden Materialien mit möglichst großen Kontaktflächen zusammen aufgetragen und einer simulierten Belastung unterzogen, die in der Regel aus deutlich höherer Temperatur und evtl. zusätzlicher hoher Feuchtigkeit oder auch Temperaturwechselprüfungen besteht. Aber auch Sonneneinstrahlung (UV) oder andere Belastungen können zusätzlich simuliert werden. Damit kann innerhalb eines relativ kurzen Zeitraums mit sehr hoher Sicherheit beurteilt werden, was während des wesentlich längeren Lebenszyklus der Stoffe untereinander an möglichen Wechselwirkungen passiert.

6.5 Weichmacherwanderung

In den meisten Kunststoffen sind sog. „Weichmacher" enthalten. Diese Additive sorgen in Stoffen dafür, dass bestimmte erwünschte Eigenschaften (weich, geschmeidig, flexibel, elastisch, thermoplastisch u. a.) erreicht und beibehalten werden. Sie lassen Kunststoffe unter anderem aufquellen und überführen sie in einen gelartigen Zustand. Diese Weichmacher sind meist Ester (Phthalate), Weichharze, Extender (fette Öle) oder Campher. Im System „Isolierglas" ist diese Weichmacherwanderung das am Häufigsten auftretende Verträglichkeitsproblem. Diese Diffusionsprozesse sind meist physikalischer Natur, in seltenen Fällen schließt sich eine chemische Reaktion an.

6.6 Praxisanwendungen

Bei der Vielzahl an möglichen Stoffen und Kombinationen kann hier nicht jede dieser Möglichkeiten aufgeführt werden. In jedem System, in dem zwei oder mehrere Stoffe miteinander wechselwirken können, ist ein Verträglichkeitsnachweis notwendig. Als erster Schritt sind in der Systembeschreibung alle enthaltenen Komponenten festzulegen. Im zweiten Schritt ist ihre Eignung auf Funktionsfähigkeit, Gebrauchstauglichkeit und Verträglichkeit zu prüfen. Der Systemhersteller ist hier der Verantwortliche, da er die einzelnen Komponenten zusammenbringt. Grundsätzlich gilt für jeden Verarbeiter, der unterschiedliche Stoffe miteinander in Kontakt bringt, diese im System enthaltenen Substrate immer auf ihre Verträglichkeit prüfen zu lassen oder nur solche einzusetzen, deren Verträglichkeit labortechnisch geprüft und schriftlich bestätigt wurde. Solche Nachweise auf Verträglichkeit liegen bei den Dichtstoffherstellern für eine Vielzahl an Stoffen vor und können schnell und einfach abgerufen werden, wenn es sich um gängige und bekannte Stoffkombinationen handelt, wie z. B. den Randverbund eines Isolierglases, bestehend aus Abstandhalter, Trocknungsmittel, Butyl (Polyisobutylen als Dampfdiffusionssperre) und Thiokol (Polysulfid als Randversiegelung und mechanische Verbindung der Glasscheiben).

Liegen solche Verträglichkeitsnachweise nicht vor, so kann es je nach Stoffkombinationen unter Umständen Monate dauern, bis ein aussagefähiges Prüfergebnis vorliegt. Das bedeutet für den Systemanwender, frühzeitig Klarheit zu schaffen, welche Materialien eingesetzt werden, damit notwendige Verträglichkeitsnachweise zum Zeitpunkt des Einsatzes vorliegen. Eine Vielzahl an Schäden mit teilweise sechsstelligen Schadenssummen ist darauf zurückzuführen, dass zwar frühzeitig geplant wurde, welche Stoffe zum Einsatz kommen sollen, dass aber eine Überprüfung der Verträglichkeit unterlassen wurde oder dass in Unkenntnis Stoffe gegen andere, oft preiswertere ausgetauscht wurden. Weiterhin ist zu beachten, dass einmal geprüfte Verträglichkeiten nicht über Jahrzehnte gültig bleiben, da die Rezepturen und Inhaltsstoffe der am Bau verwendeten Materialien im Laufe der weiteren Entwicklung durchaus teils gravierenden Veränderungen unterliegen können. Auch hierbei hat der Verarbeiter die Pflicht, einmalig bestätigte Verträglichkeiten immer wieder auf Gültigkeit und Veränderungen zu überprüfen. Gerade bei einem derart komplexen Gesamtsystem wie dem isolierverglasten Fenster, bei dem die einzelnen Komponenten aus den unterschiedlichsten Werkstoffen bestehen, in denen Polymere,

6.6 Praxisanwendungen

Füllstoffe, Weichmacher etc. enthalten sind, ist es besonders kritisch, wenn neue oder ausgetauschte Materialien nicht harmonisieren.

Folgende Materialien kommen hauptsächlich in Fenster und Fassade zum Einsatz und müssen miteinander verträglich sein.

- Verbundsicherheitsglas (VSG) oder Verbundglas (VG) mit diversen verschiedenen Zwischenlagen (PVB, Sentry-Glas, EVA, PU u. a.)
- Isolierglas (Butyl/Polyisobutylen, TPS, Silikon, Thiokol/Polysulfid, PU Abstandhalterprofile aus Kunststoff oder Schäumen)
- Klotzung (diverse Kunststoffe, Holz)
- Klotzfixierung (diverse Verriegelungsmaterialien)
- Falzversiegelung
- Trockendichtungen (EPDM o. a.)
- Nassversiegelung Fenster/Glas, Fenster/Mauerwerk
- Dicht- und Vorlegebänder
- Montageschäume
- Fensterprofile (Kunststoffe, Metall, Holz)
- Hinterfüllmaterialien

Diese Übersicht erhebt keinen Anspruch auf Vollständigkeit, da diverse Sonderkonstruktionen noch weitere Stoffkombination ermöglichen, wie z. B. Structural Glazing, begehbare Verglasungen, Brandschutzverglasungen u. a.

Im Nachfolgenden werden die häufigsten in der Glasanwendung auftretenden Kombinationen kurz angesprochen und einige Hinweise dazu gegeben.

Wo Glas mit Zwischenschichten verbunden und anschließend weiterverarbeitet oder verglast wird, kommt es zum Kontakt dieser Zwischenschichten mit angrenzenden Stoffen wie z. B. Verglasungsklötzen, Dichtmassen, Versiegelungen oder anderen Substraten. Unabhängig davon, um welche Zwischenschichten es sich hier handelt (PVB, Gießharz, EVA, PU o. a.), sind diese nicht mit jedem angrenzenden Stoff verträglich. Gerade in den letzten Jahrzehnten hat dies dazu geführt, dass Gießharzverbunde (VSG, VG) extrem häufig sogenannten „Wurmfraß", also Ablösungserscheinungen vom Rand aus beginnend gezeigt haben. Dadurch wurde die Anwendung dieser Acrylate, obwohl mit guten Schalldämmeigenschaften ausgestattet, im Isolierglasbereich inzwischen absolut vermieden.

Jede Isolierglaseinheit muss im Fenster verklotzt werden, wobei Kontakt zwischen dem Randverbundmaterial und dem Klotz unvermeidlich ist. Verschiedenste Verglasungsarten bis hin zum Isolierglasstoß ohne Fensterrahmen, aber auch einbruchhemmende Konstruktionen mit Falzraumversiegelung oder geklebte Systeme ohne Glashalteleiste erfordern ein hohes Maß

Teil 6 Materialunverträglichkeiten

an Sorgfalt und Verarbeitungsqualität. Dies ist jedoch ein Einsatzbereich, der absolute Verträglichkeit aller in Kontakt kommenden Stoffe erfordert. Grundsätzlich hat hierbei die Rücksprache mit dem Isolierglashersteller Priorität, um entsprechend der im Isolierglasrandverbund verwendeten Stoffe nur verträgliches Material wie z. B. Klötze, Versiegelungsmassen, Hinterfüllmaterialien usw. einzusetzen. Andernfalls können bereits nach kurzer Zeit größere Schäden mit hohen Schadenssummen und gigantischem Reparaturaufwand auftreten.

Harte Klötze, weiche Klötze, Kunststoff oder Holz, was ist das richtige Klotzungsmaterial? Hartholzklötze sind nach wie vor zulässig, im Bereich der Kunststoffe sind aber nicht alle Materialien möglich. Obwohl es sich bei den Verglasungsklötzen nicht um das teuerste Material im Fenster- oder Fassadenbereich handelt, können diese Cent-Artikel einen verheerenden Einfluss auf die gesamte Verglasung haben, wenn keine Verträglichkeit mit dem Isolierglasrandverbund oder der VSG-Zwischenschicht vorhanden ist. Bei Standard-Randverbunden des Isolierglases sollte deshalb unbedingt auf ABS- oder Polystyrol-Klötze verzichtet werden.

In der Praxis wird auch immer wieder zur Befestigung dieser Distanz- oder Tragklötze im Glasfalz ein nicht mehr für die Versiegelung einsetzbares, überaltertes Silikon verwendet. Auch das kann sehr schnell zu Unverträglichkeitsreaktionen durch abwandernde Silikonöle führen und sollte für den verantwortungsvollen Verglasungsbetrieb ein absolutes Tabu sein. Bei solchen Fixierungsmaterialien im Falzraum sollte, sofern sie denn notwendig sind, jeder Kontakt mit dem Isolierglasrandverbund vermieden werden.

Bei einbruchhemmenden Verglasungen kommen je nach Klassifizierung VSG-Einheiten oder auch Glas/Polycarbonatverbunde zum Einsatz, die aus Zweifach- oder Mehrfachverbunden bestehen können. In einbruchhemmenden Fenstersystemen wird je nach Klassifizierung eine Versiegelung im Glasfalz gefordert. Dadurch können fünf oder noch mehr verschiedene Stoffe im Glasfalz Reaktionen zeigen (VSG-Verbundmaterial, Isolierglasrandverbund, Klotzungsmaterial, Versiegelung, Hinterfüllmaterial, u. a.). Alle hierbei verwendeten Stoffe einschließlich des Rahmenmaterials müssen auf ihre gegenseitige Verträglichkeit geprüft und freigegeben sein, was oft einen nicht unerheblichen Aufwand bedeutet.

Trockenverglasungen sollten hierbei die wenigsten Probleme bereiten, sofern die vom Systemgeber vorgeschriebenen Stoffe eingesetzt werden. Doch auch hier können gewisse Alterungserscheinungen einen vorzeitigen Austausch notwendig machen. Bei EPDM-Dichtlippen ist ein Kontakt mit Silikon zu vermeiden. Bei Nassversiegelungen ist nicht nur eine dauerhafte Klebeverbindung entsprechend den mechanischen Belastungen zu berücksichtigen, sondern auch die Aushärteart und -zeit zu berücksichtigen. Einkomponentensilikon als Beispiel ist nicht geeignet, Fugentiefen von 20 oder gar 30 mm oder mehr abzudichten, da mit zunehmender Tiefe keine Feuchtigkeit zum Aushärten eindiffundieren kann. Der dann entstehende Chemiecocktail kann bereits nach wenigen Monaten sehr negative Auswirkungen auf das gesamte System haben.

Ein häufig auftretendes Problem nicht nur im Fenster ist die Verwendung von Acetat-vernetzenden Silikonen, da deren freigesetzte Essigsäure zur Zerstörung von organischen Stoffen und zur Korrosion von Metallen führt. Die Möglichkeiten eines falschen Materialeinsatzes sind äußerst vielfältig und der Kreativität der Anwender sind oft keine Grenzen gesetzt, was diverse Negativbeispiele wie die Schadensbilder unter 8.3 zeigen.

6.7 Zusammenfassung

Das nachfolgende Bild zeigt die Möglichkeiten auf, bei denen Stoffe miteinander in Kontakt treten und Reaktionen auslösen können. Bei Betrachtung des nachfolgenden Bildes erkennt man, dass die Kombination der Vielzahl inzwischen in Fenster und Fassade verarbeitbaren Stoffe und ihre Variationen sehr schnell zu Unverträglichkeitsreaktionen führen können. Derartige Reaktionen sind unter 8.3 in diversen Varianten aus der Sachverständigenpraxis dargestellt.

Unverträglichkeiten zwischen den verwendeten Stoffen können bei Isolierglas beispielhaft an diesen Stellen (rote Kreise) auftreten.

Teil 7 Nutzungsdauer von Bauteilen mit Glas

Vielfach hört man von Bauherren die Frage, wie lange denn die Lebensdauer eines Isolierglases ist. Viele Bauherren gehen davon aus, dass eine Isolierglaseinheit ein ganzes Leben lang hält. Auch die Lebensdauer eines Fensters ist natürlich nicht unbegrenzt. Hier hat das Bundesinstitut für Bau -, Stadt- und Raumforschung (BBSR) im Bundesamt für Bauwesen und Raumordnung (BBR), Bonn [63], eine Tabelle erstellt, in der die Nutzungsdauer von Bauteilen für Lebenszyklusanalysen nach dem Bewertungssystem Nachhaltiges Bauen (BNB) veröffentlicht. Diese Tabelle enthält sehr reale Angaben über die Nutzungsdauer von verschiedensten Bauteilen, so unter anderem auch von Fenster, Türen und Isoliergläsern. Ein Auszug aus dieser extrem umfangreichen Tabelle mit allen das Glas betreffenden Angaben ist im Nachfolgenden abgedruckt. Interessierte können die gesamte Tabelle beim BBSR [63] downloaden.

Tabelle 34: Nutzungsdauer von Bauteilen

Code-Nr., Bauteil/Material	Nutzungsdauer	Ersatz in 50 Jahren
330 Außenwände, 334 Außentüren und -fenster, Außentüren		
Sondertüren: Schallschutztüren, Glastüren	≥ 50	0
330 Außenwände, 334 Außentüren und -fenster, Außenfenster		
Fenster (Rahmen und Flügel): Aluminium, Aluminium-Holz-Komposit, Aluminium-Kunststoff-Komposit, Laubholz behandelt, Stahl	≥ 50	0
Fenster (Rahmen und Flügel): Kunststoff, Nadelholz behandelt	40	1
330 Außenwände, 334 Außentüren und -fenster, Sonstiges		
Beschläge: einfache Beschläge, Schiebebeschläge	30	1
Beschläge: Drehkippbeschläge, Schwingflügelbeschläge, Hebedrehkippbeschläge	25	1
Türschlösser, Türanschlagdämpfer, Panikverschlüsse	25	1
Türschließer	20	2
Türantriebe	15	3
Verglasung: Sicherheits-Isolierglas, 2- und 3-Scheiben-Wärmeschutz-Isolierglas, Brandschutz-Isolierglas, Schallschutz-Isolierglas, Angriffhemmendes Isolierglas, Sonnenschutz-Isolierglas	30	1
Dichtungsprofile	20	2
Dichtstoffe	12	4
335 Außenwandbekleidungen, außen, Sonstiges		
Vorsatzschale, hinterlüftet: Glas	≥ 50	0
339 Außenwände, sonstiges, Balkone		
Brüstung: Stahlgitterkonstruktion feuerverzinkt (stückverzinkt), Glas, Mauerwerk, Stahlbeton	≥ 50	0

6.7 Zusammenfassung

Code-Nr., Bauteil/Material	Nutzungsdauer	Ersatz in 50 Jahren
Brüstungsbekleidung aus Aluminiumplatten, Glasplatten	≥ 50	0
340 Innenwände, 344 Innentüren und -fenster, Innentüren		
Sondertüren: Glastüren, Rauchschutztüren, Schallschutztüren	≥ 50	0
340 Innenwände, 344 Innentüren und -fenster, Innenfenster		
Fenster (Rahmen und Flügel)	≥ 50	0
340 Innenwände, 344 Innentüren und -fenster, Sonstiges		
Beschläge: einfache Beschläge	≥ 50	0
Beschläge: Schwingflügelbeschläge, Falttürbeschläge, Schiebebeschläge, Drehkippbeschläge, Hebedrehkippbeschläge	30	1
Türschließer, Türschlösser, Fensterschlösser	30	1
Panikverschlüsse	25	1
Türantriebe	15	3
Türanschlagdämpfer	20	2
Fenster- und Türenverglasung: Einfachverglasung	≥ 50	0
Fenster- und Türenverglasung: angriffhemmendes Isolierglas, Sicherheits-Isolierglas, Brandschutz-Isolierglas, Schallschutz-Isolierglas	40	1
345 Innenwandbekleidungen, Bekleidung		
Bekleidungen: Sonderkonstruktionen aus Glas	≥ 50	0
360 Dächer, 362 Dachfenster, Dachöffnungen, Überdachungen		
Dachflächenfenster (Rahmen): Aluminium, Kunststoff, Aluminium-Holz-Komposit	≥ 50	0
Dachflächenfenster (Rahmen): Aluminium-Kunststoff-Komposit	35	1
Dachflächenfenster (Rahmen): Laubholz, behandelt	40	1
Dachflächenfenster (Rahmen): Nadelholz, behandelt	25	1
Antriebe für Öffnungen: Handantrieb	35	1
Antriebe für Öffnungen: elektrischer Antrieb	25	1
Antriebe für Öffnungen: pneumatischer Antrieb	20	2
369 Dächer, sonstiges, Überdachungen		
Eingangsüberdachung: Stahlbaukonstruktion, Stahl-Glas-Konstruktion, Stahlbetonkonstruktion, Spannbetonkonstruktion, Holzkonstruktion (bekleidet)	≥ 50	0
Eingangsüberdachung: Holzkonstruktion (unbekleidet), Holz-Glas- oder Glaskonstruktion (tragend)	40	1
Hofüberdachung: Stahl-Glas-Konstruktionen	≥ 50	0
Hofüberdachung: Holz-Glas-Konstruktionen, Seilnetzkonstruktionen	40	1

Teil 8 Schadensbilder

8.1 Oberflächenbeschädigungen – Schadensbilder A

Die nachfolgende Tabelle zeigt eine Übersicht über die verschiedensten Oberflächenbeschädigungen an Glas, deren Erscheinungsbild wiederkehrend und reproduzierbar ist. Die Glasarten – Float, ESG, TVG, VSG, Ornamentglas oder Glas mit Drahteinlage – spielen dabei keine Rolle, das Schadensbild ist bei diesen Gläsern identisch, da deren Oberflächen sich nicht in der Oberflächenhärte oder Zusammensetzung unterscheiden. Auch Gläser mit witterungsbeständigen Funktionsschichten (Sonnenschutz, Wärmedämmung, Kondensatreduzierung, o. a.) auf Position 1 (Außenseite) können derartige Erscheinungen aufweisen. Während die reine Glasoberfläche durchaus auch abrasiv bearbeitet werden kann, um Beläge oder schwache Kratzer zu entfernen, ist bei diesen Funktionsschichten keinerlei Bearbeitung mehr möglich.

Bei sehr dünnen Gläsern kann es durchaus vorkommen, dass das Bruchbild nicht immer genau das Aussehen hat, wie die gezeichneten Bilder. Aufgrund der wesentlich geringeren Belastbarkeit von Dünngläsern kann es wesentlich früher zu Anriss und Sprungverlauf kommen, der dann nicht immer die benötigte hohe Energie hat, um ein entsprechend ausgeprägtes Bruchbild zu zeigen. Oft kommt es dort nur zu einem Anriss/Einlauf. Damit wird die Ursachenforschung natürlich deutlich erschwert.

8.1 Oberflächenbeschädigungen – Schadensbilder A

Tabelle 29: Oberflächenbeschädigungen an Glas

Oberflächenbeschädigungen an Glas				
Mechanisch			**Chemisch**	
Punktförmig	Streckenförmig	Flächig	Flächig	Streckenförmig
A-001 Trennschleiferpunkte	A-005 Glashobelkratzer	A-001 Trennschleiferpunkte	A-017 Verätzungsfelder	A-022 VSG-Kantendelamination
A-002 Schweißspritzer/ Schweißperlen	A-006 Glasleistenkratzer/ Hammerschlagkratzer	A-011 Längs-/Querreinigungskratzer	A-018 Oberflächenauslaugungen	
A-003 Kantenschutzscheuerstellen	A-007 Splitterkratzer	A-012 Kreisreinigungskratzer	A-019 Weichschichtoxidationspunkte	
A-004 Steinschlagabplatzungen	A-008 Reibekratzer	A-013 Reinigungskratzerschar	A-025 Oberflächenveränderung bei TiO_2-Schicht	
A-017 Verätzungsfelder	A-009 Topfreinigerschürfe	A-015 Abstellkratzer	A-026 Oberflächenbeschädigung durch Fluate	
A-019 Weichschichtoxidationspunkte	A-010 Randschleifkratzer	A-016 Weichschicht-Abstellkratzer	A-027 Chemischer Oberflächenbeschlag (Fogging)	
A-021 Oberflächenmuschelung	A-011 Längs-/Querreinigungskratzer	A-020 ESG-Schüsselungsscheuerstelle	A-028 Chemischer Beschlag im SZR von Isolierglas (Fogging)	
	A-012 Kreisreinigungskratzer	A-024 Flächenabplatzung bei ESG	A-029 Schlierenbildung	
	A-014 Transport-Scheuerstellen			
	A-015 Abstellkratzer			
	A-023 Kantenabplatzung ESG			

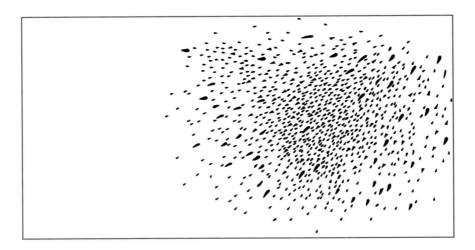

Schadensbeispiel

A-001 Trennschleiferpunkte
**Mechanische punktförmige Beschädigungen
– flächiges Auftreten**

Glasoberfläche Alle unbeschichteten und beschichteten Oberflächen; bei Einfachglas Pos. 1 oder 2; bei Isolierglas Pos. 1 oder 4 bzw. 6; nicht im SZR von Isolierglas.

Beispiele Arbeiten mit Trennschleifer/Winkelschleifer (Flex) in Glasnähe mit Funkenflugrichtung auf die Glasoberfläche, z. B. beim Trennen von Trägern oder Geländern, Glätten von Schweißnähten o. Ä.

Flächenbild In den meisten Fällen ist Funkenflugrichtung erkennbar, sofern nicht rechtwinklig auf Glasoberfläche gerichtet; Punkteschar, die mit zunehmender Nähe der Trennscheibe zur Glasoberfläche immer dichter wird.

Position zum Glasrand Keine typische Positionierung innerhalb der Oberfläche; Beschädigungen können bis zur Glasaußenkante (bei Beschädigung vor Einbau) oder nur bis zur Glashalteleiste (bei Beschädigung nach Einbau) reichen.

Weitere Merkmale In Oberfläche eingebrannte Metallteilchen (0,1 bis 0,5 mm Ø), die bei längerem Vorhandensein Rostspuren aufweisen können; raue bis sehr raue Glasoberfläche; nach Entfernen der Metallpartikel (sofern möglich) bleiben Ausmuschelungen/kleinste Kratzer auf der Glasoberfläche zurück.

8.1 Oberflächenbeschädigungen – Schadensbilder A

Vergrößerte Trennschleiferrückstände auf der Glasoberfläche. Deutlich ist die Korrosion (Rost) zu sehen, anhand der Tropfenform kann die Richtung bestimmt werden, aus der diese auf das Glas auftrafen.

Gesamte Glasfläche raumseitig mit Trennschleiferpunkten beschädigt.

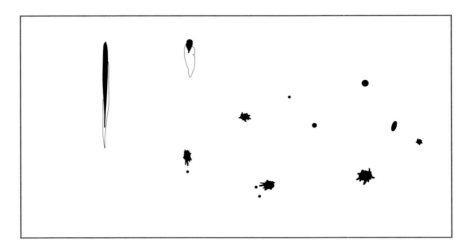

Schadensbeispiel

A-002 Schweißspritzer / Schweißperlen
**Mechanische punktförmige Beschädigung
– einzelnes bis flächiges Auftreten**

Glasoberfläche	Alle unbeschichteten und beschichteten Oberflächen; bei Einfachglas Pos. 1 oder 2; bei Isolierglas Pos. 1 oder 4 bzw. 6; nicht im SZR von Isolierglas.
Beispiele	Arbeiten mit Schweißgerät in Glasnähe oder über Glas mit Schweißspritzern und Schweißtropfen und damit Einbrände von glühenden Schweiß- oder Schleifpartikeln in die Glasoberfläche, z. B. beim Verschweißen von Deckenträgern, Unterkonstruktionen, Geländern o. Ä.
Flächenbild	Einzelpunkte bis Tropfen- oder Punkteschar, die unregelmäßig über die Glasoberfläche verteilt sein können.
Position zum Glasrand	Keine typische Positionierung innerhalb der Oberfläche; Beschädigungen können auf der gesamten Oberfläche verteilt sein.
Weitere Merkmale	In Oberfläche eingebrannte Metallteilchen (ca. 0,2 – ca. 4 mm ø), die bei längerem Vorhandensein Rostspuren aufweisen können; Einschmelzen in Oberfläche mit Krater; deutlich fühlbarer silberfarbiger bis schwarzer Metallauftrag mit oftmals bläulichem Rand; nach Entfernen der Rückstände (sofern möglich) bleiben Ausmuschelungen und Krater in der Glasoberfläche zurück.

8.1 Oberflächenbeschädigungen – Schadensbilder A

A-002   Schweißspritzer / Schweißperlen

Ergänzende Anmerkungen

Bei größeren Tropfen kann es infolge von Temperaturspannungen zu Splitterbildung und Entstehung von kleinen bis mittleren Ausmuschelungen, Abplatzungen oder Muschelbrüchen kommen. Beim Funkenflug infolge von Schweißarbeiten gelangen glühende Schlacketropfen der Mantelsubstanz von Schweißdrähten auf die Glasoberfläche. Diese sind durch ihren Gehalt an Wasserglas als Bindemittel und den Gehalt von Eisenoxid als Flussmittel dem Glas chemisch nahe verwandt. Werden bei Schweißarbeiten Glasscheiben durch diesen Funkenflug getroffen, verbindet sich dieser Schlackenrückstand unmittelbar mit dem Glas und erzeugt braunschwarze Flecken.

Schweißtropfen auf der Glasoberfläche

Detail aus obigem Bild

Fotos: Jürgen Sieber

Teil 8   Schadensbilder

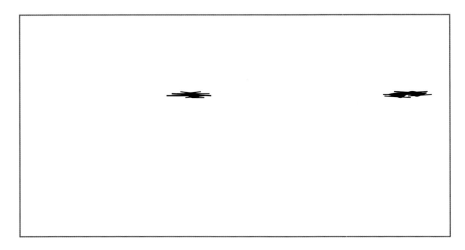

Schadensbeispiel

A-003   Kantenschutzscheuerstellen

Mechanische punktförmige Beschädigung

Glasoberfläche	Alle unbeschichteten und beschichteten Oberflächen; bei Einfachglas Pos. 1 und/oder 2; bei Isolierglas Pos. 1 und/oder 4 bzw. 6; nicht im SZR von Isolierglas.
Beispiele	Nur beim Transport von Isolierglas mit Aluminium-Kantenschutz bei ungenügenden oder fehlenden Distanzplättchen zwischen den Scheiben.
Flächenbild	Silberfarbene bis schwärzliche, längliche Metallscheuerstellen durch horizontale Bewegungen der Einzelscheibe während des Transportes.
Position zum Glasrand	Keine typische Positionierung innerhalb der Oberfläche; Beschädigungen können bis zur Glasaußenkante reichen; häufig parallel zur langen Kante entsprechend der Anordnung auf dem Transportgestell.
Weitere Merkmale	Bei leichten Scheuerstellen mit geeigneten Poliermitteln nahezu rückstandsfrei entfernbar.

8.1 Oberflächenbeschädigungen – Schadensbilder A

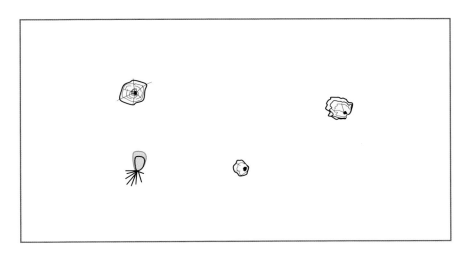

Schadensbeispiel

A-004 Steinschlagabplatzungen
Mechanische punktförmige Beschädigung

Glasoberfläche	Alle unbeschichteten und beschichteten Oberflächen; bei Einfachglas Pos. 1 oder 2; bei Isolierglas Pos. 1 oder 4 bzw. 6; nicht im SZR von Isolierglas.
Beispiele	Aufprall von Steinchen während der Fahrt auf die Windschutzscheibe oder die äußerste Scheibe auf dem Transportgestell; Stein oder anderes Geschoss aus Steinschleuder aus größerer Entfernung, ohne größeren Glasbruch zu verursachen.
Flächenbild	Ausmuschelung der Oberfläche meist mit erkennbarem Zentrum; kegelförmige Abplatzung oder Oberflächenausmuschelung ohne Abplatzung; unregelmäßiger bis rundlicher Rand, je nach Aufprallwinkel.
Position zum Glasrand	Keine typische Positionierung innerhalb der Oberfläche; Beschädigungen können auf der gesamten Oberfläche auftreten, seltener im Randbereich.
Weitere Merkmale	Rundliche Form = rechtwinkliges Auftreffen; ovale Form = schräges Auftreffen; Krafteinwirkung immer in Richtung der Ausmuschelung.

Teil 8   Schadensbilder

Schadensbeispiel

A-005   Glashobelkratzer
Mechanische streckenförmige Beschädigung

Glasoberfläche	Alle unbeschichteten und beschichteten Oberflächen; bei Einfachglas Pos. 1 oder 2; bei Isolierglas Pos. 1 oder 4 bzw. 6; nicht im SZR von Isolierglas.
Beispiele	Unsachgemäßes Arbeiten mit Glashobel zur Entfernung von Schmutz; Sandkörnchen unter Glashobel.
Flächenbild	In den meisten Fällen mehrere Kratzer parallel zueinander; Hauptkratzer mit schwächeren Nebenkratzern.
Position zum Glasrand	Keine typische Positionierung innerhalb der Oberfläche; Beschädigungen können bis zur Glashalteleiste reichen; nicht durchgehend bis unter die Glashalteleiste.
Weitere Merkmale	Relativ geradlinig verlaufende Kratzer mit geringer bis mittlerer, selten starker Intensität.

8.1 Oberflächenbeschädigungen – Schadensbilder A

Deutlich sichtbare Putzkratzer (Glashobel) außenseitig auf Isolierglas.

Detailaufnahme.

Schadensbeispiel

A-006 Glasleistenkratzer / Hammerkratzer

Mechanische streckenförmige Beschädigung – rechtwinklig zur Außenkante

Glasoberfläche Alle unbeschichteten und beschichteten Oberflächen; bei Einfachglas meist Pos. 1; bei Isolierglas meist Pos. 1; immer auf Glashalteleistenseite (meist raumseitig); nicht im SZR von Isolierglas.

Beispiele Einschlagen der Glashalteleiste (Kunststoff-/Metallfenster); Nageln der Glashalteleiste (Holzfenster) mit Metallhammer ohne Schutz der Glasoberfläche.

Flächenbild Im Randbereich der verglasten Scheibe nahezu rechtwinklig oder in leicht gebogenem Verlauf zur Glasaußenkante angeordnet; nur nahe der Glashalteleiste im Randbereich vorhanden; Scheibenmitte ist nicht betroffen; meist Zunahme zum Eckbereich (Kunststoff-/Metallfenster); bei Holzfenstern direkt über Nagel.

Position zum Glasrand Beschädigungen reichen bis kurz vor die Glashalteleiste; keine Kratzer unter der Glashalteleiste oder bis unter diese durchgehend.

Weitere Merkmale Leichte bis starke Kratzer, die meist leicht beginnen und als starke Kratzer enden.

8.1 Oberflächenbeschädigungen – Schadensbilder A

Kratzer, die durch Hammerschläge beim Nageleinschlagen an der Glashalteleiste verursacht wurden, direkt über dem Nagelkopf.

Kratzer auf Spionspiegelschicht, verursacht beim Einklopfen der Glashaltesleiste.

Teil 8 Schadensbilder

Schadensbeispiel

A-007 Splitterkratzer
Mechanische streckenförmige Beschädigung

Glasoberfläche Alle unbeschichteten und beschichteten Oberflächen; bei Einfachglas Pos. 1 oder 2; bei Isolierglas Pos. 1 oder 4 bzw. 6; nicht im SZR von Isolierglas.

Beispiele Abschlagen von Putz oder Beton in Scheibennähe (z. B. in Fensterlaibung); Steinbearbeitung nahe oder über gelagerten Scheiben.

Flächenbild Einzelkratzer bis Kratzerschar; in den meisten Fällen ist Flugrichtung der Splitter erkennbar.

Position zum Glasrand Keine typische Positionierung innerhalb der Oberfläche; Beschädigungen können bis zur Glasaußenkante (bei Beschädigung vor Einbau) oder bis zur Glashalteleiste (bei Beschädigung nach Einbau) reichen.

Weitere Merkmale Leichte bis starke geradlinige Kratzer die sich oftmals ab dem Auftreffpunkt der Splitter verzweigen.

8.1 Oberflächenbeschädigungen – Schadensbilder A

Schadensbeispiel

A-008 Reibekratzer
Mechanische streckenförmige Beschädigung

Glasoberfläche	Alle unbeschichteten und beschichteten Oberflächen; bei Einfachglas Pos. 1 oder 2; bei Isolierglas Pos. 1 oder 4 bzw. 6; nicht im SZR von Isolierglas.
Beispiele	Verreiben von frischen, noch nicht ausgehärteten Gips- oder Mörtelrückständen auf der Glasoberfläche.
Flächenbild	In den meisten Fällen ist Reinigungsrichtung erkennbar; geradlinig, gebogen oder kreisförmig verlaufende Kratzer als Einzelkratzer oder Kratzerschar.
Position zum Glasrand	Keine typische Positionierung innerhalb der Oberfläche; Beschädigungen können bis in Glashalteleistennähe reichen (Beschädigung nach dem Einbau), wobei Glashalteleiste Verschmutzungen aufweisen kann; nicht bis unter die Glashalteleiste durchgehend.
Weitere Merkmale	Leichte bis mittlere Kratzerintensität.

Teil 8   Schadensbilder

Schadensbeispiel

A-009   Topfreinigerschürfe
Mechanische streckenförmige Beschädigung
– kleinflächiges Auftreten

Glasoberfläche	Alle unbeschichteten und beschichteten Oberflächen; bei Einfachglas Pos. 1 oder 2; bei Isolierglas Pos. 1 oder 4 bzw. 6; nicht im SZR von Isolierglas.
Beispiele	Entfernen von PU-Schaumrückständen oder anderen hartnäckig haftendem Schmutz auf der Glasoberfläche mittels Topfreiniger oder Stahlwolle; entfernen von Schmutzrückständen mittels Reiniger, der Scheuer- oder Schürfbestandteile enthält.
Flächenbild	In den meisten Fällen ist Reinigungsrichtung erkennbar; meist geradlinig (selten kreisförmig) verlaufende, parallele Kratzerschar; häufig helle, klare Stelle innerhalb der Kratzerschar in der Größe des entfernten Schmutzes.
Position zum Glasrand	Keine typische Positionierung innerhalb der Oberfläche; Beschädigungen können bis in Glashalteleistennähe reichen (Beschädigung nach dem Einbau), wobei Glashalteleiste auch hartnäckige Verschmutzungen aufweisen kann; nicht bis unter die Glashalteleiste durchgehend.
Weitere Merkmale	Leichte bis mittlere Kratzerintensität; Kratzerschar bzw. Schürfe.

8.1   Oberflächenbeschädigungen – Schadensbilder A

Etikettenentfernung mit scheuernden Topfreinigern oder ähnlichen Mitteln zeigt einen meist nicht mehr behebbaren Schaden.

Teil 8   Schadensbilder

Schadensbeispiel

A-010   Randschleifkratzer
**Mechanische flächenförmige Beschädigung
— Auftreten nur im Randbereich**

Glasoberfläche	Alle unbeschichteten und beschichteten Oberflächen; bei Einfachglas Pos. 1 oder 2; bei Isolierglas Pos. 1 oder 4 bzw. 6; nicht im SZR von Isolierglas.
Beispiele	Abschleifen der Holzglashalteleiste/-sprosse zur Anstrich-Endbehandlung nach dem Einbau der Verglasung.
Flächenbild	Nur direkt im Randbereich der eingebauten Gläser vorhanden; oft flächige Anordnung.
Position zum Glasrand	Parallel zur Holzglashalteleiste/-sprosse verlaufende Kratzerschar; nur bei Holzfenstern oder Holzsprossen; nur innerhalb der sichtbaren Glasfläche; immer in Randnähe der Glashalteleiste/Holzsprosse.
Weitere Merkmale	Leichte bis mittlere Kratzerstärke bis hin zu mattem Aussehen durch vielmaliges Scheuern der Glasoberfläche entsprechend der Körnung des verwendeten Schleifmittels; selten Einzelkratzer.

8.1 Oberflächenbeschädigungen – Schadensbilder A

Randschleifkratzer direkt an der Glashalteleiste parallel zu dieser beim Holzfenster.

wie oben

Teil 8   Schadensbilder

Schadensbeispiel

A-011   Längs-/Querreinigungskratzer
**Mechanische flächenförmige Beschädigung
— flächiges Auftreten**

Glasoberfläche	Alle unbeschichteten und beschichteten Oberflächen; bei Einfachglas Pos. 1 oder 2; bei Isolierglas Pos. 1 oder 4 bzw. 6; nicht im SZR von Isolierglas.
Beispiele	Reinigen stark verschmutzter Glasoberflächen mit zu wenig Wasser und verschmutztem Schwamm, Reinigungslappen, Einwischer, Abzieher o. Ä. bzw. mit Glashobel.
Flächenbild	Längs und/oder quer verlaufende Kratzerschar entsprechend der Reinigungsbewegungen; über die gesamte Glasoberfläche oder auf Teilbereiche verteilt.
Position zum Glasrand	Innerhalb der sichtbaren Glasfläche; Beschädigungen reichen bis kurz vor die Glashalteleiste; keine Kratzer unter der Glashalteleiste oder bis unter diese durchgehend, oft auch kurz vor dem Rand wendend.
Weitere Merkmale	Leichte bis mittlere Kratzerstärke durch Reinigungsbewegung in Längs- oder Querrichtung; oft ist der Verlauf und die Kratzertiefe vom Beginn der Reinigung bis zum Ende der Reinigung von Scheibe zu Scheibe zunehmend; häufig Mix aus Längs-/Quer- und Kreisreinigungskratzer (A-012).

8.1 Oberflächenbeschädigungen – Schadensbilder A

Starke Oberflächenkratzer waagrecht durch unsachgemäße Scheibenreinigung verursacht.

Teil 8 Schadensbilder

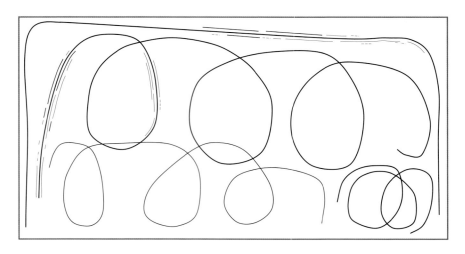

Schadensbeispiel

A-012 Kreisreinigungskratzer
**Mechanische kreisförmige Beschädigung
— flächiges Auftreten**

Glasoberfläche	Alle unbeschichteten und beschichteten Oberflächen; bei Einfachglas Pos. 1 oder 2; bei Isolierglas Pos. 1 oder 4 bzw. 6; nicht im SZR von Isolierglas.
Beispiele	Reinigen stark verschmutzter Glasoberflächen mit zu wenig Wasser und verschmutztem Schwamm, Reinigungslappen, Einwischer, Abzieher o. Ä. bzw. mit Glashobel.
Flächenbild	Kreisförmig verlaufende Kratzerschar entsprechend Reinigungsbewegungen; über die gesamte Glasoberfläche oder auf Teilbereiche verteilt.
Position zum Glasrand	Innerhalb der sichtbaren Glasfläche; Beschädigungen reichen bis kurz vor die Glashalteleiste; keine Kratzer unter der Glashalteleiste oder bis unter diese durchgehend, oft auch kurz vor dem Rand wendend.
Weitere Merkmale	Leichte bis mittlere Kratzerstärke durch Reinigungsbewegung in Kreisrichtung; oft ist der Verlauf und die Kratzertiefe vom Beginn der Reinigung bis zum Ende der Reinigung von Scheibe zu Scheibe zunehmend; häufig Mix aus Kreis- und Längs-/Querreinigungskratzer (A-011).

8.1 Oberflächenbeschädigungen – Schadensbilder A

Bogenförmige Reinigungskratzer, deutlich ist die Putzbewegung erkennbar.

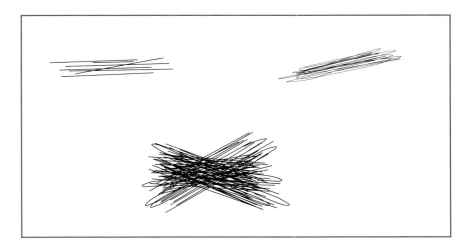

Schadensbeispiel

A-013 Reinigungskratzerschar
**Mechanische streckenförmige Beschädigung
– flächiges Auftreten**

Glasoberfläche	Alle unbeschichteten und beschichteten Oberflächen; bei Einfachglas Pos. 1 oder 2; bei Isolierglas Pos. 1 oder 4 bzw. 6; nicht im SZR von Isolierglas.
Beispiele	Entfernen von hartnäckigen Schmutz- oder Aufkleberrückständen von der Glasoberfläche mit ungeeigneten Reinigungsmitteln oder solchen mit Scheuer- und Schürfbestandteilen.
Flächenbild	In den meisten Fällen ist Reinigungsrichtung erkennbar; meist geradlinig (selten kreisförmig) verlaufende, parallele Kratzerschar; kleinflächiges bis großflächiges Auftreten.
Position zum Glasrand	Keine typische Positionierung innerhalb der Oberfläche; Beschädigungen können bis in Glashalteleistennähe reichen (Beschädigung nach dem Einbau), wobei Glashalteleiste auch Verschmutzungen aufweisen kann; keine Kratzer unter der Glashalteleiste oder bis unter diese durchgehend.
Weitere Merkmale	Leichte bis mittlere Kratzerintensität; Kratzerschar bzw. Schürfe; siehe auch A-009.

8.1 Oberflächenbeschädigungen – Schadensbilder A

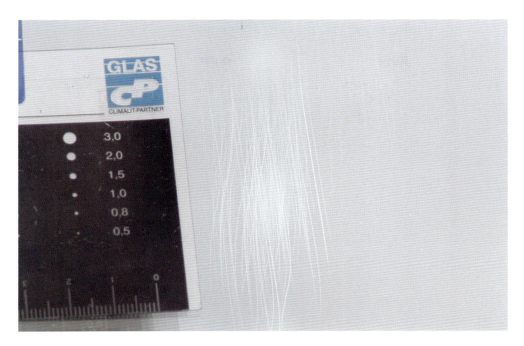

Kratzerschar durch Entfernen von hartnäckigen Schmutzablagerungen mit Topfreiniger verursacht.

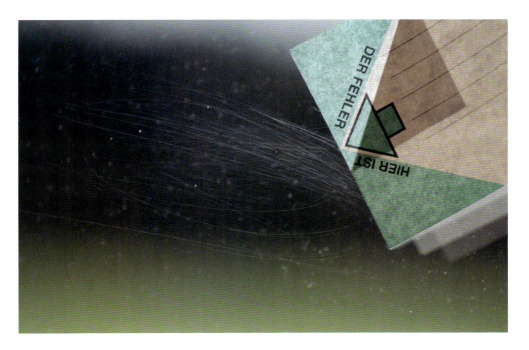

Kratzerschar durch Entfernen von hartnäckigen Schmutzablagerungen mit Topfreiniger verursacht.

Teil 8 Schadensbilder

Schadensbeispiel

A-014   Transportscheuerstellen
Mechanische streckenförmige Beschädigung

Glasoberfläche Alle unbeschichteten und beschichteten Oberflächen; bei Einfachglas Pos. 1 oder 2; bei Isolierglas Pos. 1 oder 4 bzw. 6; bei Floattransportscheuerstellen auch im SZR von Isolierglas möglich.

Beispiele Sandkörner während des Glastransports zwischen Glasscheiben ohne Distanzplättchen, z. B. bei starkem Wind in sandiger Gegend oder bei Fahrten hinter Sandtransporter.

Flächenbild Unregelmäßiger Verlauf ohne deutlich Richtung; oft Hauptscheuerrichtung nach unten; starke, häufige Richtungswechsel.

Position zum Glasrand Keine typische Positionierung innerhalb der Oberfläche; Beschädigungen können bis zur Glasaußenkante unter die Glashalteleiste (Beschädigung bei Transport vor Einbau) reichen.

Weitere Merkmale Kein scharfer Kratzerrand, sondern breiterer Scheuerstellenverlauf durch vibrierendes Rütteln und Zermahlen des Korns während des Glastransportes; mattes Aussehen.

8.1 Oberflächenbeschädigungen – Schadensbilder A

Transportscheuerstelle durch Sandkorn o.Ä. zwischen Floatglasscheiben verursacht.

Transportscheuerstelle durch Sandkorn o.Ä. zwischen Floatglasscheiben verursacht, mittig als matte Linie erkennbar.

Schadensbeispiel

A-015	Abstellkratzer
	Mechanische streckenförmige Beschädigung – Auftreten nur im Randbereich
Glasoberfläche	Alle unbeschichteten und beschichteten Oberflächen; bei Einfachglas Pos. 1 oder 2; bei Isolierglas Pos. 1 oder 4 bzw. 6; in der Regel nicht im SZR von Isolierglas möglich.
Beispiele	Andrücken der unteren oder oberen Glaskante auf die Oberfläche der hinteren Scheibe beim Abstellen von Einzelscheiben mit Saugern nach dem Zuschnitt, vor dem Ausliefern oder beim Umpacken.
Flächenbild	Relativ gleichmäßiger, meist geradliniger oder leicht gebogener Verlauf, der eine rechtwinklige Richtungsänderung aufweisen kann; meist mehrere Kratzer (Kratzerschar) in gleicher Richtung und gleichem oder ähnlichem Aussehen.
Position zum Glasrand	Bei gleichgroßen Scheiben meist nur in der Randzone vorhanden, bei unterschiedlich großen Scheiben auch innerhalb der Scheibenfläche möglich, läuft nahezu rechtwinklig zur Glaskante aus.
Weitere Merkmale	Schwache bis mittlere Kratzerintensität.

8.1 Oberflächenbeschädigungen – Schadensbilder A

Abstellkratzer, verursacht durch weitere Scheibe, deren Unterkante an die Scheibe angedrückt wurde und die dann abgesenkt wurde.

Teil 8 Schadensbilder

Schadensbeispiel

A-016 Weichschicht Abstellkratzer
Mechanische flächenförmige Beschädigung
– Auftreten nur im Randbereich

Glasoberfläche	Nur weich beschichtete Oberflächen (softcoatings, LowE); bei Isolierglas Pos. 2 oder 3 bzw. 5 bzw. immer im SZR von Isolierglas.
Beispiele	Andrücken der unteren Glaskante auf die Beschichtung beim Abstellen beschichteter Einzelscheiben nach dem Zuschnitt auf A-Böcken.
Flächenbild	Nur im SZR von Isolierglas auf der Weichschichtseite vorhandene mehrfarbig schillernde Beschädigung mit in der Regel geradliniger Abgrenzung zur Scheibenmitte und unregelmäßigem Auslauf, der im Randverbund verdeckt sein kann.
Position zum Glasrand	Innerhalb der sichtbaren Glasfläche bis unter die Glashalteleiste; nur im Randbereich vorhanden.
Weitere Merkmale	In Regenbogenfarben schillernde Oberflächenbeschädigung; scharfe geradlinige obere Abgrenzung.

8.1 Oberflächenbeschädigungen – Schadensbilder A

Weichschichtabstellkratzer wie bei Bild auf Seite 185 beschrieben, deutlich ist die Schichtverletzung erkennbar.

Teil 8   Schadensbilder

Schadensbeispiel

A-017   Verätzungsfelder
Chemische flächenförmige Beschädigung

Glasoberfläche Alle unbeschichteten und beschichteten Oberflächen; bei Einfachglas Pos. 1 oder 2; bei Isolierglas Pos. 1 oder 4 bzw. 6; nicht im SZR von Isolierglas.

Beispiele Längeres Einwirken von Versiegelungs-, Fugendichtungsmaterialien oder auch alkalischen Substanzen (Zementmörtel o. Ä.) auf die Glasoberfläche; ausgehärtete Mörtelspritzer auf der Glasoberfläche.

Flächenbild Keine typische Positionierung innerhalb der Oberfläche.

Position zum Glasrand Innerhalb der gesamten sichtbaren Glasfläche bis zum Rand der Glashalteleiste möglich (Verätzung nach Verglasung) oder auch bis unter Glashalteleiste reichend (Verätzung vor Verglasung).

Weitere Merkmale Mattes Aussehen des punktförmigen Verätzungsfeldes; alle Formen möglich, meist tropfen- oder streifenförmig.

8.1 Oberflächenbeschädigungen – Schadensbilder A

Oberflächenverätzung an Reflexionsschicht auf Pos. 1 bei metalloxidbeschichteter Sonnenschutzscheibe, verursacht durch Reinigungsmittel Troplexin.

Teil 8 Schadensbilder

Schadensbeispiel

A-018 Oberflächenauslaugungen
Chemische flächenförmige Beschädigung

Glasoberfläche Alle unbeschichteten und beschichteten Oberflächen; bei Einfachglas Pos. 1 oder 2; bei Isolierglas Pos. 1 oder 4 bzw. 6; nicht im SZR von Isolierglas.

Beispiele Langeinwirkende Feuchtigkeit oder Alkalien auf der Glasoberfläche; über die Scheibe laufende und wiederholt antrocknende Zementauslaugungen vom darüber liegenden Mauerwerk.

Flächenbild Oberflächenverätzungen oder -auslaugungen können über gesamte Glasoberfläche verteilt sein; keine typische Positionierung innerhalb der Glasoberfläche; oft in kurzem Abstand zur oberen Glashalteleiste beginnend; die Ränder der einzelnen Tropfen oder Läufer sind bei längerem Einwirken erkennbar; meist auf außenseitiger Scheibenoberfläche, selten raumseitig vorhanden.

Position zum Glasrand Bei alkalischen Verätzungen nur in freiem Sichtfeld, oft in geringem Abstand zur Glashalteleiste beginnend und direkt davor endend; bei Versiegelungsmassenrückständen auch unter der Glashalteleiste möglich.

Weitere Merkmale Mattes Aussehen; rundes, längliches oder unregelmäßiges Aussehen in Tropfengröße bis zur Größe eines Handydisplays; Tropfenlaufrichtung nach unten erkennbar.

8.1 Oberflächenbeschädigungen – Schadensbilder A

Starke Oberflächenauslaugung durch Wasser, das aus Betonfassade ständig über die Glasscheiben läuft.

Starke Oberflächenauslaugung wie bei obigem Bild beschrieben, jedoch auf verspiegelter Außenoberfläche, irreparabler Schaden.

Leichte Oberflächenauslaugung durch Betonspritzwasser, kann in diesem Stadium noch durch Polieren entfernt werden.

Leichte Oberflächenauslaugung durch Wasserläufer aus Betonfassade, kann durch Polieren entfernt werden.

8.1 Oberflächenbeschädigungen – Schadensbilder A

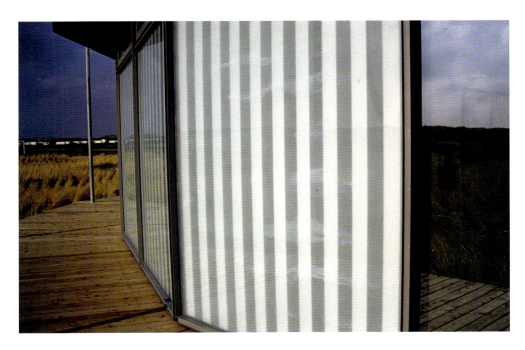

Oberflächenauslaugung durch Salzwasser, da Scheiben über Wochen an der Küste ohne Abdeckung gelagert wurden.

Leichte Oberflächenanlaugung durch Betonspritzwasser, kann in diesem Stadium noch durch Polieren entfernt werden.

Schadensbeispiel

A-019 Weichschichtoxidationspunkte

**Chemische punktförmige Beschädigung
— flächiges Auftreten**

Glasoberfläche	Alle weich beschichteten Oberflächen (softcoatings, LowE) im Wärme- und Sonnenschutzglasbereich; bauseits nur bei Isolierglas auf Pos. 2 oder 3 bzw. 5 (nur im SZR).
Beispiele	Verarbeitung von überlagertem Glas zu Isolierglas; seltener blindes Isolierglas; Schmutzpartikel vor Beschichtung auf Glasoberfläche (Unterscheidung nur durch mikroskopische Untersuchung möglich).
Flächenbild	Hellere (selten dunklere) punktförmige, relativ gleichmäßige Flecken oft mit farbig schillerndem, unterschiedlich großem Hof, abhängig vom Schichtsystem; nur auf beschichteter Oberfläche im SZR von Isolierglas; leicht unregelmäßiger bis klar abgegrenzter Rand.
Position zum Glasrand	Keine typische Positionierung innerhalb der Oberfläche; Beschädigungen können bis zur Randentschichtung der Scheibe reichen (von der Glaskante ca. 8 bis 10 mm breit und umlaufend).
Weitere Merkmale	Bei Oxidationspunkten aufgrund von Schichtüberlagerung zeigen sich diese in gehäuftem Aufkommen und in unterschiedlichen Größen (Ø > ca. 0,5 mm), im weiteren Verlauf kann es zu ganzflächiger Schichtoxidation kommen; im Unterschied dazu zeigen Sputterfehler (pin holes) einen mittigen Punkt mit hellem Kreis und dunklem Rand.

8.1 Oberflächenbeschädigungen – Schadensbilder A

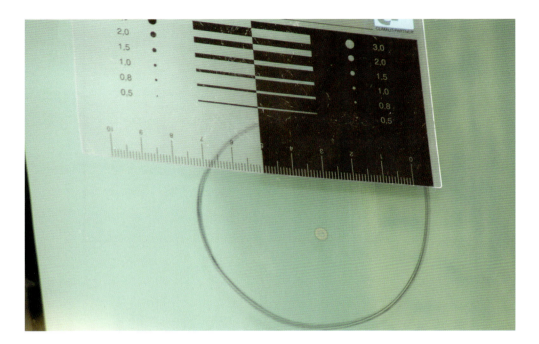

Deutlich sichtbarer Oxidationspunkt an Wärmedämmbeschichtung.

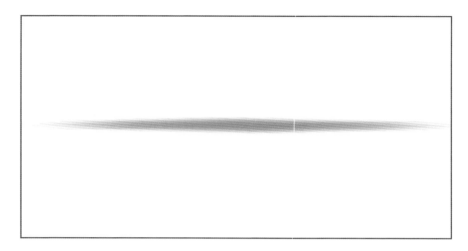

Schadensbeispiel

A-020 ESG/TVG-Schüsselungsscheuerstelle
Mechanische streckenförmige Oberflächenveränderung – flächiges Auftreten

Glasoberfläche	Alle unbeschichteten Oberflächen; nur einseitig vorhanden, immer auf der Rollenseite bei ESG/TVG, herstellungsbedingt nur bei thermisch vorgespannten Gläsern vorhanden.
Beispiele	Sehr selten, da kaum oder nur sehr schwach erkennbar, kann bei allen horizontalen ESG-Vorspannöfen auftreten.
Flächenbild	Kleinflächiges Auftreten von Rollenabdrücken in Scheibenmitte, geradlinig oder leicht versetzt, nahezu mittig. Immer auf rollenseitiger, im Ofen unten liegender Glasoberfläche.
Position zum Glasrand	Häufig in Scheibenmitte vorhanden, seltener bis zum Rand auftretend. Meist parallel zur langen Kante.
Weitere Merkmale	Als ganz leichter Schleier oder matte Stelle meist nur im Gegenlicht, bei dunklem Hintergrund (Tannen o. Ä.) oder bei besonderen Lichtverhältnissen und schrägem Blickwinkel zur Glasoberfläche erkennbar; leichte, sehr schwache Oberflächenrauheit, kaum spürbar. Mit zunehmender Glasdicke meist etwas deutlicher erkennbar, da das Glasgewicht das Auftreten dieser Rollenabdrücke etwas verstärkt. Kann mit Poliermitteln entfernt werden, oft bereits mit Radora Brillant und kräftigem händischem Polieren mit Filzpad meist nahezu komplett entfernbar.

8.1 Oberflächenbeschädigungen – Schadensbilder A

Rollenabdrücke (Schüsselungsscheuerstelle) bei ESG, die nur unter bestimmtem Blickwinkel sichtbar sind, erkennbar als matter weißer Streifen, der quer durch die Scheibe verläuft.

Kaum erkennbare Schüsselungsscheuerstelle wie Bild oben, nur bei besonderer Beleuchtung und unter sehr flachem Blickwinkel erkennbar.

Teil 8 Schadensbilder

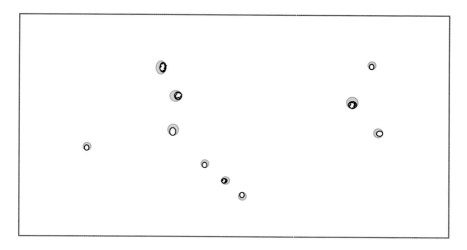

Schadensbeispiel

A-021	Oberflächenmuschelung
	Mechanische punktförmige Beschädigung
Glasoberfläche	Alle unbeschichteten und beschichteten Oberflächen; bei Einfachglas Pos. 1 oder 2; bei Isolierglas Pos. 1 oder 4 bzw. 6; nicht im SZR von Isolierglas, hauptsächlich bei sehr dicken Gläsern.
Beispiele	Aufprall von harten, runden Gegenständen auf die Glasoberfläche; runder Stein, schwere Kran-Kettenglieder oder ähnliche Gegenstände, ohne starke Ausmuschelung oder gar Glasbruch zu verursachen.
Flächenbild	Keine sehr deutliche Ausmuschelung der Oberfläche (wie bei A-004 Steinschlagabplatzungen), kleiner Durchmesser < 10 mm; regelmäßiger, rundlicher bis ovaler Rand; bei oberflächlicher Betrachtung Verwechslungsgefahr mit VSG-Blasen, zeigt jedoch keinen scharfen Rand, sondern leicht schrägen Einlauf.
Position zum Glasrand	Keine typische Positionierung innerhalb der Oberfläche; Beschädigungen können auf der gesamten Oberfläche auftreten, seltener im Randbereich.
Weitere Merkmale	Rundliche Form = rechtwinkliges Auftreffen; ovale Form = schräges Auftreffen; nur bei sehr dicken Gläsern als Muschelung (Anbruch) vorhanden, da sich bei dünneren Scheiben dieser Schaden als A-004 Steinschlagabplatzung bzw. deutliche Ausmuschelung zeigt; kann mit Fingernageltest als leichte Oberflächenunregelmäßigkeit erkannt werden.

8.1 Oberflächenbeschädigungen – Schadensbilder A

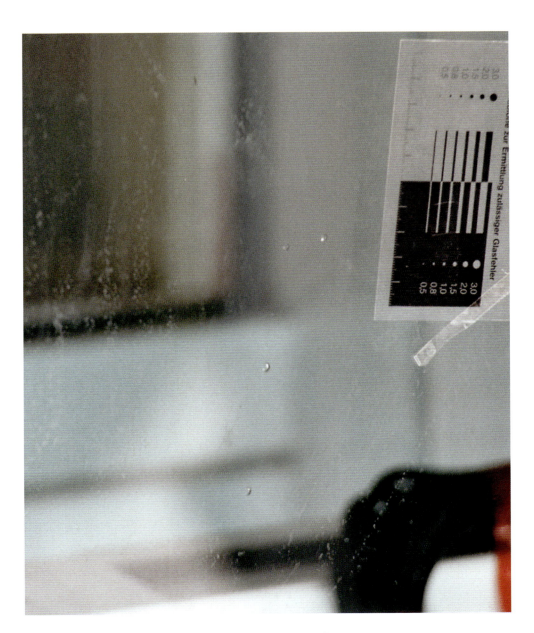

Oberflächenmuschelungen an 19 mm Floatglas durch Krankette verursacht.

Schadensbeispiel

A-022   Kantendelamination bei VSG

Streckenförmige Beschädigung – Auftreten von der Kante aus – (siehe auch C-009)

Glasoberfläche	Alle Verbund- und Verbundsicherheitsgläser mit PVB- oder auch anderen Zwischenlagen aus Floatglas, Ornamentglas, ESG oder TVG.
Beispiele	Materialunverträglichkeiten der Folien mit z.B. Silikonen; Weichmacherwanderung von angrenzenden Materialien in die Folienzwischenlage; Einwirken von Reinigungsmittelrückständen auf die Folienzwischenlage; langanhaltende, starke Einwirkung von Feuchtigkeit; seltener Spannungen im Folienverbund bei Verwendung von ESG oder TVG durch nicht plane Randbereiche der vorgespannten Scheiben.
Flächenbild	Keine Delaminationserscheinungen in der freien Scheibenfläche bzw. in Scheibenmitte.
Position zum Glasrand	Auftreten von kleinen und kleinsten runden oder länglichen Blasen, Blasenhaufen oder auch Blasengängen im Bereich von meist bis zu ca. 20 mm Breite an der Glaskante; häufig über den gesamten Kantenverlauf; stärkeres Auftreten an der oberen und unteren Scheibenkante; schwächere Erscheinung an den seitlichen Kanten bei umlaufend freier Scheibenkante, da Wasser dort ablaufen kann.
Weitere Merkmale	Oft milchigtrübe Einfärbung der Folienzwischenlage in diesem Bereich; oft im Bereich von Klemmhaltern stärkere Blasenbildung aufgrund schlechter abtrocknender, länger einwirkender Feuchtigkeit; häufig bei starker Kantenverschmutzung anzutreffen.

8.1 Oberflächenbeschädigungen – Schadensbilder A

Randablösung durch Unverträglichkeit an Gießharzverbundglasscheiben.

Randablösung bei VSG aus TVG nach ca. 12 Jahren Außenbewitterung.

Randablösung wie Bild in der Mitte.

Teil 8   Schadensbilder

Schadensbeispiel

A-023	Kantenabplatzung bei ESG
	Mechanische streckenförmige Beschädigung – Auftreten nur an der Kante
Glasoberfläche	Alle ESG-Gläser aus Floatglas, selten auch aus Ornamentglas, Einzelscheiben, seltener als VSG, unbeschichtet oder mit Hardcoating beschichtet.
Beispiele	Sehr schmale, längliche Kantenabplatzung, die beispielsweise beim Absetzen der Scheibenecke auf einen harten Untergrund erfolgt und nur einen geringen Teil der Glaskante betrifft oder beim Öffnen/ Schließen einer Ganzglastüre über Steinchen.
Flächenbild	Keine Flächenerscheinung, nur an der Kante vorhanden.
Position zum Glasrand	Längliches Auftreten immer von einer Ecke über einen mehr oder weniger langen Kantenbereich, Abplatzung kann als „Glasspahn" bezeichnet werden, da sehr schmaler Streifen, der nur in der Druckspannungszone entsteht. Kleinere Abplatzungen meist an Unterkante von Glastüren oder an Kantenstellen mit Stoßbelastung innerhalb der Druckspannungszone.
Weitere Merkmale	Scharfe Kanten des Glasspahns, Scheibenkante zeigt oft etwas unregelmäßiges Erscheinungsbild; Länge kann sehr stark variieren, von ca. 20 mm bis ca. 300 mm. Eck-/Kantenabplatzungen (flache Muscheln) führen aufgrund der Verkleinerung der Druckspannungszone zu einer Reduzierung der Belastbarkeit und können zu zeitversetzten Spontanbrüchen führen.

8.1 Oberflächenbeschädigungen – Schadensbilder A

Kantenabsplitterung bei ESG nur im Bereich der Druckspannungszone.

Bruchstücke von Kantenabsplitterungen bei ESG 4 mm, Breite ca. 2 mm, Länge ca. 120 - 200 mm.

Durch Kantenschlag bei ESG verursachte Ausmuschelung und Kantenabsplitterung im Bereich der Druckspannungszone, deshalb kein Glasbruch, jedoch erhebliche Scheibenschwächung.

Teil 8   Schadensbilder

Schadensbeispiel

A-024	Flächenabplatzung bei ESG
	Mechanische flächenförmige Beschädigung
	– Auftreten überwiegend an der Kante

Glasoberfläche	Alle ESG-Gläser aus Floatglas, selten auch aus Ornamentglas, Einzelscheiben, seltener als VSG, unbeschichtet oder mit Hardcoating beschichtet.
Beispiele	Flächige Abplatzungen/Ausmuschelungen, die beispielsweise durch einen Kantenschlag, den Druck einer Schraube oder anderer metallischer Gegenstände oder den Zusammenprall zweier Glasscheiben erfolgen.
Flächenbild	Meist keine mittige Flächenerscheinung, nahezu immer von der Kante ausgehend.
Position zum Glasrand	Abplatzung/Ausmuschelung geht nahezu immer von der Kante aus, kann nur innerhalb der Druckspannungszone an der Oberfläche (max. ca. 0,2 x d) und der Kante (ca. 0,6 x d) entstehen.
Weitere Merkmale	Scharfe Kanten der Abplatzung, Scheibenkante zeigt oft etwas unregelmäßiges Erscheinungsbild, Größe und Eindringtiefe kann je nach Glasdicke sehr stark variieren bis zu handtellergroßen, flachen Ausmuschelungen. Eck-/Kantenabplatzungen führen aufgrund der Verkleinerung der Druckspannungszone zu einer Reduzierung der Belastbarkeit und können zu zeitversetzten Spontanbrüchen führen.

8.1 Oberflächenbeschädigungen – Schadensbilder A

Abriss eines verklebten Duschtürbeschlags, Oberflächenbeschädigung ca. 0,5 - 1 mm tief durch extrem gute Haftung des UV-Klebers und starken Stoß verursacht.

Kanten einer HSW-Anlage, manuell bedient, bei der bei jedem Öffnen/Schließen die Glaskanten gegeneinander stoßen. Handtellergroße Beschädigung.

Schadensbeispiel

A-025	Oberflächenveränderung bei TiO$_2$-Schichten
	Strecken-/Flächenförmige Beschädigung
Glasoberfläche	Alle TiO$_2$-beschichteten Oberflächen wie z. B. SGG BIOCLEAN, Pilkington Activ™, Semco Dur Clean u. a.; bei Einfachglas Pos. 1; bei Isolierglas ebenfalls Pos. 1; nicht im SZR von Isolierglas, nicht auf der raumseitigen Oberfläche.
Beispiele	Optisch deutlich erkennbare Unterschiede im Benetzungsverhalten gegenüber Flüssigwasser. Hydrophile Oberfläche auf der nicht betroffenen Fläche grenzt sich gegenüber der betroffenen hydrophoben Oberfläche deutlich ab.
Flächenbild	Keine mittige Flächenerscheinung, immer von der Kante ausgehend, außer bei kleinflächigen Silikonabdrücken durch Handschuhe.
Position zum Glasrand	Bei Kontakt von silikonhaltigen Materialien wie Dichtungen, Nassversiegelungen, Gleitmitteln oder auch Handschuhen mit Silikonresten bildet sich ein Silikonölfilm auf der TiO$_2$-Kontaktfläche, breitet sich langsam weiter aus und ändert deren Verhalten gegenüber Wasser von hydrophil zu hydrophob; es bilden sich Wassertröpfchen auf der Silikonoberfläche, während sich ein gleichmäßiger Wasserfilm auf der nicht kontaktierten hydrophilen TiO$_2$-Oberfläche bildet. Die photokatalytische Funktion der Beschichtung (Schmutzzersetzung) ist durch das überlagernde Silikonöl nicht mehr möglich.
Weitere Merkmale	Kann mit handelsüblichen Reinigungsmitteln nicht mehr entfernt werden. Bei aggressiveren Reinigungsmitteln oder stärkerem Reinigungsdruck besteht die Gefahr, dass die TiO$_2$-Beschichtung beschädigt wird und der Schaden noch vergrößert wird. Meist irreparabler Schaden.

8.1 Oberflächenbeschädigungen – Schadensbilder A

Linke Scheibe ohne TiO$_2$-Beschichtung, rechte Scheibe mit Beschichtung, jedoch mit falscher Dichtung, deshalb auch dort Bildung von Wassertropfen im Randbereich.

Vom Rand ausgehende Überlagerung der TiO$_2$-Beschichtung durch Silikonöl und dadurch deutlich verändertes Benetzungsverhalten der Oberfläche.

Teil 8   Schadensbilder

Schadensbeispiel

A-026	**Oberflächenbeschädigung durch Fluate / Silikate** **Strecken-/Flächenförmige Beschädigung**
Glasoberfläche	Alle unbeschichteten und beschichteten Oberflächen; bei Einfachglas Pos. 1; bei Isolierglas ebenfalls Pos. 1; nicht im SZR von Isolierglas, nicht auf der raumseitigen Oberfläche.
Beispiele	Ähnlich wie Oberflächenauslaugungen A-018, da aggressive Flüssigkeit über die Oberfläche läuft und diese angreift.
Flächenbild	Nicht sehr deutlich erkennbare Oberflächenveränderungen, ähnlich einem extrem schwachen Ornamentglas, da Teile der Oberfläche abgetragen/aufgelöst wurden.
Position zum Glasrand	Kann auf gesamter äußerer Oberfläche auftreten als unregelmäßige senkrechte Laufspuren, jedoch nicht so gleichmäßig und gerade wie Wasserläufer.
Weitere Merkmale	Optisch bei Bewegung im Raum schwach durch geringfügige Verzerrungen erkennbar. Im Übergang von hell zu dunkel (Schatten) oft besser erkennbar. Unter dem Mikroskop als unregelmäßiger aber starker Oberflächenabtrag erkennbar. Entsteht beim Fluatieren von Putzflächen bei ungeschützter Glasoberfläche oder beim Kontakt der Glasoberfläche mit Silikat-Fassadenfarbe.

8.1 Oberflächenbeschädigungen – Schadensbilder A

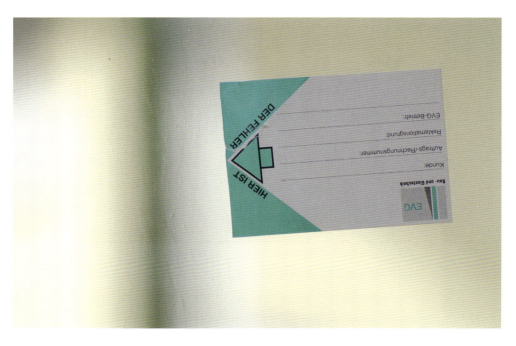

Läuferspuren der über die Glasoberfläche gelaufenen Fluatierungsmittel/Silikatfarben, zwar nur schwach im Hell-/Dunkelbereich erkennbar, aber trotzdem optisch störend.

Detailbild mit deutlich erkennbaren Spuren des „Glasabtrags" im Übergangsbereich von hell zu dunkel.

Schadensbeispiel

A-027 Chemischer Oberflächenbeschlag (Fogging) auf Pos.1
Flächenförmiges Auftreten

Glasoberfläche	Alle unbeschichteten und beschichteten Oberflächen; bei Einfachglas Pos. 1; bei Isolierglas ebenfalls Pos. 1; nicht im SZR von Isolierglas, nicht auf der raumseitigen Oberfläche.
Beispiele	Ähnlich wie Kondensat auf der äußeren Glasoberfläche bei hochwärmedämmenden Verglasungen.
Flächenbild	Meist als Grauschleier, der im Sonnenlicht deutlich erkennbar wird, im Schatten oft kaum sichtbar.
Position zum Glasrand	Kann auf gesamter Oberfläche auftreten als regelmäßiger Belag, der nicht ganz bis zum Glasrand reicht. Mehr oder weniger breiter, nicht betroffener, unterschiedlich schmaler Rand zur Fensterdichtung vorhanden.
Weitere Merkmale	Optisch vom Innenraum nach außen vor allem im Sonnenlicht deutlich als Grauschleier erkennbar. Als schwacher Niederschlag oft bereits mit den Fingern entfernbar (Streifenbildung). Kann mit guten Glasreinigern (Radora Brillant) meist vollständig entfernt werden, taucht jedoch oft nach gewisser Zeit wieder auf. Wird im Laufe der Zeit immer schwächer und verschwindet nach kürzerem oder auch längerem Zeitraum wieder komplett. Chemischer Niederschlag ähnlich dem Kondensieren von Wasser auf der Glasoberfläche bei hochwärmedämmenden Verglasungen. Kann diverse, schwer feststellbare Ursachen haben (z. B. Lösungsmittel, WDVS bei Fassadensanierung, Acrylatschleier bei Dichtstoffauswaschungen, u. v. a.).

8.1 Oberflächenbeschädigungen – Schadensbilder A

Holzschutzmittel verursachen unregelmäßigen Oberflächenbeschlag/Verschmutzung.

Deutlich sichtbare „Fingerspuren" an der Außenseite einer Verglasung mit chemischem Oberflächenbeschlag.
(Foto: Norbert Pauleit)

Teil 8 Schadensbilder

Schadensbeispiel

A-028 Beschlag im SZR von Isolierglas (Fogging)

Flächenförmiges, streifenförmiges Auftreten

Glasoberfläche	Alle unbeschichteten und beschichteten Oberflächen; nur bei Isolierglas Pos. 2/3 und/oder Pos. 4/5, nicht auf den Außenoberflächen.
Beispiele	Ähnlich farbiges Aussehen wie ein mehrfarbiger Ölfilm auf einer Wasseroberfläche.
Flächenbild	Meist als farbiger oder gräulich/rötlicher Schleier im oberen, im Schatten liegenden, kühleren Bereich der Isolierglasscheibe im SZR.
Position zum Glasrand	Umlaufend etwas Abstand zum nicht so gut wärmegedämmten Randbereich des Isolierglases.
Weitere Merkmale	Optisch vom Innenraum nach außen meist nicht so gut erkennbar wie in der Außenansicht.

8.1 Oberflächenbeschädigungen – Schadensbilder A

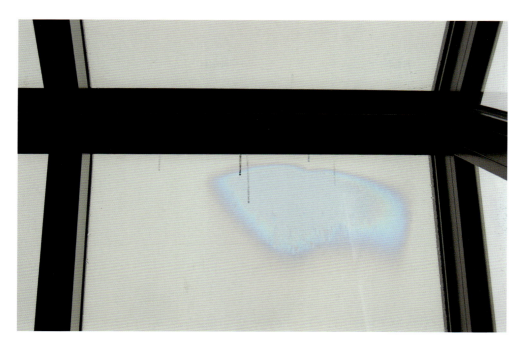

Chemischer Beschlag im SZR einer Dachscheibe im Wintergarten, verursacht durch „großzügige" Silikonversiegelung im Glasfalz
(Foto: Kömmerling)

Chemischer Beschlag im SZR von 2 Festverglasungen, die mittlere Türscheibe ist nicht betroffen.
(Foto: Helmut Geschl)

Teil 8 Schadensbilder

Schadensbeispiel

A-029 Oberflächenbelag mit Schlierenbildung
Flächenförmiges, streifenförmiges Auftreten

Glasoberfläche Alle unbeschichteten und beschichteten Oberflächen; bei Einfachglas Pos. 1 und/oder Pos. 2; bei Isolierglas ebenfalls Pos. 1 und/oder Pos. 4 bzw. Pos. 6; nicht im SZR von Isolierglas.

Beispiele Ähnliche Ablaufspuren auf der Oberfläche wie bei Schmutzwasser während kurzem Regenguss.

Flächenbild Meist als weißlicher oder grauer Schleier, der im Sonnenlicht und bei nasser Oberfläche deutlich erkennbar wird, im Schatten oft kaum sichtbar.

Position zum Glasrand Kann auf gesamter Oberfläche auftreten als unregelmäßiger Belag, der meist vom oberen Glasrand nach unten in die Scheibenfläche läuft. Entsteht häufig, wenn silikonhaltiges Prilwasser beim Abziehen der Versiegelungsfuge über die Glasoberfläche abläuft.

Weitere Merkmale Optisch vom Innenraum nach außen vor allem im Sonnenlicht oder bei nasser Oberfläche als weißlicher oder grauer Film/Tropfenläufer erkennbar. Mit gutem Reinigungsmittel entfernbar, bei Verwendung von Silikonentfernern muss die Versiegelungsfuge geschützt werden.

8.1 Oberflächenbeschädigungen – Schadensbilder A

Durch Prilwasser verursachte Silikonläufer, bei besonderen Lichtverhältnissen (abends, nachts beleuchtet) deutlich erkennbar.

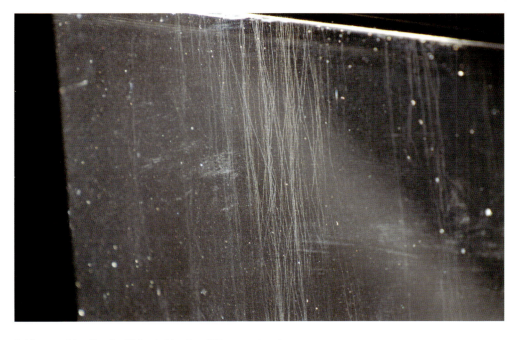

Schlieren auf der Glasoberfläche, bei feuchter Witterung erkennbar.

8.2 Glasbruch – Schadensbilder B

Die nachfolgend dargestellten Bruchbilder sind weitestgehend strukturiert und auf das Wesentliche des Bruchbildes beschränkt. Die eindeutige Erkennung der Ursachen eines Glasbruchs bedarf immer einer großen Erfahrung. Die Beurteilung sollte deshalb nicht von Laien durchgeführt werden.

Natürlich gibt es auch Fälle, in denen eine eindeutige Ursachenzuordnung allein aufgrund des Bruchbildes der Scheibe vor Ort nicht möglich ist. Hilfreich kann dann eine Überprüfung des Scheibenquerschnittes unter dem Mikroskop sein, um bei komplizierten Bruchverläufen unter Umständen den Leit- oder Initialsprung ermitteln zu können. Da dies eine sehr aufwändige Methode ist, kann sie nur in Ausnahmefällen angewandt werden und bedarf sehr viel Erfahrung bei der Ursachenerforschung. Nur wenige Institute sind hier in der Lage, eine Untersuchung mit eindeutiger Ursachenzuordnung durchzuführen. In den meisten Fällen kann aber bereits bei genauerer, detaillierter Untersuchung vor Ort die mögliche(n) Bruchursache(n) hinreichend genau ermittelt werden.

Die Unterscheidung zwischen thermisch und mechanisch verursachten Glasbrüchen ist relativ einfach: im Gegensatz zu mechanisch verursachten Glasbrüchen beginnen thermisch verursachte immer im rechten Winkel zur Glaskante und zur Scheibenoberfläche, wie nachfolgend im Vergleich nochmals dargestellt. Bei mechanisch verursachten Brüchen entsteht der Sprung oft an Kantenbeschädigungen oder Ausmuschelungen, wie die nachfolgenden Bilder und Fotos dokumentieren.

8.2 Glasbruch – Schadensbilder B

Schematisierte Darstellung eines durch **thermische Spannungen** verursachten Bruchverlaufs in nicht vorgespanntem Glas.

Schematisierte Darstellung eines durch **mechanische Spannungen** verursachten Bruchverlaufs in nicht vorgespanntem Glas.

Teil 8   Schadensbilder

Tabelle 32: Glasbrüche mit thermischen Lasten

Thermische Lasten an Glas		
Intensität	Punktlast	Streckenlast (begrenzte Fläche)
schwach		B-000 Thermischer Minimalsprung
		B-001 Thermischer Normalsprung
		B-006 Thermischer Streckensprung I
		B-007 Thermischer Streckensprung II
stark	B-002 Thermischer Palmbruch	B-002 Thermischer Palmbruch
	B-008 Thermischer Wurmsprung	B-003 Starker thermischer Bruch
	B-010 Nickelsulfidbruch (ESG) „Spontanbruch"	B-004 Sehr starker thermischer Bruch
		B-005 Thermischer Randbruch
		B-006 Thermischer Streckensprung I
		B-007 Thermischer Streckensprung II
	B-041 – B-043 Hybridsprung I – III (Kombinationssprung thermisch/mechanisch)	

8.2 Glasbruch – Schadensbilder B

Tabelle 33: Glasbrüche mit mechanischen Ursachen

\multicolumn{5}{c}{Mechanische Lasten an Glas}
Lastart	Dauer	Punktlast	Streckenlast	Flächenlast
dynamisch	kurzzeitig	B-009 ESG-Bruch B-010 ESG-Nickelsulfidbruch B-047 Steinschlag/Vogelvandalismus B-012 + B-013 Beschussloch I + II B-014 + B-015 Steinschleuderbruch I + II B-016 + B-017 Steinwurfbruch I + II B-018 Kantenstoßbruch B-019 Eckenstoßbruch B-023 + B-024 Randbruch I + II B-028 Klemmsprung B-032 Sprossenbruch II B-045 Mechanischer Wurmsprung B-046 Sauger-Wurmsprung B 042 Barbelé-Bruch VSG aus Float B-011 Oberflächenmuschelung B-048 Kreisbruch	B-028 Klemmsprung B-030 Torsionsbruch B-031 Sprossenbruch I B-032 Sprossenbruch II	B-035 Flächendruckbruch III B-036 Flächendruckbruch IV (Berstbruch) Float B-037 Flächendruckbruch V (Berstbruch) VSG B-042 Barbelé-Bruch VSG aus Float B-048 Kreisbruch
	langanhaltend	B-032 Sprossenbruch II	B-031 Sprossenbruch I B-033 Sprossenbruch II B-043 + B-044 Deltabruch	B-033 Flächendruckbruch I B-034 Flächendruckbruch II B-038 + B 039 Flächendruckbruch VI + VII VSG aus TVG
statisch	kurzzeitig	B-020 Kantendruckbruch I B-021 Kantendruckbruch II TVG B-022 Kantendruckbruch III Vorschädigung B-025 Punkthalterbruch VSG-TVG B 026+B 027 Punkthalter-/Klemm-Halterbruch VSG aus Float B-041 Eckendruckbruch VSG aus Float	B-041 Eckendruckbruch VSG aus Float	B-035 Flächendruckbruch III
	langanhaltend	B-020 Kantendruckbruch B-021 Kantendruckbruch II TVG B-022 Kantendruckbruch III Vorschädigung B 026+B 027 Punkthalter-/Klemm-Halterbruch VSG aus Float B-028 Klemmsprung	B-028 Klemmsprung B-029 Kantendruckbruch VSG B-043 + B-044 Deltabruch	B-022 Kantendruckbruch III Vorschädigung B-033 Flächendruckbruch I B-034 Flächendruckbruch II B-038 + B 039 Flächendruckbruch VI+VII VSG aus TVG B 040 Flächendruckbr. VIII-Iso
		B-050 Hybridsprung ESG-TVG B-051 – B-053 Hybridsprung I – III (Kombinationssprung thermisch/mechanisch)		

Teil 8 Schadensbilder

Beispiel Scheibenansicht mit beispielhaftem Bruchverlauf Bruchbeginn

B-000 Schwacher thermischer Bruch, thermischer Minimalsprung

Thermische Streckenlast – sehr schwache Intensität

Glasart	Floatglas, Ornamentglas, gezogenes Glas, VSG[1], VG[2], GH[3]; bei Drahtglas Abweichungen aufgrund des Drahtnetzes möglich.
Beispiele	Innenseitige teilweise Abdeckung oder Folienbeklebung der Scheibe bei Sonneneinstrahlung; zu tiefer Falzeinstand; Falt- oder Schiebetüren aus Floatglas, voreinander geschoben.
Beginn	Einlaufwinkel rechtwinklig; Durchlaufwinkel rechtwinklig; Kantenausmuschelungen am Einlauf nicht vorhanden.
Verlauf	Kein Richtungswechsel an der Kalt-/Warmzone (Abknickung), nur leichte Abweichung zur Seite, falls überhaupt.
Auslauf	Geradlinig oder auch leichte Abweichung zur Seite.
Weitere Merkmale	Keine. Kann bei längerer Einwirkung von Temperatur und leichter Spannung entstehen, auch in der Abkühlfase des Glases noch möglich.

---

[1] Verbund-Sicherheitsglas

[2] Verbundglas

[3] Gießharz

8.2 Glasbruch – Schadensbilder B

Thermischer Minimalsprung, an oberer Glaskante bei sehr tiefem Falzeinstand entstanden.

Schwacher thermischer Sprung, entstanden durch Schlagschatten in der Abkühlphase (zeitverzögert).

Teil 8   Schadensbilder

Beispiel   Scheibenansicht mit beispielhaftem Bruchverlauf   Bruchbeginn

B-001 Thermischer Normalsprung
Thermische Streckenlast – schwache/mittlere Intensität

Glasart	Floatglas, Ornamentglas, gezogenes Glas, VSG[1.)], VG[2.)], GH[3.)]; bei Drahtglas Abweichungen aufgrund des Drahtnetzes möglich.
Beispiele	Innenseitige teilweise Abdeckung oder Folienbeklebung der Scheibe bei Sonneneinstrahlung; zu tiefer Falzeinstand; im Paket gelagerte Schall-, Wärme- und Sonnenschutzfunktionsgläser (insbesondere Isolierglas) ohne Abdeckung bei direkter Sonneneinstrahlung; Falt- oder Schiebetüren aus Floatglas, voreinander geschoben.
Beginn	Einlaufwinkel rechtwinklig; Durchlaufwinkel rechtwinklig; Kantenausmuschelungen am Einlauf nicht vorhanden.
Verlauf	Richtungswechsel an der Kalt-/Warmzone (Abknickung), weiterer Verlauf mäanderförmig.
Auslauf	Geradlinig; oft auch mit Häkchen.
Weitere Merkmale	Ausmuschelungen in der Fläche selten, Vorkommen im Bereich des ersten Richtungswechsels; Wallner'sche Linien oft vorhanden, vor allem im Bereich des ersten Richtungswechsels.

[1.)] Verbund-Sicherheitsglas

[2.)] Verbundglas

[3.)] Gießharz

8.2 Glasbruch – Schadensbilder B

Thermischer Bruch an eingefärbtem, absorbierendem Glas, Bruchverlauf entlang der Kalt-/Warmzone.

Thermischer Bruch an der unteren VSG-Scheibe von Isolierglas, die von der Warmzone (Raum) über die Auflage (schwarzes Profil = Erhitzung) in den Außenbereich (Kaltzone) läuft.

Beispiel   Scheibenansicht mit beispielhaftem Bruchverlauf   Bruchbeginn

B-002   Thermischer Palmbruch / Fächerbruch
Thermische Punkt- oder Streckenlast – starke Intensität

Glasart	Floatglas, Ornamentglas, gezogenes Glas, VSG, VG, GH; bei Drahtglas Abweichungen aufgrund des Drahtnetzes möglich.
Beispiele	Teilabdeckung innenseitig bei starker Sonneneinstrahlung; starke Erwärmung im Randbereich (Lötlampe, Heißluftgebläse); Radiator oder Heizungsrohr an der Glasscheibe; Teilabschattung bei mit absorbierenden Sonnenschutzfolien beklebten Scheiben.
Beginn	Einlaufwinkel rechtwinklig; Durchlaufwinkel rechtwinklig; Kantenausmuschelungen am Einlauf nicht vorhanden.
Verlauf	Geradliniger Einlauf; Richtungswechsel an der Kalt-/Warmzone; danach palmartige Auffächerung.
Auslauf	Geradlinig; Häkchen nur sehr selten.
Weitere Merkmale	Ausmuschelungen in der Fläche selten; Wallner'sche Linien oft vorhanden, vor allem im Bereich des ersten Richtungswechsels.

8.2 Glasbruch – Schadensbilder B

Thermischer Palmsprung, der durch sehr starke punktförmige Erhitzung der Scheibe entstanden ist. Deutlich erkennbarer rechtwinkliger Einlauf zur Glaskante mit sofortiger Aufspaltung, da sehr hohe Spannungen einwirkten.

Bruch aus Bild oben, jedoch Kantenanblick, auch hier der rechtwinklig zur Glasoberfläche durch das Glas verlaufende Bruch erkennbar, typischer thermischer Bruch, jedoch mit sehr hoher Energieeinwirkung.

Teil 8   Schadensbilder

Beispiel   Scheibenansicht mit beispielhaftem Bruchverlauf   Bruchbeginn

B-003	**Starker thermischer Bruch** **Thermische Streckenlast – starke Intensität**
Glasart	Floatglas, Ornamentglas, gezogenes Glas, VSG, VG, GH; bei Drahtglas Abweichungen aufgrund des Drahtnetzes möglich.
Beispiele	Schweißbrenner direkt an der Glasscheibe; Heißluftgebläse an der Glasscheibe; Gussasphaltverlegung mit ungleichmäßiger Schutzabdeckung der Scheibe; Falt- oder Schiebetüren aus Floatglas, voreinander geschoben; innenseitige Teilabdeckung der Scheibe bei Sonneneinstrahlung; Teilabschattung bei mit stark absorbierenden Sonnenschutzfolien beklebten Scheiben.
Beginn	Einlaufwinkel rechtwinklig; Durchlaufwinkel rechtwinklig; Kantenausmuschelungen am Einlauf nicht vorhanden.
Verlauf	Geradliniger Einlauf; Richtungswechsel an der Kalt-/Warmzone meist mit Aufspaltung in mehrere Brüche, weiterer Verlauf mäanderförmig.
Auslauf	Geradlinig; Häkchen selten.
Weitere Merkmale	Ausmuschelungen in der Fläche möglich, vor allem im Bereich des ersten Richtungswechsels; Wallner'sche Linien vorhanden, vor allem im Bereich des ersten Richtungswechsels.

8.2 Glasbruch – Schadensbilder B

Thermischer Bruch einer Schaufensterscheibe durch direkt an der Scheibe gestapelte Kartons verursacht.

Thermischer Bruch an nicht vorgespanntem, absorbierendem Sonnenschutzglas.

Teil 8   Schadensbilder

Beispiel   Scheibenansicht mit beispielhaftem Bruchverlauf   Bruchbeginn

B-004	Sehr starker thermischer Bruch
	Thermische Streckenlast – sehr starke Intensität
Glasart	Floatglas, Ornamentglas, gezogenes Glas, VSG, VG, GH; bei Drahtglas Abweichungen aufgrund des Drahtnetzes möglich.
Beispiele	Schweißbrenner direkt an der Glasscheibe; Gussasphaltverlegung mit ungleichmäßiger Schutzabdeckung der Scheibe; Heißluftgebläse direkt an der Glasscheibe; Falt- oder Schiebetüren aus Floatglas, voreinander geschoben; dunkle innenseitige Teilabdeckung der Scheibe bei Sonneneinstrahlung; Teilabschattung bei mit stark absorbierenden Sonnenschutzfolien beklebten Scheiben.
Beginn	Einlaufwinkel rechtwinklig, Durchlaufwinkel rechtwinklig; Kantenausmuschelungen am Einlauf nicht vorhanden.
Verlauf	Geradliniger Einlauf; Richtungswechsel und mehrfache Auffächerung an der Kalt-/Warmzone; weiterer Verlauf mäanderförmig.
Auslauf	Geradlinig; Häkchen selten.
Weitere Merkmale	Ausmuschelungen in der Fläche möglich, vor allem im Bereich des ersten Richtungswechsels; Wallner'sche Linien vorhanden, vor allem im Bereich des ersten Richtungswechsels.

8.2 Glasbruch – Schadensbilder B

Starker thermischer Bruch durch Bemalung der Scheibe verursacht.

Starker thermischer Bruch verursacht durch direkt an der Innenscheibe aufgehängtes Werbeplakat.

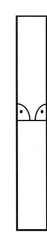

Beispiel   Scheibenansicht mit beispielhaftem Bruchverlauf   Bruchbeginn

B-005 Thermischer Randbruch
Thermische Streckenlast – mittlere bis starke Intensität

Glasart	Floatglas, Ornamentglas, gezogenes Glas, VSG, VG, GH, insbesondere LowE-beschichtetes Glas; bei Drahtglas Abweichungen aufgrund des Drahtnetzes möglich.
Beispiele	Sehr tiefer Falzeinstand; innenseitig deutlich höhere Abdeckung als außenseitig; innenseitige Teilabdeckung der Scheibe bei Sonneneinstrahlung; beklebte Scheiben.
Beginn	Einlaufwinkel rechtwinklig; Durchlaufwinkel rechtwinklig; Kantenausmuschelungen am Einlauf nicht vorhanden.
Verlauf	Geradliniger Einlauf; Richtungswechsel an der Kalt-/Warmzone meist mit Aufspaltung in mehrere Brüche, oft direkt über Glashalteleiste, weiterer Verlauf geradlinig oder mäanderförmig.
Auslauf	Geradlinig; Häkchen selten.
Weitere Merkmale	Ausmuschelungen in der Fläche selten, im Bereich des ersten Richtungswechsels möglich; Wallner'sche Linien vorhanden, vor allem im Bereich des ersten Richtungswechsels.

8.2 Oberflächenbeschädigungen – Schadensbilder B

Starker thermischer Bruch, verursacht durch innen an die Wärmedämm-Isolierglasscheibe angelehnte Gegenstände.

Detail aus Bild oben, Innenansicht bei entfernter Glashalteleiste deutlich erkennbarer rechtwinkliger Einlauf des thermischen Bruchs.

Thermischer Randbruch, Bruchaufspaltung noch im Bereich der Abdeckung durch die Glashalteleiste.

Beispiel Scheibenansicht mit beispielhaftem Bruchverlauf Bruchbeginn

B-006   Thermischer Streckensprung I
Thermische Streckenlast – schwache bis starke Intensität

Glasart	Floatglas, Ornamentglas, gezogenes Glas, VSG, VG, GH; bei Drahtglas Abweichungen aufgrund des Drahtnetzes möglich.
Beispiele	Teilabdeckung mittels Innendekoration direkt an der Glasscheibe; dunkle Flächen (Aufkleber, Reklame) auf der Glasscheibe; großes Pflanzenblatt o. Ä. innenseitig direkt auf der Glasscheibe.
Beginn	Einlaufwinkel rechtwinklig; Durchlaufwinkel rechtwinklig; Kantenausmuschelungen am Einlauf nicht vorhanden.
Verlauf	Geradliniger Einlauf, Richtungswechsel an der Kalt-/Warmzone, Aufspaltung an Kalt-/Warmzone möglich.
Auslauf	Geradlinig; kein Häkchen; meist Bruchdurchlauf.
Weitere Merkmale	Ausmuschelungen in der Fläche oft vorhanden; Versatz der Bruchkanten möglich; Wallner'sche Linien vorhanden, vor allem im Bereich des ersten Richtungswechsels.

8.2 Glasbruch – Schadensbilder B

Thermischer Streckenbruch, verursacht durch mehrere starke Punktstrahler zur Beleuchtung. Der Bruch läuft entlang der Kalt-/Warmzonen (Spannungszonen) der unterschiedlich erhitzen Glasflächen, weshalb die Wellenform entstanden ist. Ähnlicher Sprungverlauf wie bei außenseitig mit dunklen Kreisen beklebte oder bemalte Scheiben.
(Foto: Franz Zapletal)

Beispiel Scheibenansicht mit beispielhaftem Bruchverlauf Bruchbeginn

B-007 Thermischer Streckensprung II
Thermische Streckenlast – schwache bis starke Intensität

Glasart	Floatglas, Ornamentglas, gezogenes Glas, VSG, VG, GH; bei Drahtglas meist entlang des Drahtverlaufs.
Beispiele	Teilverdunklung mittels innenliegender Jalousien direkt an Scheibe; Teilabdeckung mittels Innendekoration direkt an Scheibe; Schlagschatten durch Dachüberstand; dunkle Flächen (Aufkleber, Folien, Reklame o. Ä.) auf der Scheibe.
Beginn	Einlaufwinkel rechtwinklig; Durchlaufwinkel rechtwinklig; Kantenausmuschelungen am Einlauf nicht vorhanden.
Verlauf	Entlang Kalt-/Warmzone; Verlauf kaum mäanderförmig.
Auslauf	Geradlinig; kein Häkchen; meist Durchlauf (in Abhängigkeit der Teilabdeckung).
Weitere Merkmale	Flächenversatz der Bruchkanten möglich; selten Ausmuschelungen in der Fläche; Wallner'sche Linien möglich.

8.2 Glasbruch – Schadensbilder B

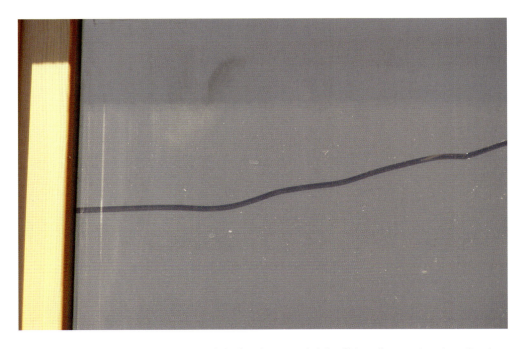

Entlang der Kalt-/Warmzone läuft dieser thermische Streckensprung bei eingefärbtem Sonnenschutzglas auftrund des Schlagschattens.

Teil 8   Schadensbilder

Beispiel   Scheibenansicht mit beispielhaftem Bruchverlauf   Bruchbeginn

B-008   Thermischer Wurmsprung

Thermische Punktlast – sehr starke Intensität
Nur bei sehr großen und besonders dicken Scheiben

Glasart	Floatglas, gezogenes Glas, VSG, VG, GH mit hoher Glasdicke.
Beispiele	Schweißbrenner an Scheibenfläche; Heißluftgebläse an Scheibenfläche; starke punktuelle Erwärmung in der Scheibenfläche einer sehr großen, dicken Schaufensterscheibe o. Ä.
Beginn	Innerhalb der Scheibenfläche; kein Beginn an der Glaskante; keine Unterscheidung zwischen Beginn und Auslauf möglich.
Verlauf	Schlangen- oder wurmartig im Scheibenzentrum ohne größeren Richtungswechsel.
Auslauf	Innerhalb der Scheibenfläche; kein Beginn an der Glaskante; keine Unterscheidung zwischen Beginn und Auslauf möglich.
Weitere Merkmale	Leichter Kantenversatz möglich; Wallner'sche Linien möglich; oft nicht unter jedem Blickwinkel erkennbar.

8.2 Glasbruch – Schadensbilder B

Thermischer Wurmsprung an einem PV-Element, der kurz vor der Glaskante endet.

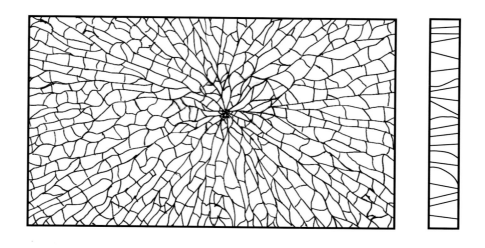

Beispiel — Scheibenansicht mit beispielhaftem, schematisiertem Bruchverlauf — Bruchquerschnitt

B-009 ESG-Bruch

Punktlast – kurzzeitig – dynamisch – mittlere/starke Intensität

Glasart	Nur ESG, nicht bei teilvorgespanntem Glas (TVG), nicht bei unvorgespanntem Glas.
Beispiele	Hammerschlag mit Spitze; Geschoss; Steinschlag; Punkthalter.
Beginn	Bruchzentrum sichtbar, punktförmig mit Ausmuschelungen. Kann auch das Aussehen eines „Schmetterlingsbruchs" haben.
Verlauf	Radial netzförmig vom Zentrum ausgehend; typisches ESG-Krümelbild; kleine Bruchstücke; ganzflächiger Bruchverlauf.
Auslauf	Ganzflächig, unzählig, an allen Kanten, immer bis zum Rand.
Weitere Merkmale	Krümelstruktur über gesamte Fläche; Ausmuschelung im Bruchzentrum auf Angriffsseite; bei Einzelscheibe nicht sichtbar, da im Bruchfalle Zerstörung und Zusammenfallen der Scheibe; bei VSG/VG/GH aus ESG sichtbar; bei Isolierglas mit kleinem SZR in stark geneigter Verglasung sichtbar, sofern Außenscheibe betroffen und auf Innenscheibe aufliegend; größere Bruchstücke vor allem im Randbereich möglich.

8.2 Glasbruch – Schadensbilder B

Mechanischer Schmetterlingsbruch bei ESG, kein NiS-Bruch.

Detailansicht: Deutlich sichtbare bruchauslösende Glaszerstörung an der Oberfläche durch mechanische Einwirkung.

Teil 8   Schadensbilder

Beispiel — Scheibenansicht mit beispielhaftem Bruchverlauf mit Schmetterlingsbruch — Bruchquerschnitt

B-010   ESG-Nickelsulfidbruch „Spontanbruch"
Punktlast – kurzzeitig – dynamisch – starke Intensität

Glasart	Nur ESG, nicht bei teilvorgespanntem Glas (TVG), nicht bei unvorgespanntem Glas.
Beispiele	Sehr selten; tritt meist innerhalb 10 Jahren nach ESG-Herstellung auf; bei allen ESG-Arten möglich; kann durch Heißlagerungsprüfung weitestgehend ausgeschlossen werden (ca. 95 %).
Beginn	Klare Schmetterlingsstruktur am Bruchzentrum (ca. 1–4 cm); immer kleinster Nickelsulfid-Einschluss (< ca. 0,2 mm) als schwarzer Punkt an der Schmetterlingsmittellinie innerhalb des Glases vorhanden.
Verlauf	Radial netzförmig vom Zentrum ausgehend; typisches ESG-Krümelbild; kleine Bruchstücke; ganzflächiger Bruchverlauf.
Auslauf	Ganzflächig, unzählig, an allen Kanten, immer bis zum Rand.
Weitere Merkmale	Krümelstruktur über gesamte Fläche; keine Ausmuschelungen im Bruchzentrum; bei Einzelscheibe nicht sichtbar, da im Bruchfalle Zerstörung und Zusammenfallen der Scheibe; bei VSG/GH aus ESG sichtbar; bei Isolierglas mit kleinem SZR in stark geneigter Verglasung sichtbar, sofern Außenscheibe betroffen und auf Innenscheibe aufliegend; größere Bruchstücke vor allem im Randbereich möglich; Schmetterlingsbild auch bei anderer Bruchursache bei ESG möglich, jedoch dort selten in dieser Form auftretend.

8.2 Oberflächenbeschädigungen – Schadensbilder B

Nickel-Sulfid-Bruch an VSG aus 2 x ESG, Schmetterlingsform mit NiS-Punkt im Zentrum.

Vergrößerter Bruchursprung mit sichtbarem schwarzem NiS-Punkt im Zentrum und in Scheibenmitte.

Vergrößerter NiS-Einschluss in ESG, bei dem ein zusätzlicher Anriss durch die Ausdehnung erkennbar ist.

Teil 8 Schadensbilder

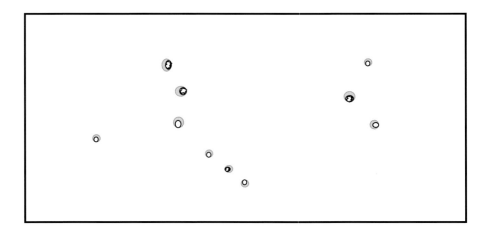

Beispiel Scheibenansicht mit beispielhafter Schadensdarstellung

B-011 Oberflächenmuschelung
Mechanische punktförmige Beschädigung

Glasoberfläche Alle unbeschichteten und beschichteten Oberflächen; bei Einfachglas Pos. 1 oder 2; bei Isolierglas Pos. 1 oder 4 bzw. 6; nicht im SZR von Isolierglas, hauptsächlich bei sehr dicken Gläsern.

Beispiele Aufprall von harten, runden Gegenständen auf die Glasoberfläche; Stein, schwere Kran-Kettenglieder oder Ähnliches, ohne große Ausmuschelung oder gar durchgehenden Glasbruch zu verursachen.

Flächenbild Keine sehr deutliche Ausmuschelung (Kreisbrüche oder Konusbrüche) der Oberfläche (wie bei A-004 Steinschlagabplatzungen), kleiner Durchmesser, meist < 10 mm; regelmäßiger, rundlicher bis ovaler Rand, kann bei oberflächlicher Betrachtung mit Blasen im VSG verwechselt werden, zeigt jedoch keinen scharfen Rand, sondern leicht schrägen Einlauf.

Position zum Glasrand Keine typische Positionierung innerhalb der Oberfläche; Beschädigungen können auf der gesamten Oberfläche auftreten, seltener im Randbereich.

Weitere Merkmale Rundliche Form = rechtwinkliges Auftreffen; ovale Form = schräges Auftreffen; nur bei sehr dicken Gläsern als Muschelung (Anbruch) vorhanden, da bei dünneren Scheiben dieser Schaden als A-004 oder B-012, B-014, B-015 bzw. als deutliche Ausmuschelung zeigt; kann mit Fingernageltest als leichte Oberflächenunregelmäßigkeit erkannt werden.

8.2 Oberflächenbeschädigungen – Schadensbilder B

Oberflächenmuschelungen durch schwere Krankette beim Auftreffen auf 15 mm Glasscheibe verursacht.

Detail der Oberflächenmuschelung, keine Abplatzungen vorhanden.

Teil 8   Schadensbilder

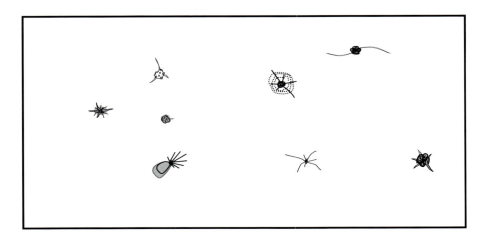

Beispiel   Scheibenansicht mit beispielhafter Schadensdarstellung

B-047   Steinschlag (Windschutzscheibe Kfz, Vogelvandalismus)

Mechanische starke punktförmige Beschädigung

Glasoberfläche   Alle unbeschichteten und beschichteten Oberflächen; bei Einfachglas Pos. 1; bei Isolierglas ebenfalls nur Pos. 1 nicht im SZR von Isolierglas.

Beispiele   Aufprall von harten, relativ runden Gegenständen auf die Glasoberfläche; Steine, Metallstücke oder Ähnliches.

Flächenbild   Bei senkrechtem Aufprall gleichmäßiges Bruchbild, bei flachem Auftreffwinkel unsymmetrisches Erscheinungsbild, abhängig von der Form des auftreffenden Gegenstandes.

Position zum Glasrand   Keine typische Positionierung innerhalb der Oberfläche; Beschädigungen können auf der gesamten Oberfläche auftreten.

Weitere Merkmale   Rundliche Form = rechtwinkliges Auftreffen; ovale Form = schräges Auftreffen;
nur bei sehr dicken Gläsern als Muschelung (Anbruch) oder als Oberflächenkrümelung vorhanden, da sich bei dünneren Scheiben dieser Schaden als A-004 oder B-012, B-014, B-015, bzw. als deutliche Ausmuschelung zeigt;
kann mit Fingernageltest als leichte Oberflächenunregelmäßigkeit bis hin zu Kraterbildung erkannt werden.

8.2 Glasbruch – Schadensbilder B

Glasbruch, verursacht durch Steinabwürfe von Krähenvögeln.

Glasbruch bei 10 mm TVG, ebenfalls durch Vögel verursacht. Drei Einschläge, Bruch geht vom größten aus.

wie Bild oben.
Kreisrunde Auftrefffläche zeigt senkrechten Aufprall.

Schräg auftreffender Stein, Windschutzscheibenbruch.

Teil 8   Schadensbilder

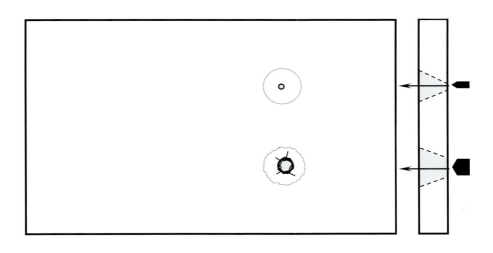

Beispiel   Scheibenansicht mit beispielhaftem Bruchverlauf   Bruchquerschnitt

B-012   Beschussloch I (Konusbruch)
Mechanische Punktlast – kurzzeitig – sehr hohe Dynamik

Glasart   Floatglas, Ornamentglas, gezogenes Glas, Drahtglas; alle nicht vorgespannten monolithischen Gläser.

Beispiele   Beschuss mit Waffen, heftiger Aufprall sehr schwerer, kleiner Körper, bzw. kleiner Körper mit hoher Energie.

Beginn   Beschussseite, Angriffsseite; kleine, meist runde Eintrittsöffnung.

Verlauf   Kegelförmiges Loch, konusförmiger Bruch, bei Aufprall mit nicht sehr hoher kinetischer Energie kann Glaskonus noch vorhanden und nicht ausgebrochen sein.

Auslauf   Beschussabgewandte Seite; deutlich größere Austrittsöffnung.

Weitere Merkmale   Nahezu rundes Loch in der Scheibe, vor allem bei rechtwinkligem Auftreffen des Geschosses; Kegel mit Öffnung zur beschuss-/angriffsabgewandten Seite; glatte scharfkantige Ränder; selten kleinste Querbrüche; runde Form = rechtwinkliges Auftreffen; ovale Form = schräges Auftreffen; große kinetische Energie = steiler Kegel = scharfer Rand; geringere kinetische Energie = flacher Kegel = unregelmäßiger Rand.

8.2 Glasbruch – Schadensbilder B

Beschussloch an Floatglas, mit Kleinkalibergewehr beschossen, zwei Einschüsse nebeneinander. (Foto: Karl Polanc)

Beschussloch mit deutlich erkennbarem Konusbruch zur beschussabgewandten Seite. (Foto: Karl Polanc)

Teil 8   Schadensbilder

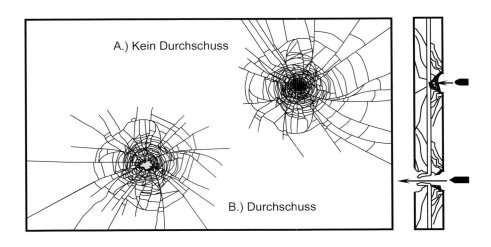

Beispiel Scheibenansicht mit beispielhaftem Bruchverlauf   Bruchquerschnitt

B-013   Beschussloch II (VSG)
Mechanische Punktlast – kurzzeitig – sehr hohe Dynamik

Glasart	VSG, VG, GH, folienbeklebtes Glas.
Beispiele	Beschuss mit Waffen.
Beginn	Im Bruchzentrum auf Beschussseite.
Verlauf	A) kein Durchschuss: zerkrümeltes Glas um Auftreffstelle; Metallreste des Geschosses im Zentrum; großflächige Brüche radial/netzförmig um Zentrum; in Abhängigkeit von Geschossgröße und -energie abnehmende Brüche von Angriffsseite zu abgewandter Seite;
	B) Durchschuss: zerkrümeltes Glas um Durchschuss; großflächige Brüche radial/netzförmig um Zentrum; in Abhängigkeit von Geschossgröße und -energie abnehmende Brüche von Angriffsseite zu abgewandter Seite; Folienreste zur Austrittstelle zeigend
Auslauf	Innerhalb der Glasfläche, selten bis zum Rand.
Weitere Merkmale	Abhängig von Größe, Art und Energie des Geschosses; je kleiner das Geschoss und mit höherer Energie, umso kleinerer Bruchrand und sauberer Durchschuss; Ausbauchung zur angriffsabgewandten Seite.

8.2 Glasbruch – Schadensbilder B

Beschussloch an Mehrfach-VSG, beschossen mit Weichkern-Munition. Deutlich sichtbar der Aufprallbereich des Geschosses, kein Durchschuss. Detailbild mit deutlich erkennbaren Tangentialbrüchen. (Foto: Gerhard Kirchhofer)

Mehrfachbeschuss an beschusshemmendem Mehrscheiben-VSG. (Foto: Gerhard Kirchhofer)

Teil 8   Schadensbilder

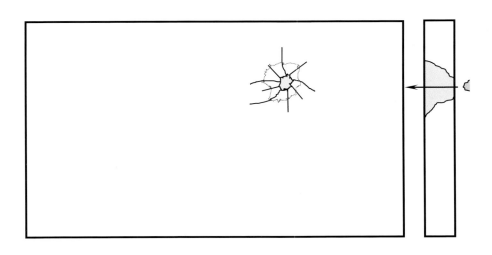

Beispiel   Scheibenansicht mit beispielhaftem Bruchverlauf   Bruchquerschnitt

B-014   Steinschleuderbruch I (Float)
Mechanische Punktlast – kurzzeitig – hohe Dynamik

Glasart	Floatglas, Ornamentglas, gezogenes Glas, alle nicht vorgespannten monolithischen Gläser, Drahtglas.
Beispiele	Stein oder anderes Geschoss aus Steinschleuder.
Beginn	Kleine Öffnung auf Angriffsseite; unregelmäßiger Sägezahnrand.
Verlauf	Unregelmäßiges Loch mit kurzen Einläufen zentral vom Bruchzentrum ausgehend, jedoch nicht immer exakt radial verlaufend.
Auslauf	Angriffsabgewandte Seite; deutlich größere Austrittsöffnung.
Weitere Merkmale	Unregelmäßiges rundes Loch in der Scheibe; kegelförmige Öffnung zur angriffsabgewandten Seite; raue Sägezahnränder; oft kleine Querbrüche; rundliche Form = rechtwinkliges Auftreffen; ovale Form = schräges Auftreffen; große kinetische Energie = steilere Kegelform; geringere kinetische Energie = flachere Kegelform = größere Öffnung.

8.2 Glasbruch – Schadensbilder B

Steinwurfbruch mit deutlicher konusförmiger Ausmuschelung, zur Kenntlichmachung wurde ein Nagel durch das Bruchloch gesteckt.

Steinwurfbruch an Drahtglas, verursacht durch „steineabwerfende Vögel"!

Teil 8   Schadensbilder

Beispiel   Scheibenansicht mit beispielhaftem Bruchverlauf   Bruchquerschnitt

B-015	**Steinschleuderbruch II (VSG)**
	Mechanische Punktlast – kurzzeitig – hohe Dynamik
Glasart	VSG, VG, GH, nur Verbundgläser, folienbeklebte Gläser; bei Gläsern mit Drahteinlage ähnliches Erscheinungsbild.
Beispiele	Stein oder anderes Geschoss aus Steinschleuder; Steinschlag gegen Pkw-Frontscheibe bei hoher Geschwindigkeit.
Beginn	Bruchzentrum ohne Öffnung; unregelmäßiger Sägezahnrand; auf Angriffsseite kegelförmiger Bruch im Glas.
Verlauf	Unregelmäßiger Kegelbruch mit kurzen Einläufen zentral vom Bruchzentrum ausgehend, jedoch nicht immer exakt radial verlaufend.
Auslauf	Zur angriffsabgewandten Seite in angriffsseitiger Scheibe; deutlich größere Austrittsöffnung.
Weitere Merkmale	Unregelmäßiger Bruch in der Scheibe; oft kleine Querbrüche; rundliche Form = rechtwinkliges Auftreffen; ovale Form = schräges Auftreffen; große kinetische Energie = steilere Kegelform; geringere kinetische Energie = flachere Kegelform; selten Sprung auf angriffsabgewandter Seite.

8.2 Glasbruch – Schadensbilder B

Starke Ausmuschelung an 19 mm Floatglas durch Kranhacken verursacht.

Schräg aufprallender, sehr spitzer Gegenstand auf 6 mm Floatglas, der wunderschönes Bruchbild mit Sprüngen und Ausmuschelung erzeugt hat. (Foto: Karl Polanc)

Teil 8   Schadensbilder

1.) = Sekundärsprünge

Beispiel   Scheibenansicht mit beispielhaftem Bruchverlauf   Bruchquerschnitt

B-016 Steinwurfbruch I (Float)
Mechanische Punktlast – kurzzeitig – mittlere Dynamik

Glasart	Floatglas, Ornamentglas, gezogenes Glas, alle nicht vorgespannten monolithischen Gläser.
Beispiele	Einbruch mit schwerem Gegenstand (Hammer o. Ä.); Wurf mit Pflasterstein, Ziegelstein, Holzscheit.
Beginn	Im Zentrum.
Verlauf	Unregelmäßiges Loch; sehr grobes Spinnennetz; geradlinige bis eckige Brüche zentral vom Angriffspunkt ausgehend; Bruchverläufe häufig bis zur Kante durchgehend.
Auslauf	In Scheibenfläche oder an Glaskante.
Weitere Merkmale	In Abhängigkeit von Größe und Auftreffenergie des Wurfgeschosses differierende Öffnung; Sekundärsprünge[1.)] oft vorhanden.

8.2 Glasbruch – Schadensbilder B

Steinwurfbruch an Außenscheibe von Isolierglas

Steinwurfbruch, Detail mit Tangentialbrüchen, aus denen die Wurfrichtung erkennbar ist.

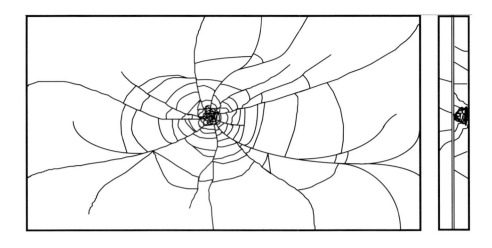

| Beispiel | Scheibenansicht mit beispielhaftem Bruchverlauf | Bruchquerschnitt |

B-017   Steinwurfbruch II (VSG)

Mechanische Punktlast – kurzzeitig – mittlere Dynamik

Glasart	VSG, VG, GH, nur Verbundgläser oder folienbeklebte Gläser; bei Gläsern mit Drahteinlage ähnliches Erscheinungsbild.
Beispiele	Angriff mit schwerem Gegenstand (Hammer o. Ä.); Wurf mit Pflasterstein, Ziegelstein, Holzscheit; Kopfaufprall bei Autoscheibe.
Beginn	Im deutlich sichtbaren Zentrum.
Verlauf	Grobes Spinnennetz; meist geradlinige, wenige eckige Brüche zentral vom Angriffspunkt ausgehend; Bruchverläufe häufig bis zur Kante durchgehend; Bauchung der Scheibe zur angriffsabgewandten Seite.
Auslauf	Geradliniger Auslauf in Scheibenfläche oder bis zur Glaskante.
Weitere Merkmale	In Abhängigkeit von Größe und Auftreffenergie des Wurfgeschosses differierende Ausbauchung; Sekundärsprünge in großer Anzahl vorhanden; meist kein Durchbruch.

8.2 Glasbruch – Schadensbilder B

Steinwurfbruch an VSG aus 2x8 mm TVG, deshalb Brüche ohne Bruchinseln. Mittels Kugelfallversuch entstanden. (Foto: Gerhard Kirchhofer)

VSG-Steinwurfbruch durch runden Stein verursacht, deshalb sehr gleichmäßige Sprungverteilung zu VSG aus 2 x 8 mm Floatglas. (Foto: Gerhard Kirchhofer)

Teil 8 Schadensbilder

Beispiel Scheibenansicht mit beispielhaftem Bruchverlauf Bruchbeginn

B-018 Kantenstoßbruch

Mechanische Punktlast – kurzzeitig
– schwache/mittlere Intensität

Glasart	Floatglas, gezogenes Glas, VSG, VG, GH, Ornamentglas.
Beispiele	Abstellen auf Stein oder Metallstück; Kantenschlag durch Metallteil; falsches Handling der Spannleisten von Transportgestellen.
Beginn	Einlaufwinkel alle Richtungen, nicht rechtwinklig; Durchlaufwinkel nicht rechtwinklig; Kantenausmuschelungen am Einlauf vorhanden in unterschiedlicher Größe je nach Stärke der Krafteinwirkung; deutliches Zentrum an der Kante sichtbar.
Verlauf	Vom Zentrum strahlenförmig ausgehend; geradliniger bis eckiger Bruchverlauf; meist nicht bis zur Kante durchgehend.
Auslauf	Geradlinig; in Scheibenfläche oder bis zur Kante durchgehend.
Weitere Merkmale	Deutliche Ausmuschelungen am Bruchbeginn.

8.2 Glasbruch – Schadensbilder B

Kantenstoßbruch an Autofrontscheibe, verursacht durch Schlag an die Kante beim Einbau eines Scheibenwischermotors, Bruch in beiden Scheiben der VSG-Einheit.

Starker Kantenstoßbruch

Beispiel Scheibenansicht mit beispielhaftem Bruchverlauf Bruchbeginn

B-019 Eckenstoßbruch

Mechanische Punktlast — kurzzeitig
  — schwache/mittlere Intensität

Glasart	Floatglas, gezogenes Glas, VSG, VG, GH, Ornamentglas.
Beispiele	Abstellen auf Stein oder Metallstück; Eckenschlag durch Metallteil; Drehen/Kippen der Scheibe über die Ecke.
Beginn	Einlaufwinkel alle Richtungen, nicht rechtwinklig; Durchlaufwinkel nicht rechtwinklig; Kantenausmuschelungen am Einlauf vorhanden in unterschiedlicher Größe je nach Stärke der Krafteinwirkung; deutliches Zentrum an der Ecke sichtbar.
Verlauf	Von Ecke strahlenförmig ausgehend; geradliniger bis eckiger Bruchverlauf; meist nicht bis zur Kante durchgehend.
Auslauf	Geradlinig; in Scheibenfläche oder bis zur Kante durchgehend.
Weitere Merkmale	Deutliche Ausmuschelungen am Bruchbeginn.

8.2 Glasbruch – Schadensbilder B

Ecken- und Kantenstoßbruch, dessen Ursache erst nach Entfernen der Deckleiste sichtbar wurde.

Eckenstoßbruch an VSG in Glasstapel an 5 m langem, über das Transportgestell hinausreichendem Glas.

Teil 8   Schadensbilder

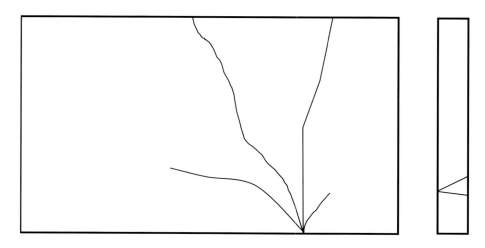

Beispiel   Scheibenansicht mit beispielhaftem Bruchverlauf   Bruchbeginn

B-020   Kantendruckbruch I (Float)
Mechanische Punktlast – kurzzeitig oder lang angreifend – schwache/mittlere Intensität

Glasart	Floatglas, gezogenes Glas, VSG, VG, GH, Ornamentglas.
Beispiele	Unterdimensionierte Klötze bei hohem Glasgewicht; zu hoher punktueller Anpressdruck durch Verschraubung; zu hoher punktueller Anpressdruck durch Vernagelung bei Holzleiste ohne Vorlegeband.
Beginn	Einlaufwinkel alle Richtungen, nicht rechtwinklig; Durchlaufwinkel nicht rechtwinklig; Kantenausmuschelungen nicht oder selten sehr gering vorhanden; Ausgangspunkt an der Kante sichtbar.
Verlauf	Von Kante strahlenförmig ausgehend; geradliniger bis eckiger Bruchverlauf; meist nicht bis zur Kante durchgehend.
Auslauf	Geradlinig; in Scheibenfläche oder selten bis zur Kante durchgehend.

8.2 Glasbruch – Schadensbilder B

Randdruckbruch an Brandschutzglas, durch schlechte Kistenverpackung und linienförmigen Druck rechtwinklig zur Glaskante verursacht, deshalb Verschiebung der Bruchufer zueinander.

Randdruckbruch an VSG aus Floatglas.

Teil 8 Schadensbilder

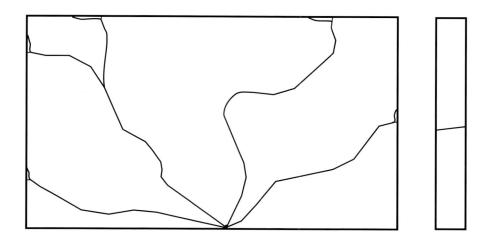

Beispiel   Scheibenansicht mit beispielhaftem Bruchverlauf   Bruchbeginn

B-021   Kantendruckbruch II (TVG)
Mechanische Punktlast – kurzzeitig oder lang angreifend – schwache/mittlere Intensität

Glasart	Nur TVG (Teilvorgespanntes Glas) nach DIN EN 1863.
Beispiele	Zu hoher punktueller Anpressdruck durch Verschraubung; zu hoher punktueller Anpressdruck durch Vernagelung bei Holzleiste ohne Vorlegeband.
Beginn	Einlaufwinkel alle Richtungen, nicht rechtwinklig; Durchlaufwinkel nicht rechtwinklig; Kantenausmuschelungen nicht oder selten vorhanden; Ausgangspunkt an der Kante sichtbar.
Verlauf	Von Kante strahlenförmig ausgehend; Mäanderförmiger bis eckiger Bruchverlauf, selten geradlinig; immer bis zur Kante durchgehend.
Auslauf	Geradlinig; immer an Kante, sehr selten in Fläche.
Weitere Merkmale	Keine Bruchinseln vorhanden und Sprung immer bis zur Glaskante durchgehend (nach DIN EN 1863) und in Abhängigkeit der Scheibengröße und -dicke.

8.2 Glasbruch – Schadensbilder B

Kantendruckbruch an VSG aus TVG, verursacht durch sehr starken Druck an unten überstehender Scheibe.
(Foto: Karl Polanc)

Teil 8   Schadensbilder

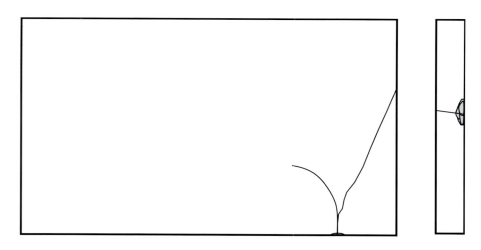

Beispiel   Scheibenansicht mit beispielhaftem Bruchverlauf   Bruchbeginn

B-022   Kantendruckbruch III (Vorschädigung)
Mechanische Punktlast – kurzzeitig oder lang angreifend – schwache/mittlere Intensität

Glasart	Floatglas, gezogenes Glas, VSG, VG, GH, Ornamentglas.
Beispiele	Vorschädigung durch Abstellen auf Stein oder Metallstück; Vorschädigung durch falsches Handling des Klotzhebers; Steinchen oder Metall zwischen Scheibenkante und Klotz.
Beginn	Einlaufwinkel alle Richtungen, nicht rechtwinklig, Durchlaufwinkel nicht rechtwinklig; Kantenausmuschelungen am Einlauf vorhanden in unterschiedlicher Größe; deutliches Zentrum an der Kante sichtbar.
Verlauf	Vom Zentrum strahlenförmig ausgehend; geradliniger bis eckiger Bruchverlauf; meist nicht bis zur Kante durchgehend; keine Ausmuschelungen in der Fläche vorhanden.
Auslauf	Geradlinig; in Scheibenfläche oder bis zur Kante durchgehend.
Weitere Merkmale	Leichte bis starke Ausmuschelungen am Bruchbeginn.

8.2 Oberflächenbeschädigungen – Schadensbilder B

Kantendruckbruch mit Vorschädigung, an der schwächsten Stelle (größte Ausmuschelung) ist der Bruchbeginn.
(Foto: Franz Zapletal)

Vermuteter thermischer Bruch, der sich beim Betrachten der Kante als Kantendruckbruch mit Vorschädigung herausstellte.

Bild Mitte mit Blick auf vorgeschädigte Kante.

Teil 8   Schadensbilder

Beispiel   Scheibenansicht mit beispielhaftem Bruchverlauf   Bruchquerschnitt

B-023   Randbruch I (Float)
Mechanische Punktlast — kurzzeitig
— schwache / mittlere Intensität

Glasart	Floatglas, gezogenes Glas, VSG, VG, GH, Ornamentglas.
Beispiele	Steinchen zwischen Glasscheiben; Werkzeugschlag; Hammerschlag auf Glashalteleiste; andere Schlag- oder Stoßeinwirkungen.
Beginn	Einlaufwinkel alle Richtungen, nicht rechtwinklig; Durchlaufwinkel nicht rechtwinklig; Ausgangspunkt im Randbereich sichtbar; Ausmuschelungen im Bruchzentrum möglich.
Verlauf	Vom Randbereich strahlenförmig ausgehend; geradliniger bis eckiger Bruchverlauf; bis zur nächstgelegenen Kante durchgehend, selten bis zu anderen Kanten.
Auslauf	Geradlinig; in Scheibenfläche oder bis zur Kante durchgehend.
Weitere Merkmale	Kantenausmuschelungen an nächstgelegener Kante möglich.

8.2 Glasbruch – Schadensbilder B

Randbruch, verursacht durch Brecheisen bei Einbruchsversuch, hoher Bruchanzahl = starke Krafteinwirkung, starkes Zerdrücken der Glassplitter im Bruchzentrum. (Foto: Franz Zapletal)

Randdruckbruch, verursacht durch Stein zwischen den Glasscheiben im Glasstapel.

Teil 8   Schadensbilder

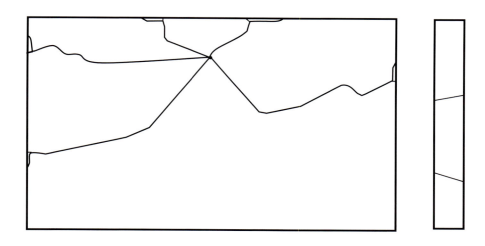

Beispiel   Scheibenansicht mit beispielhaftem Bruchverlauf   Bruchquerschnitt

B-024   Randbruch II (TVG)
Mechanische Punktlast – kurzzeitig
– schwache/mittlere Intensität

Glasart	Nur TVG (Teilvorgespanntes Glas) nach DIN EN 1863.
Beispiele	Steinchen zwischen Glasscheiben; Werkzeugschlag; Hammerschlag auf Glashalteleiste; andere Schlag- oder Stoßeinwirkungen.
Beginn	Einlaufwinkel alle Richtungen, nicht rechtwinklig; Durchlaufwinkel nicht rechtwinklig; Ausgangspunkt im Randbereich sichtbar; Ausmuschelungen im Bruchzentrum oft vorhanden.
Verlauf	Vom Rand strahlenförmig ausgehend; meist eckiger bis mäanderförmiger Bruchverlauf; bis zur Kante durchgehend.
Auslauf	Geradlinig; bis zur Kante durchgehend.
Weitere Merkmale	Kantenausmuschelungen an nächstgelegener Kante oft vorhanden; keine Bruchinseln vorhanden und Sprung bis zur Glaskante durchgehend (nach DIN EN 1863) und in Abhängigkeit von Scheibengröße und -dicke.

8.2 Glasbruch – Schadensbilder B

Die EN 1863 Glas im Bauwesen Teilvorgespanntes Kalknatronglas Teil 1 Definition und Beschreibung Ausgabe 2000-08-01 zeigt unter Punkt *„8.4 Beurteilung der Bruchbilder"* den typischen Sprungverlauf von TVG auf. Diese sehr hilfreiche und eindeutige Beurteilung soll hier gekürzt wiedergegeben, erläutert und ergänzt werden:

Geprüft werden jeweils 5 Glasscheiben der Abmessung 360 mm x 1100 mm ohne jede Bearbeitung wie Bohrungen oder Ausschnitte. Die Scheiben werden 20 mm von der langen Kante entfernt mittig mit einem genau definierten Werkzeug angeschlagen und müssen außerhalb eines 100 mm Radius um die Anschlagstelle und eines 25 mm umlaufenden Randes folgende Eigenschaften aufweisen:

1. Der Sprung eines jeden Bruchstück muss in die Randzone laufen.

2. Sofern Bruchinseln innerhalb der Glasfläche zwischen den Sprüngen entstehen, dürfen diese nur in geringer Anzahl und kleiner Abmessung vorhanden sein.

3. Sofern Bruchinseln vorhanden sind (nicht mehr als 2 zulässig), müssen diese gezählt und gewogen werden und dürfen die Anforderungen der EN 1863-1 (Masseäquivalent) nicht überschreiten.

Diese gekürzt wiedergegebene Beurteilung bezieht sich allerdings auf die genormte Abmessung und die genormte Zerstörung und kann nicht ohne weiteres auf andere Abmessungen und Bruchursachen übertragen werden. Dem interessierten Leser sei die EN 1863 Teil 1 mit den exakten Beurteilungskriterien empfohlen. Bei dieser Zerstörung zeigen sich typische Eigenschaften von TVG:

1. Die Sprünge laufen bis zum Rand aus.

2. Es entstehen – je nach Belastungsart – keine bis nur wenige Bruchinseln im Gegensatz zu normalem, nicht vorgespanntem Floatglas.

3. Im Randbereich innerhalb von 20 – 25 mm entlang der Glaskante kann es bei TVG oft zu parallel zur Kante auslaufenden Sprüngen kommen, die auch mehrfach in Abständen zur Kante auslaufen.

Das „genormte Bruchbild von TVG" nach der EN 1863-1 sollte beispielhaft wie unten gezeichnet aussehen mit Sprungverläufen bis zur Glaskante:

Teil 8   Schadensbilder

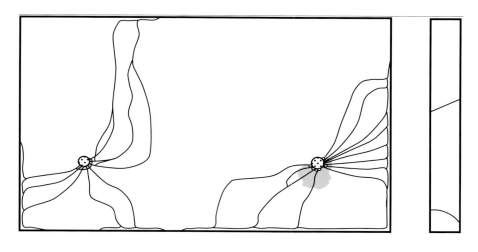

Beispiel   Ansicht mit idealisiertem Bruchverlauf, vergrößert dargestellt   Bruchauslauf

B-025	Punkthalterbruch VSG aus TVG
	Mechanische Punktlast – kurz oder lang anhaltend hohe Intensität – statisch
Glasart	VSG aus TVG (überwiegend Zweifachverbund).
Beispiele	Zu hohe Belastung durch zu stark angezogenen Punkthalter oder verkanteten, nicht flächig aufliegenden Punkthalter; einseitige Druckbelastung auf auskragenden Glasüberstand.
Beginn	Immer am Bohrloch direkt unter Punkthalter.
Verlauf	Vom Bereich der höchsten Belastung aus zur Glaskante aber auch in Scheibenmitte laufende Sprünge mit wenig Bruchinseln.
Auslauf	Meist mit leichtem Schwung zur Glaskante fast paralleler Auslauf, selten in Glasfläche endender Sprung.
Weitere Merkmale	Deutliche Ausmuschelungen im Bereich der höchsten Druckspannung, können bis über den Punkthalter hinausreichen; wenig Bruchinseln vorhanden, keine Quersprünge in Scheibenfläche, nur direkt am Punkthalter; Bruchauslauf oft als TVG-Randläufer parallel in geringem Abstand entlang der Kante.

8.2 Glasbruch – Schadensbilder B

Punkthalter-/Bohrlochbruch an VSG aus 2 x TVG, verursacht durch verkanteten Punkthalter mit extrem hohem Anpressdruck.

Punkthalterbruch an TVG-Außenscheibe bei 3-fach-Isolierglas aufgrund starker Zwängung. (Foto: Franz Zapletal)

Beispiel   Ansicht mit idealisiertem Bruchverlauf, vergrößert dargestellt   Bruchauslauf

B-026 Punkthalter-/Bohrlochbruch VSG aus Float

Mechanische Punktlast – kurz oder lang anhaltend geringe bis hohe Intensität – statisch

Glasart	VSG aus Float- oder Ornamentglas, nicht vorgespannt.
Beispiele	Zu hohe Belastung durch zu stark angezogenen Punkthalter oder verkanteten, nicht flächig aufliegenden Punkthalter; einseitige Druckbelastung auf auskragenden Glasüberstand.
Beginn	Immer am Bohrloch.
Verlauf	Vom Bereich der höchsten Belastung aus zur Glaskante aber auch in Scheibenmitte laufende Sprünge, oft auch Sprungschar.
Auslauf	Oft mit leichtem Schwung zur Glaskante, selten in Glasfläche endender Sprung.
Weitere Merkmale	Deutliche Ausmuschelungen im Bereich der höchsten Druckspannung am Bohrloch, können bis über den Punkthalter hinausreichen.

8.2 Glasbruch – Schadensbilder B

Punkthalterbruch an VSG aus Float, bereits bei geringer Belastung gesprungen.

Wie Bild oben.

Teil 8   Schadensbilder

Beispiel   Ansicht mit idealisiertem Bruchverlauf, vergrößert dargestellt   Bruchauslauf

B-027 Klemmhalterbruch VSG aus Float

Mechanische Punktlast – kurz oder lang anhaltend mittlere bis hohe Intensität – statisch

Glasart	VSG aus Float- oder Ornamentglas, nicht vorgespannt.
Beispiele	Zu hohe Belastung durch zu stark angezogenen Klemmhalter oder verkanteten, nicht flächig aufliegenden Klemmhalter; Druckbelastung auf Scheibenfläche.
Beginn	Immer an der Kante direkt unter Klemmhalter.
Verlauf	Vom Bereich der höchsten Belastung aus zur Glaskante aber auch in Scheibenmitte laufende Sprünge mit wenig Bruchinseln.
Auslauf	Meist mit leichtem Schwung zur Glaskante, selten in Glasfläche endender Sprung.
Weitere Merkmale	Keine Ausmuschelungen im Bereich der höchsten Druckspannung, wenig Bruchinseln vorhanden, kaum Quersprünge in Scheibenfläche, evtl. nur direkt an Klemmhalterkante.

8.2 Glasbruch – Schadensbilder B

Klemmhalterbruch, ausgehend von der starken Klemmung des Laufwagens und starkem Flächendruck auf die Scheibe einer Schiebeanlage bei VSG aus 2 x TVG, Bruchverlauf ähnlich wie bei VSG aus Float, das jedoch bei solchen Schiebeanlagen nicht verwendet werden kann. (Foto: Karl Polanc)

Beispiel   Scheibenansicht mit beispielhaftem Bruchverlauf   Bruchbeginn

B-028   Klemmsprung I

**Mechanische Punkt- oder Streckenlast
– kurzzeitig dynamisch – lang anhaltend statisch**

Glasart	Floatglas, gezogenes Glas, VSG, VG, GH, Ornamentglas.
Beispiele	Unterdimensionierte oder falsche Klötze bei sehr hohem Glasgewicht; falsche Klotzheberanwendung; Längenänderung von Glas/Rahmen nicht berücksichtigt.
Beginn	Einlaufwinkel alle Richtungen, nicht rechtwinklig; Durchlaufwinkel nicht rechtwinklig; Ausmuschelungen an Glaskante am Bruchzentrum möglich.
Verlauf	Immer vom Rand ausgehend; geradliniger Bruchverlauf; kurzer Einlauf; oft rückläufig zum Rand bei längeren Brüchen.
Auslauf	Geradlinig.
Weitere Merkmale	Keine Flächenausmuschelungen; kein Flächenversatz.

8.2 Glasbruch – Schadensbilder B

Klemmsprung, verursacht durch von innen an die Glaskante drückenden zu schmalen Klotz.

Klemmsprung wie Bild oben, deutlich sichtbar der an die Innenkante des Glases drückende Klotz.

Teil 8   Schadensbilder

Beispiel   Scheibenansicht mit beispielhaftem Bruchverlauf   Bruchbeginn

B-029	**Kantendruckbruch Verbundglas (Klemmsprung II)** **Mechanische Streckenlast** — **lang anhaltend statisch**
Glasart	VSG, VG, GH; Brandschutz-VSG, auch bei Isolierglas.
Beispiele	Bei hoher Kantenlast, sehr hohem Anpressdruck und auch hohem bis sehr hohem Glasgewicht (bei geneigten Verglasungen), dickeren Zwischenlagen aus Brandschutz-Gel, Gießharz, PVB oder anderen Materialien mit Kaltfluss; vor allem in geneigten Verglasungen.
Beginn	Einlaufwinkel alle Richtungen, nicht rechtwinklig; Durchlaufwinkel nicht rechtwinklig.
Verlauf	Immer vom Rand ausgehend, meist in Ecke oder Ecknähe beginnend, vom Ort der größten Krafteinwirkung; leicht geschwungener, nahezu geradliniger Bruchverlauf parallel zur Kante; oft rückläufig zum Rand bei längeren Brüchen und sehr starkem, gleichmäßigem Anpressdruck.
Auslauf	Geradlinig.
Weitere Merkmale	Keine Flächenausmuschelungen; leichter Flächenversatz (< 1 mm) des Randbruchstücks in Bruchmitte, aus der Flächenebene herausragend.

8.2 Glasbruch – Schadensbilder B

Kantendruckbruch, verursacht durch sich setzende Brandschutzgelfüllung im Zwischenraum. (Foto: Manfred Beham)

Kantendruckbruch bei Brandschutzglas, verursacht durch zu starken Anpressdruck der Verglasung.

Beispiel   Scheibenansicht mit beispielhaftem Bruchverlauf   Bruchbeginn

B-030 Torsionsbruch
Mechanische Streckenlast – kurzzeitig – dynamisch

Glasart	Floatglas, gezogenes Glas, VSG, VG, GH, Ornamentglas.
Beispiele	Unterdimensionierte Glasdicke, v. a. bei zweiseitiger Lagerung; verwundene oder klemmende Flügelrahmen; Bewegungen im Baukörper mit Lastübertragung auf Scheibe.
Beginn	Einlaufwinkel alle Richtungen, nicht rechtwinklig; Durchlaufwinkel nicht rechtwinklig; in der Regel nicht eindeutig zuordenbar.
Verlauf	Fast immer von Rand zu Rand verlaufend; leicht gewellter, geradliniger Bruchverlauf; Bruchkantenversatz oft vorhanden.
Auslauf	In der Regel nicht eindeutig zuordenbar; geradlinig, sofern nicht bis zur Kante durchlaufend.
Weitere Merkmale	Flächenversatz der Bruchkanten zueinander oft vorhanden; Ausmuschelungen in Fläche möglich; kein Angriffszentrum.

8.2 Glasbruch – Schadensbilder B

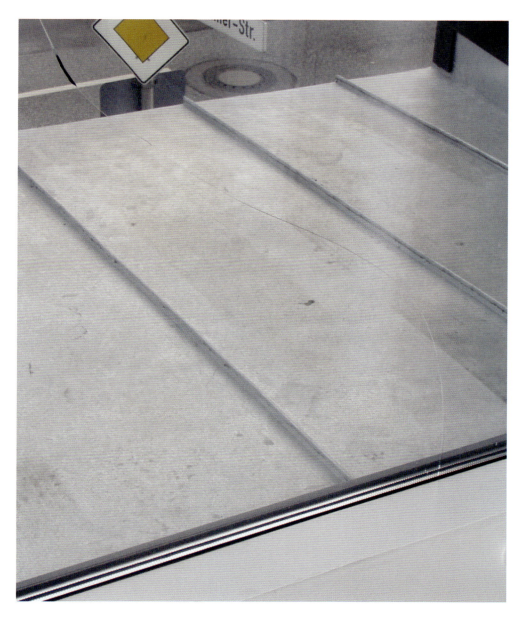

Torsionsbruch an 4 mm Float bei Dreifach-Isolierglas.

Teil 8   Schadensbilder

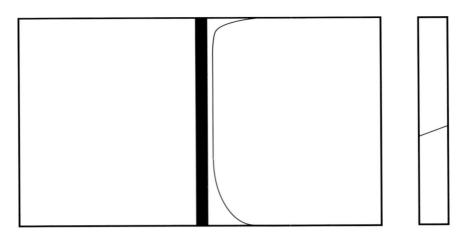

Beispiel   Scheibenansicht mit beispielhaftem Bruchverlauf   Bruchbeginn

B-031 Sprossenbruch Isolierglas I

Mechanische Streckenlast
 — mittlere Dynamik + langzeitig einwirkend
 — hohe Dynamik   + kurzzeitig einwirkend

Glasart	Nur bei Isolierglas aus Floatglas, gezogenem Glas, VSG, VG, GH, Ornamentglas.
Beispiele	Zu kleiner Scheibenzwischenraum (SZR) bei innenliegenden Isolierglassprossen; große Luftdruck-, Temperatur- und/oder Höhendifferenzen bei Isolierglas zwischen Produktion und Einbauort; Isolierglas bei Produktion nicht planparallel, sondern konkav; Isolierglas im Winter in ungeheiztem Bau bei Minustemperaturen.
Beginn	Einlaufwinkel alle Richtungen, nicht rechtwinklig; Durchlaufwinkel nicht rechtwinklig; in der Regel nicht eindeutig zuordenbar.
Verlauf	Immer von Rand zu Rand verlaufend; geradliniger Bruchverlauf, im Randbereich oft von Sprosse wegdrehend; Bruch parallel zu den Sprossen verlaufend; Bruchkantenversatz oft vorhanden.
Auslauf	In der Regel nicht eindeutig zuordenbar; geradlinig, bis zur Kante durchlaufend.
Weitere Merkmale	Kleine Ausmuschelungen in Fläche möglich, meist zum SZR; kann durch die Verwendung von ESG oder größerem SZR vermieden werden.

8.2 Glasbruch – Schadensbilder B

Sprossenbruch an Isolierglas, verursacht durch zu breite Abstandshaltersprosse im SZR der Isolierglases.
(Foto: Wolfgang Sawall)

Starker Sprossenbruch mit Ausmuschelungen zum SZR aufgrund der starken Einbauchung im Winter (Fliegengitter außenseitig).

Teil 8   Schadensbilder

Beispiel   Scheibenansicht mit beispielhaftem Bruchverlauf   Bruchbeginn

B-032   Sprossenbruch Isolierglas II
**Mechanische Punkt- oder Streckenlast
− mittlere Dynamik − kurz- oder langzeitig einwirkend**

Glasart	Nur bei Isolierglas aus Floatglas, gezogenem Glas, VSG, VG, GH, Ornamentglas.
Beispiele	Zu kleiner Scheibenzwischenraum (SZR) bei innenliegenden Isolierglassprossen; SZR-Sprossen mit harten Distanzpunkten in Sprossenkreuzmitte; große Luftdruck-, Temperatur- und/oder Höhendifferenzen bei Isolierglas zwischen Produktion und Einbauort; Isolierglas im Winter in ungeheiztem Bau bei Minustemperaturen.
Beginn	Einlaufwinkel alle Richtungen, nicht rechtwinklig; Durchlaufwinkel nicht rechtwinklig; in der Regel nicht eindeutig zuordenbar; oft Bruchzentrum an Sprossenkreuzungspunkten der im SZR befindlichen Isolierglassprossen.
Verlauf	Fast immer von Rand zu Rand verlaufend; geradliniger Bruchverlauf; Bruch meist parallel zu den Sprossen verlaufend; Bruchkantenversatz oft vorhanden.
Auslauf	In der Regel nicht eindeutig zuordenbar; geradlinig, bis zur Kante durchlaufend.
Weitere Merkmale	Kleine Ausmuschelungen in Fläche möglich, meist zum SZR; kann durch die Verwendung von ESG oder größerem SZR vermieden werden.

8.2　Glasbruch – Schadensbilder B

Sprossenbruch an Isolierglas mit zu schmalem SZR, Bruch geht vom „Klapperschutz" aus, da es sich andernfalls um überkreuzende Brüche handeln würde, was nicht möglich ist.　　　(Foto: Wolfgang Sawall)

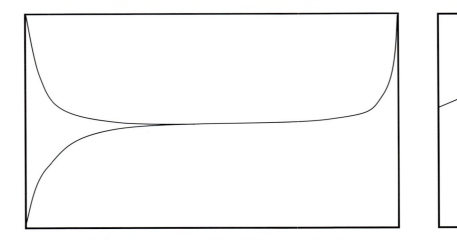

Beispiel   Scheibenansicht mit beispielhaftem Bruchverlauf   Bruchbeginn

B-033 Flächendruckbruch I
**Mechanische Flächenlast — lang anhaltend
— dynamisch/statisch**

Glasart	Floatglas, gezogenes Glas, VSG, VG, GH, Ornamentglas; sehr häufig bei Isolierglas.
Beispiele	Zu hohe Belastung durch Temperatur, Luftdruck und/oder Höhenunterschiede zwischen Produktions- und Einbauort bei Isolierglas; unterdimensionierte vierseitig gelagerte Aquarienscheibe.
Beginn	Meist in Scheibenmitte, insbesondere bei Gabelungen, Durchlauf in Scheibenmitte oft rechtwinklig zur Oberfläche; kein Bruchzentrum erkennbar; selten Ausmuschelungen an Glaskante.
Verlauf	In die Ecke laufend, S- oder bogenförmig; parallel zur längeren Kante, oft mit wenigen oder auch ohne Gabelungen; geradliniger, gebogener, nicht eckiger Bruchverlauf.
Auslauf	Von Scheibenmitte immer zur Ecke oder nahe der Ecke der Scheibe.
Weitere Merkmale	Flächenausmuschelungen vorhanden; bei konkaven Scheiben (Unterdruck im SZR) außenseitige Ausmuschelungen, bei konvexen Scheiben (Überdruck im SZR) auf SZR-Seite, daran kann erkannt werden, ob Bruch durch Über- oder Unterdruck im SZR verursacht wurde; bei Einfachglas Ausmuschelungen auf lastangreifender Seite; mit zunehmender Last steigt Anzahl der Brüche.

8.2 Glasbruch – Schadensbilder B

Flächendruckbruch an Isolierglas, das in ungeheiztem Bau überwintern musste.

Flächendruckbruch an Isolierglas im Überkopfbereich.   (Foto: Markus Renaltner)
Linke Scheibe: Flächendruckbruch I, rechte Scheibe: Flächendruckbruch III

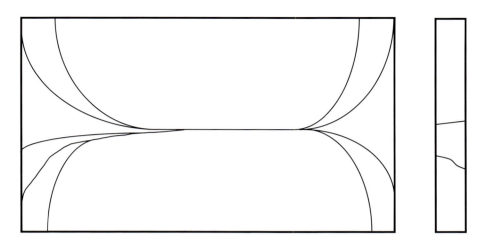

Beispiel   Scheibenansicht mit beispielhaftem Bruchverlauf   Bruchquerschnitt

B-034 Flächendruckbruch II

Mechanische Flächenlast — lang anhaltend
— dynamisch / statisch

Glasart	Floatglas, gezogenes Glas, VSG, VG, GH, Ornamentglas; sehr häufig bei Isolierglas.
Beispiele	Zu hohe Belastung durch Temperatur, Luftdruck und/oder Höhenunterschiede zwischen Produktions- und Einbauort bei Isolierglas; unterdimensionierte vierseitig gelagerte Aquarienscheibe; Gebirgstransport von Isolierglas ohne Druckausgleich.
Beginn	Nahezu immer in Scheibenmitte, insbesondere bei beidseitigen Gabelungen, Durchlauf in Scheibenmitte oft rechtwinklig zur Oberfläche; kein Bruchzentrum erkennbar; Durchlaufwinkel nicht rechtwinklig; sehr selten Ausmuschelungen an Glaskante.
Verlauf	In die Ecke laufend, S- oder bogenförmig; parallel zur längeren Kante mit mehrfachen Gabelungen; geradliniger, gebogener, nicht eckiger Bruchverlauf.
Auslauf	Von Scheibenmitte immer zur Ecke oder nahe der Ecke der Scheibe.
Weitere Merkmale	Flächenausmuschelungen vorhanden; bei konkaven Scheiben (Unterdruck im SZR) außenseitige Ausmuschelungen, bei konvexen Scheiben (Überdruck im SZR) auf SZR-Seite, daran kann erkannt werden, ob Bruch durch Über- oder Unterdruck im SZR verursacht wurde; mit zunehmender Last steigt Anzahl der Sprünge; bei Einfachglas Ausmuschelungen auf lastangreifender Seite.

8.2 Oberflächenbeschädigungen – Schadensbilder B

Sehr starker Flächendrucksprung an Isolierglas mit großem SZR und Jalousie im SZR.

Flächendruckbruch an Dreifach-Isolierglas mit einem großem SZR für innenliegende Jalousie, Außenansicht.

Teil 8 Schadensbilder

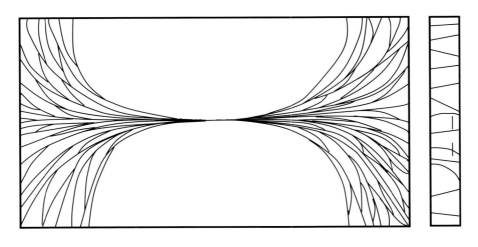

Beispiel   Scheibenansicht mit beispielhaftem Bruchverlauf   Bruchquerschnitt

B-035	**Flächendruckbruch III**
	Mechanische Flächenlast – länger anhaltend dynamisch/statisch – hohe Intensität
Glasart	Floatglas, gezogenes Glas, VSG, VG, GH, Ornamentglas; sehr häufig bei Isolierglas.
Beispiele	Zu hohe Belastung durch Temperatur, Luftdruck und Höhenunterschiede zwischen Produktions- und Einbauort bei Isolierglas; Seltener Dachschneelawine mittig bei Scheiben im Überkopfbereich; zu kaltes Gas bei Isolierglas-Gasfüllung.
Beginn	Mittig, Auslaufwinkel alle Richtungen, nicht rechtwinklig; kein Bruchzentrum erkennbar; Durchlaufwinkel meist rechtwinklig zur Oberfläche; keine Ausmuschelungen an Glaskante.
Verlauf	Immer in die Ecken auslaufend, bogenförmig mit einer Vielzahl an Gabelungen; Bruch in Scheibenmitte parallel zur längeren Kante bei großem Seitenverhältnis; geradliniger, runder, nicht eckiger Bruchverlauf.
Auslauf	Von Scheibenmitte immer zur Ecke oder nahe der Ecke der Scheibe.
Weitere Merkmale	Flächenausmuschelungen vorhanden; bei konkaven Scheiben (Unterdruck im SZR) außenseitige Ausmuschelungen, bei konvexen Scheiben (Überdruck im SZR) auf SZR-Seite, daran kann erkannt werden, ob Bruch durch Über- oder Unterdruck im SZR verursacht wurde; mit zunehmender Last steigt Anzahl der Sprünge; bei Einfachglas Ausmuschelungen auf lastangreifender Seite.

8.2 Oberflächenbeschädigungen – Schadensbilder B

Sehr starker Flächendruckbruch, durch sehr gute Glaskantenqualität muss sich hoher Druck aufbauen, bis die Scheibe bricht. Dadurch sehr starke Bruchverzweigung.

Starker Flächendruckbruch mit mehrfacher Aufteilung der Sprünge im oberen und unteren Scheibenbereich, Außenansicht.

Teil 8   Schadensbilder

Detail aus Bild Seite 293 rechts, die deutlichen Ausmuschelungen an der Kante der Pos. 2 weisen darauf hin, dass die Scheibe durch Überdruck im SZR gesprungen ist.

Starker, asymmetrischer Flächendruckbruch an Isolierglas.
(Foto: Karl Polanc)

Bei Flächendruckbruch aufgrund von Überdruck im SZR viele Glassplitter im SZR.

8.2 Glasbruch – Schadensbilder B

Beispiel   Scheibenansicht mit beispielhaftem Bruchverlauf   Bruchquerschnitt

B-036   Flächendruckbruch IV (Berstbruch) Float
Mechanische Flächenlast – kurzzeitig – dynamisch – sehr hohe Intensität

Glasart   Floatglas, Ornamentglas; gezogenes Glas, auch bei Isolierglas.

Beispiele   Extrem hohe Belastung durch Temperatur, Luftdruck und Höhenunterschiede zwischen Produktions- und Einbauort bei Isolierglas; zu kaltes Gas bei Isolierglas-Gasfüllung und großem SZR; Explosion.

Beginn   Einlaufwinkel alle Richtungen, nicht rechtwinklig; kein Bruchzentrum erkennbar; Durchlaufwinkel nicht rechtwinklig; keine Ausmuschelungen an Glaskante.

Verlauf   Von Ecke zu Ecke, bogenförmig; Bruchschar mit Querbrüchen, die zur Öffnung in Scheibenmitte zunehmen; geradliniger, meist rundlicher Bruchverlauf.

Auslauf   Von Scheibenmitte immer zur Ecke oder nahe der Ecke der Scheibe.

Weitere Merkmale   Flächenausmuschelungen vorhanden; bei konkaven Scheiben (Unterdruck im SZR) außenseitige Ausmuschelungen, bei konvexen Scheiben (Überdruck im SZR) auf SZR-Seite, daran kann erkannt werden, ob Bruch durch Über- oder Unterdruck im SZR verursacht wurde; mit zunehmender Last steigt Anzahl der Sprünge; bei Einfachglas Ausmuschelungen auf lastangreifender Seite; bei Explosion Ausmuschelungen auf lastangreifender Seite.

Teil 8   Schadensbilder

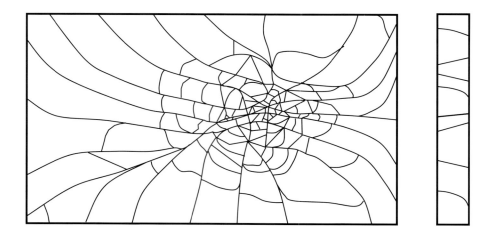

Beispiel   Scheibenansicht mit beispielhaftem Bruchverlauf   Bruchquerschnitt

B-037	**Flächendruckbruch V (Berstbruch) VSG** **Mechanische Flächenlast – kurzzeitig – dynamisch – sehr hohe Intensität**
Glasart	VSG, VG, GH; auch bei Isolierglas.
Beispiele	Extrem hohe Belastung durch Temperatur, Luftdruck und Höhenunterschiede zwischen Produktions- und Einbauort bei Isolierglas; zu kaltes Gas bei Isolierglas-Gasfüllung und großem SZR; Explosion.
Beginn	Einlaufwinkel alle Richtungen, nicht rechtwinklig; kein Bruchzentrum erkennbar; Durchlaufwinkel nicht rechtwinklig; keine Ausmuschelungen an Glaskante.
Verlauf	Von Mitte bogenförmig zur Kante; keine Öffnung vorhanden; Bruchschar mit Querbrüchen, die zur Scheibenmitte zunehmen; geradliniger, meist rundlicher Bruchverlauf.
Auslauf	Von Scheibenmitte immer zur Ecke oder nahe der Ecke der Scheibe.
Weitere Merkmale	Flächenausmuschelungen vorhanden; bei konkaven Scheiben (Unterdruck im SZR) außenseitige Ausmuschelungen, bei konvexen Scheiben (Überdruck im SZR) auf SZR-Seite, daran kann erkannt werden, ob Bruch durch Über- oder Unterdruck im SZR verursacht wurde; mit zunehmender Last steigt Anzahl der Sprünge; bei Einfachglas Ausmuschelungen auf lastangreifender Seite; bei Explosion Ausmuschelungen auf lastangreifender Seite.

8.2 Glasbruch – Schadensbilder B

Sehr starker Flächendruckbruch durch Einbau mit großem Höhenunterschied zum Herstellort verursacht.
(Foto: Karl Polanc)

Teil 8   Schadensbilder

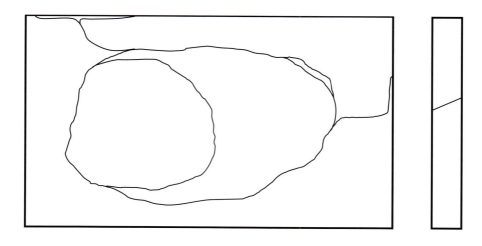

Beispiel Scheibenansicht mit beispielhaftem Bruchverlauf   Bruchbeginn oder Bruchauslauf

B-038   Flächendruckbruch VI VSG aus TVG

**Mechanische Flächenlast – lang anhaltend
hohe Intensität – dynamisch/statisch**

Glasart	VSG aus TVG (zwei- oder dreifach), selten VSG aus Float.
Beispiele	Zu hohe Belastung durch Flächenlast, wie Schneelasten oder Dachschneelawinen bei linienförmig oder auch punktförmig gelagerten Überkopfverglasungen; mit schwerem Hubwagen befahrene begehbare Verglasung; unterdimensionierte Verglasung bei hohem Winddruck (Sturm).
Beginn	Meist an Oberflächenbeschädigung innerhalb der Glasfläche oder an der Kante beginnend, bei geschlossenem Bruchkreis nicht immer eindeutig zuordenbar; bei Kantenbeschädigung immer davon ausgehend; nicht zwingend vorhandener Ein- oder Auslauf an Kante.
Verlauf	Nahezu kreisförmig oder elliptisch in deutlichem Abstand zur Glaskante entsprechend dem Spannungsverlauf bei starker flächiger Durchbiegung (Schüsselung).
Auslauf	Bei geschlossenem Bruchkreis nicht immer vorhanden, bzw. oft nicht eindeutig zuordenbar.

8.2 Glasbruch – Schadensbilder B

Weitere Merkmale: Ausmuschelungen auf lastangreifender Seite selten vorhanden; mit zunehmender Last und wiederholter/langanhaltender Belastung steigt Anzahl der Brüche. Bruchinseln möglich; bei TVG oft länger in geringem Abstand parallel zur Kante auslaufend, typisch für TVG ist auch das nicht immer geradlinige Auslaufen der Brüche, sondern etwas wellenförmiges Aussehen.

Flächendruckbruch an VSG aus TVG, unterdimensionierte Scheibe bei extrem hoher, langanhaltender Schneelast. (Foto: Karl Polanc)

Teil 8 Schadensbilder

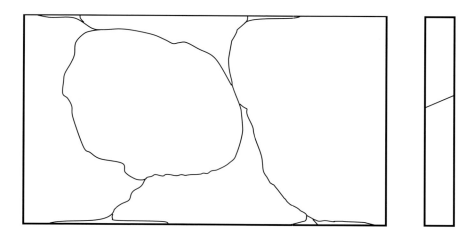

Beispiel Scheibenansicht mit beispielhaftem Bruchverlauf Bruchbeginn oder Bruchauslauf

B-039 Flächendruckbruch VII VSG aus TVG
**Mechanische Flächenlast – lang anhaltend
hohe Intensität – dynamisch/statisch**

Glasart	VSG aus TVG (zwei- oder dreifach).
Beispiele	Zu hohe Belastung durch Flächenlast, wie Schneelasten oder Dachschneelawinen bei linienförmig oder auch punktförmig gelagerten Überkopfverglasungen; unterdimensionierte Verglasung bei hohem Winddruck (Sturm).
Beginn	Meist an Oberflächenbeschädigung innerhalb der Glasfläche oder an der Kante beginnend, bei geschlossenem Bruchkreis nicht immer eindeutig zuordenbar; bei Kantenbeschädigung immer davon ausgehend; häufig vorhandener Ein- oder Auslauf an Kante.
Verlauf	Wenige Sprünge über die gesamte Scheibenfläche, kaum Bruchinseln, Sprünge selten glatt, sondern eher leicht kantig laufend entsprechend dem Spannungsverlauf bei starker Belastung mit flächiger Durchbiegung (Schüsselung).
Auslauf	Bei geschlossenem Bruchkreis meist vorhanden, häufig an der Kante auslaufend.
Weitere Merkmale	Ausmuschelungen auf lastangreifender Seite selten vorhanden, nur bei Punktlast in Scheibenfläche; mit zunehmender Last und wiederholter/langanhaltender Belastung steigt Anzahl der Brüche. Bruchinseln möglich; bei TVG oft länger in geringem Abstand parallel zur Kante auslaufend, typisch für TVG ist auch das nicht immer geradlinige Auslaufen der Brüche, sondern etwas wellenförmiges Aussehen.

8.2 Glasbruch – Schadensbilder B

Flächendruckbruch an VSG aus TVG, verursacht durch Dachlawine.

Sehr starker Flächendruckbruch an VSG aus TVG, verursacht durch Dachlawine.

Teil 8 Schadensbilder

Beispiel   Scheibenansicht mit beispielhaftem Bruchverlauf   Bruchbeginn oder Bruchauslauf

B-040 Flächendruckbruch VIII Isolierglas-Punkthalter VSG aus TVG

Mechanische Flächenlast – lang anhaltend hohe Intensität – statisch

Glasart VSG aus TVG als untere Scheibe des punktgehaltenen Zweifach- oder Dreifach-Isolierglases.

Beispiele Zu hohe Belastung durch Flächenlast, beispielsweise aus Eigengewicht, Doppelscheibeneffekt und weiteren Lasten bei Fixierung mittels sehr starr und unbeweglich gelagerter Punkthalter; zu schwach dimensioniertes VSG bei sehr großem Scheibenzwischenraum.

Beginn Meist am mittleren Punkthalter, seltener am Punkthalter an der Ecke.

Verlauf In die Scheibenmitte und zu den Ecken verlaufende Sprünge und Sprungscharen, die oft von Punkthalter zu Punkthalter und auch von Punkthalter zu Außenkante verlaufen, bei TVG kein glatter Sprungverlauf, sondern immer wieder mit kleineren Richtungswechseln.

Auslauf Zur Außenkante und zu anderen Punkthaltern, oft noch etwas parallel zur Außenkante verlaufend (TVG-typisch).

Weitere Merkmale Mit zunehmendem Druck (im SZR und auf VSG aus TVG) zunehmende Anzahl von Sprüngen; je weiter der Punkthalter von der Kante entfernt ist, desto mehr Sprünge/Sprungscharen entstehen, da das Isolierglas dadurch am Ein-/Ausbauchen gehindert wird.

8.2 Glasbruch – Schadensbilder B

Flächendruckbruch an Dreifach-Isolierglas, gebrochen ist die untere Scheibe VSG aus TVG, während die mittlere und obere ESG-Scheibe dem Druck standhielten. (Foto: Franz Zapletal)

Punkthalter-Bohrlochbruch bei VSG aus TVG, Detail aus Bild oben. (Foto: Franz Zapletal)

Teil 8   Schadensbilder

Beispiel   Ansicht mit idealisiertem Bruchverlauf, vergrößert dargestellt   Bruchauslauf

B-041   Eckendruckbruch VSG aus Float

Mechanische Punktlast / Ecklast – kurz oder lang anhaltend mittlere bis hohe Intensität – statisch

Glasart	VSG aus Float (meist Zweifach- oder Dreifachverbund).
Beispiele	Hohe Belastung durch zu starken Druck im Eckbereich der Scheibe, z.B. durch auflehnen an mittig gehaltene Tischplatte; einseitige Eck-Druckbelastung auf auskragenden Glasüberstand.
Beginn	An Glaskante der auf Zugspannung belasteten Scheibe im Verbund.
Verlauf	Bogenförmig um den Bereich der stärksten Belastung.
Auslauf	Meist im Winkel unter 45° zur Glaskante, sehr selten paralleler oder rechtwinkliger Auslauf zur Kante, kein rechtwinkliger Verlauf durch den Glasquerschnitt.
Weitere Merkmale	Keine Ausmuschelungen vorhanden, da Zugbelastung.

8.2 Glasbruch – Schadensbilder B

Eckendruckbruch an Crash-VSG-Tischplatte, verursacht durch Sitzen auf der frei auskragenden Ecke, viertelkreisförmiger Sprung in oberer Glasscheibe. (Foto: Udo Bethke)

Beispiel   Ansicht mit idealisiertem Bruchverlauf, vergrößert dargestellt   Bruchauslauf

B-042   Barbelé-Bruch VSG aus Float

Mechanische Flächenlast, größere Punktlast – kurzzeitig mittlere bis hohe Intensität – dynamisch

Glasart	VSG aus Floatglas.
Beispiele	Kugelfallversuche, Anprall eines größeren Körpers, sehr hohe kurzzeitige Lasteinwirkung auf VSG-Scheibe, durch sehr starke Haftung der VSG-Folie werden die kleinsten vom Hauptsprung abzweigenden Sekundärsprünge am Weiterlaufen gehindert, oft bei sehr kalten Scheiben (hohe Zähigkeit der Folie) zu beobachten.
Beginn	Immer im deutlich sichtbaren Zentrum des Lastangriffs (Spinnennetzmitte).
Verlauf	Spinnennetz mit einer Vielzahl an kleinen und kleinsten Gabelungen der Sekundärsprünge, die vom Hauptsprung nur wenige Millimeter bis Zentimeter abzweigen und nicht mehr weiter laufen; Bruchverläufe der Hauptsprünge meist bis zur Kante weiterlaufend.
Auslauf	Geradliniger Auslauf, meist bis zur Kante, seltener in der Fläche endend.
Weitere Merkmale	Deutliche Ausmuschelungen im Bereich der höchsten Druckspannung im Bruchzentrum, hohe Anzahl von „Kurzgabelungen" zu beiden Seiten der Hauptsprünge, Ausmuschelung im Bruchzentrum möglich; Bauchung der Scheibe zur angriffsabgewandten Seite; in Abhängigkeit von Größe und Aufprallenergie vorhandene Hauptsprünge.

8.2 Glasbruch – Schadensbilder B

Barbelé-Bruch an VSG aus Float aufgrund hoher Flächenlast. (Foto: Jürgen Sieber)

Teil 8 Schadensbilder

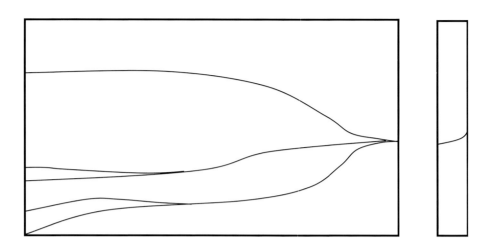

Beispiel   Scheibenansicht mit beispielhaftem Bruchverlauf   Bruchbeginn

B-043   Deltabruch I
**Mechanische Flächenlast — lang anhaltend
— statisch/dynamisch — zweiseitige Lagerung**

Glasart   Floatglas, gezogenes Glas, VSG, VG, GH, Ornamentglas, Drahtglas.

Beispiele   Lang anhaltende, hohe Schneelast auf zwei- oder dreiseitig gelagerter Überkopfverglasung.

Beginn   Einlaufwinkel nicht rechtwinklig; Durchlaufwinkel nicht rechtwinklig; keine Ausmuschelungen an Glaskante; Bruchzentrum an nicht gelagerter Kante.

Verlauf   Relativ parallel zur längeren, gelagerten Kante über gesamte Fläche; geradliniger, nicht eckiger, leicht gebogener Bruchverlauf; delta- oder kelchförmig.

Auslauf   Geradlinig; teilweise bis zur Glaskante.

Weitere Merkmale   Flächenausmuschelungen zur Lastseite möglich; mit zunehmender Last steigt Anzahl der Sprünge.

8.2 Glasbruch – Schadensbilder B

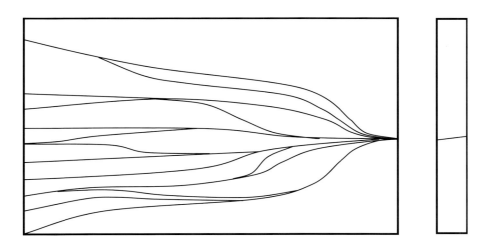

Beispiel Scheibenansicht mit beispielhaftem Bruchverlauf   Bruchbeginn

B-044	Deltabruch II
	Mechanische Flächenlast – lang anhaltend – statisch/dynamisch – zweiseitige Lagerung
Glasart	Floatglas, gezogenes Glas, VSG, VG, GH, Ornamentglas, Drahtglas.
Beispiele	Lang anhaltende, sehr hohe Schneelast auf zwei- oder dreiseitig gelagerter Überkopfverglasung; hohe Überlastung zweiseitig gelagerter Regalböden.
Beginn	Einlaufwinkel nicht rechtwinklig; Durchlaufwinkel nicht rechtwinklig; keine Ausmuschelungen an Glaskante; Bruchzentrum an nicht gelagerter Kante.
Verlauf	Relativ parallel zur längeren, gelagerten Kante über gesamte Fläche; geradliniger, nicht eckiger, leicht gebogener Bruchverlauf; delta- oder kelchförmig mit starken Verzweigungen.
Auslauf	Geradlinig; teilweise bis zur Glaskante.
Weitere Merkmale	Flächenausmuschelungen zur Lastseite möglich; mit zunehmender Last steigt Anzahl der Sprünge.

Teil 8 Schadensbilder

Beispiel   Scheibenansicht mit beispielhaftem Bruchverlauf   Bruchbeginn

B-045 Mechanischer Wurmsprung

Mechanische Punktlast – sehr starke Intensität
Nur bei sehr großen Isolierglasscheiben

Glasart	Floatglas, gezogenes Glas, VSG, VG.
Beispiele	Mittlere Scheibe bei Isolierglas mit größeren Scheibenzwischenräumen, wenn waagrecht versiegelt wird und Glasscheiben vor dem Aufrichten mittig aufeinander liegen, entsteht beim Aufrichten der Scheibe.
Beginn	Innerhalb der Scheibenfläche; kein Beginn an der Glaskante; keine Unterscheidung zwischen Beginn und Auslauf möglich.
Verlauf	Schlangen- oder wurmartig im Scheibenzentrum ohne größere Richtungswechsel.
Auslauf	Innerhalb der Scheibenfläche; kein Beginn an der Glaskante; keine Unterscheidung zwischen Beginn und Auslauf möglich.
Weitere Merkmale	Oft nicht unter jedem Blickwinkel erkennbar, immer im Zentrum der Scheibe.

8.2 Glasbruch – Schadensbilder B

Mechanischer Wurmsprung an mittlerer 8 mm-Scheibe einer Dreifach-Isolierverglasung, verursacht beim ruckartigen Aufstellen der Scheibe aus der Waagrechten in die Senkrechte. (Foto: Karl Polanc)

Detail zu Bild oben. (Foto: Karl Polanc)

Teil 8 Schadensbilder

Beispiel Scheibenansicht mit beispielhaftem Bruchverlauf   Bruchbeginn oder Bruchauslauf

B-046 Sauger-Wurmsprung
Mechanische Punktlast – sehr starke Intensität
Meist bei Dreifach-Isolierglas mittig

Glasart	Floatglas, gezogenes Glas, VSG, VG, Isolierglas
Beispiele	Scheibenoberfläche, an der durch einen starken 1-Teller-Glassauger angesetzt wird. Tritt im Saugermittelpunkt bei ruckartigem Handling der Isolierglaseinheit, bzw. des verglasten Fensterelements auf.
Beginn	Innerhalb der Scheibenfläche; oft verglasungsbedingt auf raumseitiger Scheibenoberfläche (Glashalteleistenseite), kein Beginn an der Glaskante; keine Unterscheidung zwischen Beginn und Auslauf möglich.
Verlauf	Schlangen- oder wurmartig im Scheibenzentrum ohne größere Richtungswechsel, selten mit kleinem Häkchen oder leicht abknickend.
Auslauf	Innerhalb der Scheibenfläche; keine Unterscheidung zwischen Beginn und Auslauf möglich, läuft erst bei weiterer starker Belastung weiter, selten bis zur Glaskante laufend.
Weitere Merkmale	Oft nicht unter jedem Blickwinkel erkennbar, Länge des Primärbruchs ca. 6 – 20 mm, immer im Zentrum der Scheibe, nie auf mittlerer Scheibe bei Mehrfach-Isolierglas.

Hinweis: Das **Schadensbild B-047** Steinschlag (Windschutzscheibe Kfz, Vogelvandalismus) findet sich auf Seite 244, da es dort thematisch treffender angesiedelt ist!

8.2 Glasbruch – Schadensbilder B

Saugerwurmsprung, stark vergrößert dargestellt. Länge ca. 10 mm. (Foto: Ulrich Fleischer)

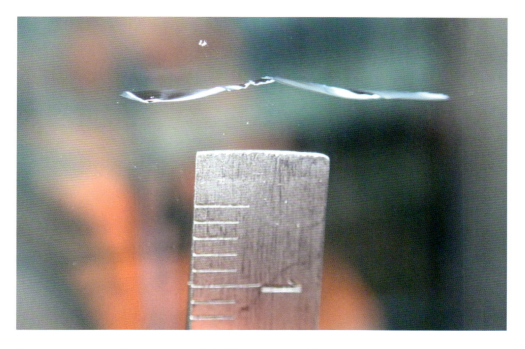

Saugerwurmsprung an Außenscheibe eines Dreifachisolierglases, ca. 18 mm lang.

Beispiel	Scheibenansicht mit beispielhaftem Bruchverlauf	Bruchbeginn oder Bruchauslauf

B-048 Kreisbruch
Mechanische punktförmige/flächenförmige Beschädigung

Glasart	Floatglas, Ornamentglas, gezogenes Glas, alle nicht vorgespannten monolithischen Gläser.
Beispiele	Flächiger Aufprall von kleineren harten, runden oder rechteckigen Gegenständen auf die Glasoberfläche; Hammerschlag, Kantholz, Rundholz o. Ä.
Flächenbild	Nahezu ideale kreisförmige Form, konusförmiger Ausbruch von der Angriffseite weg vergrößernd.
Position zum Glasrand	Keine typische Positionierung innerhalb der Oberfläche, jedoch meist näher zum Glasrand als zur Mitte; Beschädigungen können auf der gesamten Oberfläche auftreten.
Weitere Merkmale	Rundliche Form aufgrund des exakt rechtwinkligen Auftreffens, deshalb kein spinnennetzähnlicher Glasbruch; Durchmesser variiert von ca. 6 cm – ca. 15 cm; oft leicht unregelmäßiger Bruchrand, Wallnerlinien meist vorhanden; tritt eher bei dünneren Gläsern auf (3 mm – 6 mm Glasdicke).

8.2 Glasbruch – Schadensbilder B

Kreisbruch, verursacht durch 8 x 8 cm Kantholz bei rechtwinkligem Auftreffen.

Kreisbruch, verursacht durch Hammerschlag während eines Glasbruchanalyse-Seminars in Hadamar.

Teil 8 Schadensbilder

Beispiel   Scheibenansicht mit beispielhaftem Bruchverlauf   Bruchquerschnitt

B-050   Hybridsprung ESG-TVG
Punktlast – kurzzeitig – dynamisch
Flächenlast – mittlere/starke Intensität

Glasart	Nicht bei ESG, nicht bei teilvorgespanntem Glas (TVG). Zu stark vorgespanntes TVG, zu schlecht vorgespanntes ESG.
Beispiele	Kantenschlag; Dachschneelawine; Steinschlag.
Beginn	Bruchzentrum oft nicht eindeutig sichtbar, evtl. punktförmig mit Ausmuschelungen in Fläche oder an Kante.
Verlauf	Netzförmig mit unterschiedlich großen Bruchstücken; kein typisch flächiges ESG-Krümelbild mit nur kleinen Bruchstücken; kein typisches TVG-Bruchbild mit wenigen, durchgehenden Sprüngen und wenig Bruchinseln; ganzflächiger Bruchverlauf.
Auslauf	Ganzflächig, unzählig, an allen Kanten.
Weitere Merkmale	Sehr unregelmäßige, unterschiedliche Größe und Form der Bruchstücke.

8.2 Glasbruch – Schadensbilder B

Hybridsprung an VSG mit zu stark vorgespanntem TVG. (Foto: Franz Zapletal)

Teil 8   Schadensbilder

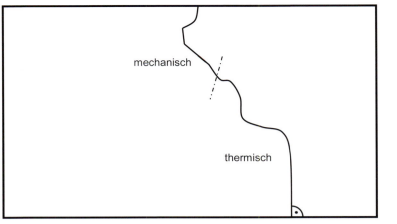

Beispiel   Scheibenansicht mit beispielhaftem Bruchverlauf   Bruchbeginn

B-051   Hybridsprung I
Thermische/mechanische Lasten – sich überlagernd

Glasart	Floatglas, gezogenes Glas, VSG, VG, GH, Ornamentglas.
Beispiele	Mehrfacheinwirkung durch Flächenlast (Zug, Wind) an bereits thermisch stark belasteter Scheibe.
Beginn	Einlaufwinkel rechtwinklig, Durchlaufwinkel nicht rechtwinklig; keine Kantenausmuschelungen; kein Bruchzentrum erkennbar.
Verlauf	Thermischer Sprungbeginn mit Richtungsänderung an der Kalt-/Warmzone (Abknickung), danach kurz mäanderförmig verlaufend und im weiteren Verlauf wie mechanischer Sprung, geradlinig bis eckig.
Auslauf	Geradlinig, ohne Häkchen.
Weitere Merkmale	Ausmuschelungen in der Fläche möglich.

8.2 Glasbruch – Schadensbilder B

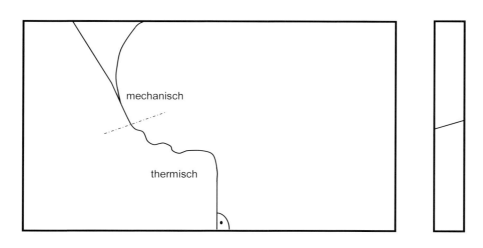

Beispiel   Scheibenansicht mit beispielhaftem Bruchverlauf   Bruchbeginn

B-052   Hybridsprung II
Thermische/mechanische Lasten – sich überlagernd

Glasart	Floatglas, gezogenes Glas, VSG, VG, GH, Ornamentglas.
Beispiele	Mehrfacheinwirkung durch Flächenlast (Sturmbö) an unterdimensionierter und bereits thermisch belasteter Scheibe.
Beginn	Einlaufwinkel rechtwinklig, Durchlaufwinkel nicht rechtwinklig; keine Kantenausmuschelungen; kein Bruchzentrum erkennbar.
Verlauf	Thermischer Sprungbeginn mit Richtungswechsel an der Kalt-/Warmzone (Abknickung), danach kurz mäanderförmig verlaufend und im weiteren Verlauf wie mechanischer Sprung, geradlinig bis eckig.
Auslauf	Geradlinig; ohne Häkchen.
Weitere Merkmale	Ausmuschelungen in der Fläche möglich.

Teil 8   Schadensbilder

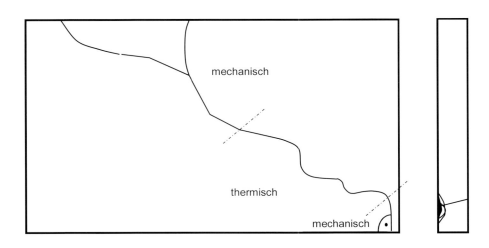

Beispiel   Scheibenansicht mit beispielhaftem Bruchverlauf   Bruchbeginn

B-053	**Hybridsprung III** **Mechanische/thermische Lasten – sich überlagernd**
Glasart	Floatglas, gezogenes Glas, VSG, VG, GH, Ornamentglas.
Beispiele	Mehrfacheinwirkung durch thermische (Teilabschattung) und mechanische Lasten (Winddruck) an bereits mechanisch belasteter Scheibe (Ausmuschelung).
Beginn	Einlaufwinkel rechtwinklig, Durchlaufwinkel nicht rechtwinklig; Kantenausmuschelungen vorhanden; Bruchzentrum an freiliegender Kante erkennbar.
Verlauf	Mechanischer Sprungbeginn mit Richtungswechsel durch thermische Belastung an der Kalt-/Warmzone (Abknickung), danach kurz mäanderförmig verlaufend und im weiteren Verlauf wieder wie mechanischer Sprung, geradlinig bis eckig, auch mit Verzweigung.
Auslauf	Geradlinig; ohne Häkchen; kann bis zur Kante durchlaufen.
Weitere Merkmale	Ausmuschelungen in der Fläche möglich.

8.3 Materialunverträglichkeiten – Schadensbilder C

Die nachfolgend dargestellten Bilder sind auf unterschiedliche Migrationsvorgänge aufgrund von Materialunverträglichkeiten zurückzuführen. Ihr Aussehen kann sich, abhängig von der örtlichen Situation und den einwirkenden Chemikalien, durchaus verändern. Auf eine schematische, zeichnerische Darstellung wurde hier verzichtet, da dies nicht immer eindeutig möglich ist. Hier sind Fotos wesentlich aussagefähiger.

Eine eindeutige Ursachenzuordnung ist hierbei immer sehr schwierig, da meist nur mit aufwändiger chemischer Analyse die verschiedenen Chemikalien festgestellt werden können. Dies ist ebenfalls mit nicht unerheblichen Analysekosten verbunden, die in vielen Fällen die Schadenshöhe deutlich übertreffen können.

Die Bildsammlung erhebt keinen Anspruch auf Vollständigkeit, da immer wieder neue Dichtstoffe, Versiegelungen, Füllmaterialien, Klotzmittel usw. entwickelt werden und die Kombinationsmöglichkeiten dieser unterschiedlichsten Materialien nahezu unbegrenzt möglich sind.

C-001 Unverträglichkeit Klotzung

Unverträgliche Klotzmaterialien (z. B. ABS) führen zu Veränderungen im Standard-Isolierglasrandverbund. Migration verursacht starke Klebewirkung und führt zu kaum mehr ablösbaren Klötzen. Bilder zeigen ungeeignetes Klotzmaterial aus ABS.

Unterschiedlich starke Veränderungen an ABS-Klötzen durch Wechselwirkung mit dem Isolierglasrandverbund.

Starke Verklebung des ABS-Klotzes am Isolierglasrandverbund.

8.3 Materialunverträglichkeiten – Schadensbilder C

C-002 Unverträglichkeit, Auflösung der Klotzung

Ungeeignete Klotzmaterialien (z. B. ABS) führen zu Veränderungen des Standard-Isolierglasrandverbundes und zur langsamen Auflösung des Klotzes oder der Klotzbrücke.

Erweichung des Verglasungsklotzes durch ungeeignetes Silikon führt sogar zu Läuferspur des Klotzes. Auch der Randverbund zeigt Unverträglichkeitsreaktion.
(Foto: Helmut Geschl)

Wechselwirkung Isolierglasrandverbund mit Verglasungsklotz führt zu dessen Auflösung.
(Foto: Till Schöninger)

C-003 Isolierglas mit Extender/Ölen im SZR

Unverträgliche Stoffe in Kontakt mit dem Isolierglasrandverbund führen zur Migration von Weichmachern (z. B. Extendern/Ölen) in den SZR und zu deutlich sichtbaren, transparenten Läuferspuren in den Scheibenzwischenraum des Isolierglases.

Läuferspur von in den SZR eingedrungenen Extendern/Ölen.
(Foto: Henric Memmer, Kömmerling)

8.3 Materialunverträglichkeiten – Schadensbilder C

Innenansicht einer flächenbündig verglasten Isolierglaseinheit mit in den SZR eingedrungenen Extendern/Ölen.

Bild wie oben, jedoch Außenansicht. Erkennbar ist auch die sehr breite Silikonfuge der flächenbündigen Verglasung, die ursächlich für diesen Schaden war.

C-004 Isolierglas, Butylerweichung

Unverträgliche Stoffe in Kontakt mit dem Isolierglasrandverbund führen zur Migration von Weichmachern (z. B. Extendern/Ölen) in den Randverbund und zur Erweichung des Butylauftrags, der dann sichtbar in den Scheibenzwischenraum des Isolierglases läuft.

Großzügige 1-K-Silikonanwendung führt zu Butylerweichung und chemischem Beschlag im SZR.

Butylerweichung durch falsches Silikon. (Foto: Stefan Rauchenschwandtner)

8.3 Materialunverträglichkeiten – Schadensbilder C

C-005 Isolierglas Butylauflösung

Unverträgliche Stoffe in Kontakt mit dem Isolierglasrandverbund führen zur Migration von Weichmachern (z. B. Extendern/Ölen) in den Randverbund und weiterhin zur Auflösung des Butylauftrags, der mit deutlich sichtbaren Läuferspuren in den Scheibenzwischenraum des Isolierglases läuft.

Großflächige Butylauflösung mit nahezu undurchsichtiger Scheibe.
(Foto: Helmut Geschl)

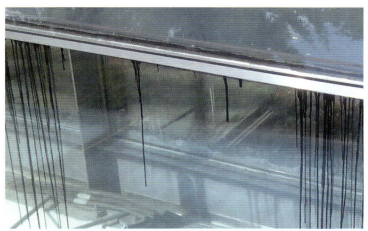

Auch hier sehr großflächige Butylauflösung.
(Foto: Manfred Beham)

C-006 Isolierglas Butylauflösung durch Klotzfixierung

Unverträgliche Stoffe zur Klotzfixierung führen zur Migration von Weichmachern (z. B. Extendern/Ölen) in den Randverbund und weiterhin zur Erweichung des Butylauftrags, der sich deutlich sichtbaren in den Scheibenzwischenraum des Isolierglases bewegt.

Klotzfixierung mit überaltertem oder falschem Silikon führt zu Butylauflösung im Bereich des Klotzes.
(Foto: Henric Memmer)

8.3 Materialunverträglichkeiten – Schadensbilder C

C-007 Isolierglas, Butylerweichung durch Silikon

Verwendung von zu großen Mengen und/oder ungeeignetem Silikon in Kontakt mit dem Isolierglasrandverbund führt zur Migration von Weichmachern (z. B. Extendern/Ölen) in den Randverbund und zur Erweichung des Butylauftrags, der dann sichtbar in den Scheibenzwischenraum des Isolierglases läuft.

Starke Butylauflösung.
(Foto: Henric Memmer, Kömmerling)

Sehr großzügige, großflächige Silikonverwendung führt zu Butylerweichung.
(Foto: Henric Memmer, Kömmerling)

Falz mit Silikon gefüllt, Aushärtung durch zu viel 1-K-Silikon nicht mehr möglich.
(Foto: Henric Memmer, Kömmerling)

C-008 Isolierglas Girlandeneffekt bei TPS

Ablösung des TPS-Randverbunds von der Randversiegelung (Silikon) des Isolierglases führt zum sog. „Girlandeneffekt", da das TPS-Material wellenförmig in die sichtbare Scheibenfläche des Isolierglases eingedrückt wird.

Girlandeneffekt bei 2-fach-Isolierglas mit Silikon-Randverbund und TPS-Abstandhalter.

Detailansicht des Girlandeneffekts, starke Auswölbung in die freie Scheibenfläche.

8.3 Materialunverträglichkeiten – Schadensbilder C

C-009 VSG-Folienablösung durch Feuchtigkeit

Dauerhafte Einwirkung von flüssigem Wasser auf die PVB-Folie (Polyvinylbutyral) des VSG führt im ersten Schritt zur Weißeinfärbung und bei weiterem Einwirken zur Ablösung der PVB-Folie von der Glasoberfläche (siehe auch A-022).

Eindringen von Wasser in die Bohrung durch undichten Punkthalter führt im ersten Schritt zu Weißeinfärbung der PVB-Folie.

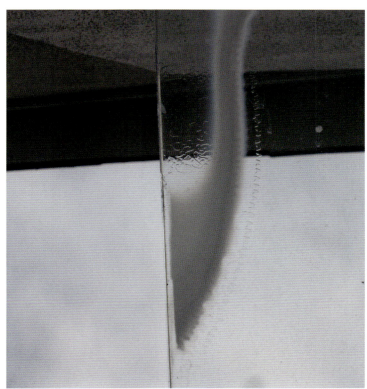

Einfärbung und zusätzliche Ablösung der PVB-Folie durch dauerhaften Wasserangriff.

Teil 8　Schadensbilder

C-010 VSG-Folienablösung durch Unverträglichkeit

Bei Verwendung von nicht verträglichen Dichtmassen oder Kontakt mit unverträglichen Materialien mit der PVB-Folie des VSG kommt es zu Ablösungserscheinungen, also Haftungsverlust zwischen Glasoberfläche und Folie.

„Wurmfraß" von der Kante ausgehend zeigt Ablösung durch Unverträglichkeit.

Sehr starke Ablösung entlang der gesamten Kante.

8.3 Materialunverträglichkeiten – Schadensbilder C

C-011 VSG-Folienablösung durch Unverträglichkeit bei begehbarem VSG

Bei Verwendung von nicht verträglichen Dichtmassen oder Kontakt mit unverträglichen Materialien mit der PVB-Folie des VSG kommt es zu Ablösungserscheinungen, also Haftungsverlust zwischen Glasoberfläche und Folie. Gerade im Bereich der begehbaren Verglasungen bei Fußböden sind oft Einwirkungen von angrenzenden Materialien vorhanden, die diese sehr aufwändige Verglasung dauerhaft schädigen können.

Im Eckbereich beginnende Ablösung der PVB-Folie.

Ähnliche Erscheinung wie oben, da im Eckbereich die Einwirkung von 2 Seiten erfolgt und dadurch am ehesten erkennbar wird.

Folienablösung und Kristallisation aufgrund von
a) zu tiefer Fuge und dadurch nicht ausgehärtetem, verträglichem 1-K-Silikon
b) zusätzliche Reaktion mit Fugenfüllband.
(Foto: Franz Zapletal)

C-012 VSG-Folienablösung durch fehlende Aushärtung des 1K-Silikons aufgrund zu hoher Fugentiefe

Da 1-Komponenten-Silikone zum Aushärten entsprechende Feuchtigkeit benötigen, sind sehr tiefe Fugen damit nicht herstellbar, da die Aushärtung von außen nach innen erfolgt. Je tiefer die Fuge, desto weniger Feuchtigkeit kann eindiffundieren. Damit entsteht bei sehr tiefen Fugen ein nicht mehr aushärtbarer Chemie-Cocktail, der auch bei VSG-verträglichem Silikon die PVB-Folie angreift und zu Ablösungserscheinungen, also Haftungsverlust zwischen Glasoberfläche und Folie führt.

Beide Bilder zeigen Ablösungen aufgrund von 50 mm tiefer 1-K-Silikonfuge, die nicht mehr aushärtet und deren „Chemie-Cocktail" langsam die PVB-Folie ablöst. Dies geschieht auch bei Verwendung von PVB-verträglichem Silikon. Mit 2-K-Silikon, PVB-verträglich, wäre kein Schaden entstanden.

C-013 VSG-Folienablösung durch Schmelzkleberkontakt

Bei Kontakt mit unverträglichen Stoffen wie z. B. Schmelzklebern, kommt es zu Migration mit Ablösungserscheinungen oder Kristallisation und somit zu Haftungsverlust zwischen Glasoberfläche und Folie.

Amateurhafte Abdichtung einer VSG-Einheit mit Schmelzkleber führt zu relativ schneller Veränderung und Haftungsablösung der PVB-Folie.
(Foto: Franz Zapletal)

Teil 8   Schadensbilder

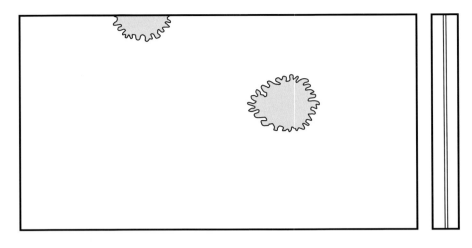

Beispiel   Scheibenansicht mit beispielhaftem Bruchverlauf   Bruchquerschnitt

C-014   **Flächendelamination bei VSG/VG**
Flächenförmiges Auftreten

Glasoberfläche   Alle Verbund- und Verbundsicherheitsgläser mit PVB- oder auch anderen Zwischenlagen und Floatglas, Ornamentglas, ESG oder TVG.

Beispiele   Materialunverträglichkeiten der Folien mit Rückständen oder Feuchtigkeit auf der Glasoberfläche; Einwirken von Reinigungsmittelrückständen auf die Folienzwischenlage.

Flächenbild   Entweder keine Verbindung der Delaminationserscheinungen bis zur Glaskante oder auch von der Glaskante ausgehend, kreisförmiges oder unregelmäßiges Erscheinungsbild.

Position zum Glasrand   Seltener vom Glasrand ausgehend, meist jedoch beliebig in der Fläche auftretend als Einzelerscheinung oder auch als mehrfache Delaminationsflächen.

Weitere Merkmale   Meist klare Ablösungserscheinung, seltener trübe Einfärbung der Folienzwischenlage in diesem Bereich; kann auch Kristallisationserscheinung im Mittelpunkt aufweisen, von der die Ablösung ausgeht. Keine Verbindung zur Glaskante notwendig.

8.3 Materialunverträglichkeiten – Schadensbilder C

Kreisförmige PVB-Ablösung ohne Kontakt zur Glaskante.

Mehrfache Flächenablösungen der PVB-Folie bei einer KFZ-Windschutzscheibe.
(Foto: Jürgen Sieber)

C-015 VSG-Folienverfärbung mit -ablösung

Bei Verwendung von nicht verträglichen Dichtmassen oder Kontakt mit unverträglichen Materialien mit der PVB-Folie des VSG kommt es zu Verfärbungen und zu Ablösungserscheinungen, also zu optischer Veränderung und Haftungsverlust zwischen Glasoberfläche und Folie.

Verfärbung und Ablösung bei VSG durch Unverträglichkeiten mit Materialien im Glasfalz.

Starke Verfärbung durch Migration aus dem Isolierglas-Randverbund. (Foto: Henric Memmer, Kömmerling)

8.3 Materialunverträglichkeiten – Schadensbilder C

C-016 VSG-Folienablösung durch Kristallisation

Bei Rückständen von Wasser oder Chemikalien auf der Glasoberfläche während der Verarbeitung zu VSG kommt es zu Kristallisationserscheinungen und zur Ablösung, also zu optischer Veränderung und Haftungsverlust zwischen Glasoberfläche und Zwischenschicht (PVB, GH, o. Ä.).

Vom Glasrand ausgehende Kristallisationserscheinung.

Großflächige Kristallisation durch Migration.

Kristallisation und Ablösung bei Schalldämm-PVB-Folie durch Unverträglichkeiten.

C-017 Brandschutzgel-Verfärbung und -Ablösung durch Feuchtigkeitseinwirkung

Bei leichter Beschädigung der Kantenschutzfolie von Brandschutzverglasungen und/oder bei ständiger Wasserlagerung durch nicht vollständige Abdichtung zur Raum- oder Außenseite kommt es im Laufe der Zeit zu Wasseraufnahme, weißlicher Verfärbung und Ablösungserscheinungen der Brandschutzgelfüllung zwischen den Glasscheiben.

Sehr starke Verfärbung des Brandschutzgels mit Blasenbildung und Ablösungserscheinungen durch längere Wassereinwirkung.

Erscheinung ähnlich wie Bild oben, jedoch mit stärkerer Blasenbildung.

Sehr starke Verfärbung des Brandschutzgels mit Blasenbildung durch Wassereinwirkung.

8.3   Materialunverträglichkeiten – Schadensbilder C

C-018 Im Brandschutzgel durch zu starke Erwärmung oder UV-Einstrahlung verursachte Reaktion

Beim Einsatz von Brandschutzverglasungen in der Außenfassade ist darauf zu achten, dass die Brandschutzgelfüllung vor zu starker UV- und Sonneneinstrahlung geschützt ist. Bei zu hoher Einstrahlung kann es zu langsamer Reaktion, also zu einem sehr langsamen Aufschäumen der Schutzschicht kommen, was sich durch großflächige, meist ganzflächige regelmäßiger Bläschenbildung zeigt.

Ganzflächige Reaktion der Brandschutzfüllung mit feiner Bläschenbildung durch starke Sonneneinstrahlung in einer Türfüllung, da diese sehr häufig offen steht und dadurch die Strahlung unplanmäßig von der Innenseite angreifen kann.

Detail der flächigen Blasenbildung (beginnende Aufschäumung).

Teil 8   Schadensbilder

Die Darstellung der Oberflächenbeschädigungen, der Bruchbilder und der Unverträglichkeiten erheben keinen Anspruch auf Vollständigkeit. Von Fall zu Fall treten je nach Glasart, Belastungsart, -stärke und Einwirkzeit variierende Oberflächenbeschädigungen und Bruchbilder auf. Auch die Migrationseinflüsse können extrem variieren, da die am Bau verwendeten unverträglichen Materialien mit ihren unterschiedlichsten Inhaltsstoffen oft nicht vorhersehbare Reaktionen auslösen können. Alle diese Schadensarten haben mit den beispielhaft dargestellten, systematisierten Bildern und den Fotografien von Schadensbeispielen jedoch eine hohe Ähnlichkeit. Anhand der vorliegenden Systematik können deshalb auch ähnliche Oberflächenbeschädigungen, Bruchbilder und Unverträglichkeitsreaktionen meist schnell und einfach zugeordnet werden. Allerdings ermöglicht die Vielzahl der Ursachen und entsprechende Überlagerungen und Wechselwirkungen nicht in jedem Falle eine 100%ig eindeutige Zuordnung. Hier ist in vielen Fällen die Erfahrung des Begutachtenden und sein detektivischer Spürsinn gefragt oder es werden umfangreichere Laboruntersuchungen notwendig.

Eine Beurteilung ohne jede Erfahrung nur anhand der in diesem Buch dargestellten Bilder birgt immer das Risiko, eine nicht korrekte Einschätzung zu erhalten, da eine Vielzahl an Ursachen und sich überlagernder Einflüsse das Schadensbild bestimmen. Deshalb ist davon abzuraten, die Beurteilung von Oberflächenschäden, Glasbrüchen oder Unverträglichkeitsreaktionen ohne jede Erfahrung mit Glas und nur anhand dieses Buches durchzuführen.

Da der erfahrene Sachverständige bei Schadenseintritt nicht anwesend war, erfolgt die Ursachenforschung und Feststellung der Einwirkungen, die zum Schaden führten, immer verspätet mit meist großem Zeitabstand. Erfahrungsgemäß kann es durchaus auch Fälle von Glasschäden, insbesondere von Glasbrüchen geben, bei denen eine Bruchursache auch bei noch so akribischer Überprüfung nicht eindeutig feststellbar ist. Dies sollte dann auch klar zum Ausdruck gebracht werden, ohne die Heranziehung von nicht beweisbaren, falschen Schadensursachen.

Die Ausarbeitung wurde nach bestem Wissen und aufgrund des jahrzehntelangen Erfahrungsschatzes verschiedener Fachleute und des Autors erstellt.

Rechtliche Ansprüche können aus dieser Abhandlung nicht abgeleitet werden.

Hinweise zur Erweiterung und Komplettierung werden vom Verlag oder dem Autor gerne entgegengenommen. Die Ausarbeitung wird auch zukünftig weiter komplettiert.

Der Autor

Ekkehard Wagner ist in seiner jahrzehntelangen Tätigkeit in Beratung, Anwendungstechnik, Geschäftsführung und Vertrieb in der Glasbranche einer Vielzahl an unterschiedlichsten Glasproblemen begegnet. Bereits während der Tätigkeit als Leiter der SANCO-Beratungszentrale ab 1977 wurden erste Erfahrungen mit Glasbruch und dessen typischen Bruchbildern gemacht und veröffentlicht.

In den darauffolgenden Tätigkeiten bei SEMCO und INTERPANE wurde dieses Basiswissen erweitert und ausgebaut. Nach einer größeren Ausarbeitung zum Thema Glasbruch für die EVG erfolgte 1999 die erste Veröffentlichung dazu in Fachzeitschriften, die jedoch nur einen kleinen Teil der Schadensbilder und Erkenntnisse beinhaltete. Durch die Tätigkeit für die ERTL GLAS AG konnten weitere Erfahrungen im Bereich ESG, TVG, VSG und Isolierglas gesammelt und in dieses Buch eingearbeitet werden. Ein reger Erfahrungsaustausch mit Sachverständigen aus den Bereichen Glas, Fenster und Fassade ergab zusätzliche Erkenntnisse und die Bestätigung der bisherigen Kenntnisse und Veröffentlichungen. Die gesamte Erfahrung des Autors seit seinem Eintritt in die Glasbranche 1976 im Bereich Oberflächenbeschädigung und Glasbruch wurde in diesem Buch gesammelt und veröffentlicht. In diversen Seminaren und Vorträgen für Industrie, europäischer Kriminalpolizei, Sachverständige und die Glas- und Fensterbranche wurde dieses Wissen weitergegeben und erweitert. Zusätzliche Untersuchungen, Erkenntnisse und Erfahrungen ermöglichen die komplette Überarbeitung und Erweiterung dieser in vielen Bereichen umfangreich ergänzten, überarbeiteten und neu gestalteten fünften Auflage.

Seit 2019 ist Ekkehard Wagner im „Un-Ruhestand" und kann sich voll diesem interessanten Thema widmen.

Stichwortverzeichnis

Symbole
1-Komponenten-Silikone 334

A
Abbeizen 88
Abkühlphase 135, 139
Abplatzungen 159, 163, 165, 198, 202
Abriebfestigkeit 27
Abschleifkratzer 174
Absorbierende Glasaufbauten 52, 57
Abstandshaltersprosse 58
Abstellkratzer 184, 186
Abwitterung der Oberfläche 100
Aceton 99
Acryl/PMMA 32
Alkalien 17, 88, 190
Alkalische Verätzung 190
Allotrope Umwandlung 137
Ammoniak 99, 101
Amorphe Struktur 14
Anisotropie 46
Anpressdruck 262, 280
Anrisstiefe 107, 109
Aquarienscheibe 288
Armierung 133
Arten der Kondensatbildung 66
Ätzen der Glasoberfläche 88
Auffächerung 224
Aufkleber 98, 126, 180, 232
Auflagerung 105, 134, 143
Auflösung 323
Ausblühungen 98
Ausdehnungskoeffizient 33, 109, 133
Auslaugungen der Glasoberfläche 74, 87, 190
Ausmuschelungen 106

Stichwortverzeichnis

Aussehen und Beurteilung von thermischen Sprüngen 128
Aussehen von Glaskanten 121
Außenbeschichtete oder besonders veredelte Gläser 103
Außenfenster 156
Außentüren 156

B

Barbelé-Bruch VSG aus Float 306
Bauanschlussfuge 151
Baukörper Lasten 124
Bearbeitung von Glas 119
Begehbare Verglasung 298
Bekleben 126
Belastungsarten und Auswirkungen des Doppelscheibeneffekts bei Isolierglas 62
Belastungsdauer bei Glas 109
Bemalen 126
Benetzbarkeit der Oberfläche durch Kondensat 99
Beschichtung auf Glas 27, 40
Beschläge 156, 157
Beschussloch II (VSG) 248
Beschussloch I (Konusbruch) 246
Beton 34, 87, 102, 170
Beurteilen von Glasbrüchen 144
Bewertungssystem Nachhaltiges Bauen (BNB) 156
Biegebruch 116, 123, 131
Biegefestigkeit 23, 122, 140
Biegezugspannung bei Luftdruckbelastung 53
Biegezugspannungswerte für Glasarten 31
Bleisilicatglas 32
Blindes Glas 39, 102, 194
Bogenbruch 288
Borosilicatglas 13, 15, 17, 18, 27, 28, 32, 33
Boroxid 17
Brandschutzgel-Verfärbung 340
Brandschutzglas 135
Brechungsindex 24
Breite, dunkelfarbige Sprossen im SZR von Isolierglas 126
Bruch 292
Bruchauslösende Temperaturdifferenzen 125

Stichwortverzeichnis

Bruchbeginn	110, 113, 129
Bruchentstehung	105, 128, 131
Bruchgeschwindigkeit	112, 113, 118
Bruchgeschwindigkeit in Glas	105
Bruchinseln	140, 264, 270, 276, 299, 316
Bruchmechanik von Glas	110
Bruchregeln	145
Bruchspiegel	113, 145
Bruchspiegelanalyse	138
Bruchspiegelradius	114, 115, 116
Bruchspiegelradius von Bruchflächen	116
Bruchstrukturanalyse	113
Bruchverlauf	128, 131, 134, 143, 238, 258, 278, 308, 316
Bruchzentrum	131, 137, 145, 238, 248, 268, 278, 286, 306, 316
Butylerweichung	326

C

Ceroxid	19, 96
Chemie-Cocktail	154, 334
Chemische Beständigkeit	15, 16, 38
Chemische Oberflächenbeschädigungen	87, 188, 190, 194
Chemischer Beschlag	159
Chemisches Vorspannen	136

D

Dachflächenfenster	157
Dauerbelastung	54, 109
Definition von Glas	11
Deformation	51, 58, 62, 111, 135
Delamination	200
Delaminationserscheinungen	336
Deltabruch I	308
Deltabruch II	309
Destruktive Interferenz	41, 42, 45
Dichroitische Filter	44
Dichte	23, 32
Dichtmassenrückstände	110, 119
Dicht- und Vorlegebänder	153
Dickenschwankung	43, 143

Stichwortverzeichnis

Dielektrizitätszahl 38
Direkte Sonnenbestrahlung ohne Abdeckung 126
Dolomit 13, 15
Doppelbrechung 46
Doppelscheibeneffekt 50, 63
Drahtaustritt 134, 144
Druckausgleich 50, 54, 59, 62, 64, 68, 290
Druckfestigkeit 23, 29, 105
Druckfestigkeit von Glas 105
Druckspannung 29, 46, 105, 118, 123, 129, 136, 202, 272, 306
Dunkle Gegenstände direkt hinter der Verglasung 126
Durchbiegung 51, 60, 136, 298
Durchlaufwinkel 128, 131, 222, 258, 278, 308, 318
Durchschuss 248
Dynamische Last 132

E

Eckendruckbruch VSG aus Float 304
Eckenstoßbruch 260
Eigenfarbe 15, 19
Eigengewicht 124, 302
Eigenschaften ESG 23
Eigenschaften Floatglas 23
Eigenschaften TVG 23
Einbrände 162
Eindruckhärte 27
Einfache Rissöffnung 111
Einfärbung 19, 48, 57, 144, 200
Einkerbung 121
Einlaufwinkel 128, 131
Einscheiben-Sicherheits-Glas (ESG) 23, 29, 31, 46, 60, 98, 99, 123, 135, 196, 200, 238, 284, 316
Einwirkende Bruchspannung 130
Eisenoxid 15, 17, 19, 163
Elastizitätsmodul 23, 109
Elektrische Eigenschaften 35, 38
Emissivität 23
Engelshaar 91
Entspiegelte Oberfläche 27

EPDM-Dichtlippen	154
Erblindung der Glasoberfläche	39
Erweichungspunkt	26, 135
Erzeugnisspezifischer Bruch	128, 131
ESG-Bruch	238
ESG-H, -HST	139
ESG-Krümelbild	238, 316
ESG-Nickelsulfidbruch	240
ESG-Oberflächen	29
ESG-Schüsselungsscheuerstelle	196
Essigsäure	96, 154
Extender	152, 324
Extraweiße Gläser	15

F

Fächerbruch	224
Faltanlagen	222, 224, 225
Falzeinstand	69, 126, 222, 230
Falzraum	154
Falzversiegelung	153
Färben von Glas	19
Farbspritzer	99
Fassadenreiniger	87
Feldspat	15, 16, 28
Festigkeitsverteilung	110
Feuchtequellen	71
Feuchtigkeitsabgabe	72
Fingernageltest	198, 242
Flächenabplatzung	159
Flächendelamination bei VSG/VG	336
Flächendruckbruch I	288
Flächendruckbruch II	290
Flächendruckbruch III	292
Flächendruckbruch IV (Berstbruch) Float	295
Flächendruckbruch V (Berstbruch) VSG	296
Flächendruckbruch VIII Isolierglas-Punkthalter VSG aus TVG	302
Flächendruckbruch VII VSG aus TVG	300
Flächendruckbruch VI VSG aus TVG	298
Flächenfestigkeit	108

Stichwortverzeichnis

Flächenlast 46, 49, 60, 132, 288
Flächenversatz 234, 278
Flex-Punkte 160
Floatgemenge 15
Floatglas 14
Fluorit 28
Fluorsalze 88
Flussmittel 163
Flusssäure 38, 39, 87, 88, 96, 99, 102
Flussspat 28
Fogging 159
Folienabdeckung 88, 90
Folienablösung durch Unverträglichkeit 332
Folienbeklebung 222, 248, 252, 256
Folien VSG 140
Formeln zur Errechnung der Oberflächentemperatur 78
Fortpflanzungsrichtung des Bruchs 118
Funkenflugrichtung 160
Funktionsfähigkeit 152
Funktionsschichten 158

G

Gasfüllbruch 292
Gebrauchstauglichkeit 152
Gebrauchstemperatur 24
Gefärbte Ornamentgläser 144
Gemengesätze 14, 15
Geneigte Verglasungen 124, 238, 280
Geräteglas 33
Geringe Bruchspannung 130
Gesamtenergietransmission 24
Geschossbruch 246
Gewitterregen 126
Gewölbte Gläser 52, 58, 62
Gezogenes Flachglas 141
Gießharz 143, 280
Gießharzverbunde 153
Gips 28, 97, 171
Girlandeneffekt 330

Stichwortverzeichnis

Glasätzen	87
Glasbruch	53, 58, 69, 90, 105, 216
Glasbruch bei Einscheiben-Sicherheitsglas (ESG)	135
Glasbruch bei Glas mit Drahteinlage	133
Glasbruch bei Ornamentglas	143
Glasbruch bei teilvorgespanntem Glas (TVG)	140
Glasbruch bei Verbund-Sicherheitsglas (VSG)	140
Glasbrüche mit mechanischen Ursachen	132
Glasbrüche mit thermischen Lasten	127
Glasbrüche mit thermischer Ursache	127
Glasfalz	154
Glasflöhe	119, 123
Glasgemenge	14
Glashobel	99, 166
Glashobelkratzer	166
Glaskante	62, 82, 106, 110, 119, 129, 133, 136, 140, 184, 194, 200, 254, 264, 270, 288, 304, 308
Glaskeramik	33
Glasleistenkratzer	168
Glas mit Drahteinlage	133
Glas mit verminderter Bruchfestigkeit	52, 57, 62
Glasrand- und Scheibenoberflächentemperaturen	71
Glas-Scratching	97
Glasspahn	202
Glasverklebung	151
Graffiti	97
Großer Scheibenzwischenraum	51, 55, 62
Grundlagen der Kondensatbildung	65
Gussasphalt	126, 226
Gussglas	143

H

Haarkratzer	91
Haftungsverlust	332
Häkchen	125, 128, 224, 318
Halteleistenkratzer	168, 171
Hammerkratzer	168
Hardcoating	27, 142, 202
Härtegrade nach Mohs	28

Stichwortverzeichnis

Hartgläser 13
Heat-Soak-Test 139
Heißlagerungsprüfung 137, 240
Heißluftgebläse 126, 224, 236
Heizkörper 126
Hinterfüllmaterialien 153
Hinterlüftete Fassadenplatte 139
Hohe Bruchspannung 130
Höhendifferenz 54, 60, 284
Höhenunterschied von Herstell- zu Einbauort 54
Homogene Oberfläche 107
Hybridsprung ESG-TVG 316
Hybridsprung I 318
Hybridsprung II 319
Hybridsprung III 320
Hydroxid-Ionen 39

I

Imprägniermittel 87, 89
Inhomogene Oberfläche 107
Initialsprung 216
Innenabdeckung 126
Innenfenster 157
Innenliegender Sonnenschutz 126
Innentüren 157
Intensität thermischer Lasten 127
Intensivanlauger 88
Interferenzen 40
Interferenzfarben 39, 41
Irisation 46, 149
Isolierglas 153, 155, 326
Isolierglas, Butylauflösung 327
Isolierglas, Butylauflösung durch Klotzfixierung 328
Isolierglas, Butylerweichung durch Silikon 329
Isolierglaseffekt 51
Isolierglas, Girlandeneffekt bei TPS 330
Isolierglas mit Extender/Ölen im SZR 324
Isolierglasrandverbund 154
Isolierglas-Randversiegelung 151

J
Jalousien 55, 71, 234

K
Kaliwasser 89
Kalk 11, 28, 87
Kalkmilch 89
Kalkmörtel 98
Kalk-Natronsilicatglas 13, 107
Kalkspat 16, 28
Kaltfluss 280
Kalt-/Warmzone 224, 318
Kalzit 28
Kantenabplatzung bei ESG 202
Kantenbeschaffenheit 107, 119, 121, 130, 143
Kantendelamination bei VSG 200
Kantendruckbruch I (Float) 262
Kantendruckbruch III (Vorschädigung) 266
Kantendruckbruch II (TVG) 264
Kantendruckbruch Verbundglas (Klemmsprung II) 280
Kantenfestigkeit 108
Kantenlast 280
Kantenschlag 258, 316
Kantenschutzscheuerstellen 164
Kantenstoßbruch 258
Katheder, Kathedereffekt 51, 64
Kegelbruch 252
Kerb-/Bruchspitze 147
Kerbspannungen 112, 119
Kerbspannungstheorie 106, 108
Kerbtiefe 108, 110
Kerbwirkung 133, 144
Kieselglas 27, 32, 105
Kieselsäure 11, 17, 87
Kleinformatige Scheiben 51, 56, 62
Klemmhalterbruch VSG aus Float 276
Klemmsprung I 278
Klimabeständigkeit 38
Klimalasten (bei Isolierglas) 60

Stichwortverzeichnis

Klotzfixierung	153
Klotzheber	266, 278
Klotzung	52, 59, 62, 111, 124, 323
Klotzungsmaterial	154
Knoop-Härte	27
Kondensat auf der außenseitigen Oberfläche	75
Kondensat auf der raumseitigen Oberfläche	66, 86
Kondensatfreiheit bei Einfachverglasungen	71
Kondensat im Randbereich	68
Kondensat im SZR vom Mehrscheiben-Isolierglas	73
Kondensatverstärker	71
Konservierungs- und Imprägniermittel	89
Konstruktive Interferenz	41, 42
Konusbruch	246
Konvexe oder konkave Durchbiegungen	51
Konzentrationsgefälle	150
Konzentrische Ringe	45
Koppelungseffekt bei Isolierglas	64
Korrodiertes Drahtnetz	133
Korrosion der Stufe 1	39
Korrosion der Stufe 2	39
Korrosionsschichten	39
Korund	27
Kratzer	91
Kratzerentfernung	160
Kratzerschar	91, 170
Kratzertiefe	90, 176
Kreisreinigungskratzer	178
Kristalliner Zustand	14
Kristallisation	339
Krümelbild ESG	142, 238, 316
Kurven gleicher relativer Feuchte	83
Kurzzeitlasten	109, 132

L

Laborprüfung	151
Lagerung	38, 124, 144, 282, 308
Längenänderung	111
Längenausdehnungskoeffizient	23, 33, 109
Längsreinigungskratzer	176
Längsscherung	111
Langzeitschäden	96
Lanzettbrüche	114
Lasermessung Zinnseite	40
Laserschneiden	122
Lasten am Baukörper	124
Laugenbeständigkeit	38
Läuterungsprozess	13
Lebensdauer eines Fensters	156
Lebensdauer eines Isolierglases	156
Lebenszyklusanalysen	156
Leitsprung	125, 131
Leopardenflecken	46
Lichtbrechung	16, 39
Lichttransmissionsgrad	24
Linearer Ausdehnungskoeffizient	109
Lokale Erwärmung	126
Lösungsmittel	99
LowE-Schichtoxidation	194
Luftdruckänderungen	51, 52, 55

M

Mäander	222, 226, 264, 270, 318
Maschinelle Oberflächeninstandsetzung	97
Materialbruch	105
Materialunverträglichkeiten	200, 321
Mattstelle	196
Maximale Gebrauchstemperatur	24
Maximaler Feuchtigkeitsgehalt der Luft	84
Mechanische Festigkeit	23
Mechanische Lasten an Glas	132
Mechanische Oberflächenbeschädigungen	90
Mechanische Punktlast	246, 306, 316

Stichwortverzeichnis

Mechanischer Bruch 131, 240
Mechanischer Stoß 258
Mechanischer Wurmsprung 310
Metalleinbrand 160
Migration 149, 150
Mikroeinläufe 106, 108, 110, 119, 122, 133
Mikroskopische Defekte 88, 107
Mineralfarben 87
Mineralputze 87
Mohshärte 14, 23, 27, 90
Moldavit 20
Molekulare Festigkeit 112
Montageschäume 153
Mörtelspritzer 88, 96, 188
Mörtelverreibungskratzer 171

N
Nachträgliche Bearbeitung 98
Nassversiegelungen 154
Natronlauge 39
Natürliches Glas 20
Netzwerkbindungen 12
Netzwerkwandler 12, 15
Neutrale Zone 105, 134, 143
Newton'sche Ringe 45
Nickel-Sulfid-Bruch bei ESG 137, 139, 240
Nickel-Sulfid-Einschlüsse 137
Normalsprung, thermischer 222
Nutzungsbelastung 124
Nutzungsdauer von Bauteilen 156

O
Oberflächenauslaugungen 87, 190
Oberflächenauswaschung 103
Oberflächenbearbeitung 98
Oberflächenbenetzbarkeit 101
Oberflächenbeschädigung 87, 158
Oberflächendefekt 57, 146
Oberflächenhärte 27

Stichwortverzeichnis

Oberflächeninstandsetzung, maschinell	97
Oberflächenmuschelung	198, 242
Oberflächenrauheit	196
Oberflächenreflexion	27, 40
Oberflächenspannung	29, 100
Oberflächenstruktur	143
Oberflächenverätzung	87
Obsidian	20
Ölen	324
Optik des Doppelscheiben-Effekts	60
Optische Veränderung	338
Optische Verzerrung	60, 96
Ornamentglas	31, 44, 57, 60, 141, 143, 200, 246, 308, 318
Ornamentgläser mit Drahteinlage	144
Oxidationspunkte	194

P

Palmbruch, thermischer	224
Phasenumwandlung	137
Phosphorsäure	38, 87
Planität	142
Planparallele Oberflächen	43, 96
Poisson-Zahl	23
Polarisation	47
Polarisationsfilter	48
Poliermaschinen	97, 98
Poliermittel	96, 98, 164
Polycarbonatverbunde	154
Polyvinylbutyral (PVB)	34, 140
Pottasche	16
Produktionsfehler	52, 59
Punkteschar	160, 162
Punktförmige Lagerung	144
Punkthalter-/Bohrlochbruch VSG aus Float	274
Punkthalterbruch VSG aus TVG	272
Punktlagerung	144
Punktlast	127, 132, 224, 236, 246, 286, 300, 304, 316
Putzmittel	96, 99, 101
PVB-Folie	121, 140

Q

Qualität des Schnittes 108, 120
Quarzglas 12, 15, 18, 27, 33
Quarzkristall 11, 32
Quarzlampe 40, 91
Quarzsand 12, 15, 19
Quench marks 46
Querreinigungskratzer 176
Querscherung 111

R

Radiator 224
Randbruch I (Float) 268
Randbruch II (TVG) 270
Randschleifkratzer 174
Rauigkeit 90
Raumseitige Oberflächentemperaturen am Glasrand 70
Rauzone 114, 119
Rechtwinkliger Durchlauf 125, 222
Rechtwinkliger Einlauf 125, 222
Reflexionsverzerrungen 60
Regalbödenbruch 309
Regenbogenfarben 39, 46, 186
Regenwasser 88, 95
Reibekratzer 171
Reinigung der Glasoberfläche 96
Reinigungskratzerschar 180
Reinigungsmittel 87, 96, 99, 101, 102, 180, 200
Reinigungsschürfe 172, 180
Reinigungsvorschrift 99, 103
Reklamationsabwicklung 146
Restrisiko H-S-Test 139
Resttragfähigkeit 142
Richtungswechsel 125, 128, 182, 222, 310, 320
Rissausbreitung 112, 125, 137
Rissentstehung und -ausbreitung 111
Rissfront 112
Rissheilung 146
Rissöffnung 111

Rissspitze 112
Risstiefe 112
Rissverzweigung 113
Risswachstum 113
Ritzhärte 23, 27
Rostspuren 160

S
Salzsäure 38
Sand 11, 15, 20, 34, 88, 99
Sandkornkratzer 29, 166, 182
Sanierungsmaßnahmen bei Oberflächenbeschädigungen 96
Sanitärreiniger 96
Säurebeständigkeit 38
Schallgeschwindigkeit von Glas 24, 105
Scheibendekoration 126
Scheibenreinigung 98
Scheibenzwischenraum 46, 50, 55, 73, 160, 238, 284, 302
Scherben 14, 16
Scheuerkratzer 172, 174, 182
Scheuermittel 99
Schichtoxidation 194
Schlacketropfen 163
Schlag 124, 165, 198, 238, 252, 268, 316
Schlagschatten 126, 234
Schlämmkreide 96
Schleifhärte 27
Schleifkratzer 174
Schleifmittel 96, 174
Schleif- oder Poliermittel 96
Schlierenbildung 159
Schmelzgefüge 12
Schmelzkleber 335
Schmetterlingsbruch 138
Schmetterlingsstruktur 240
Schmutzabweisende Beschichtung 27
Schneelast 298, 308
Schneiddruck 119
Schneidöl 147

Stichwortverzeichnis

Schnittkanten	119
Schnittqualität	108, 120
Schubfester Verbund	142
Schürfe	91, 172
Schuss	246, 248
Schüsselung	196, 298
Schüsselungsscheuerstelle	196
Schwache Kratzer	91
Schweißperlen	162, 163
Schweißspritzer	162, 163
Scratching Glasoberfläche	97
Sehr starker thermischer Bruch	228
Seifenlauge	98
Sekundärsprung	125, 131, 254
Selbstreinigendes Glas	101
Sichtschutzfolie	126
Silikon	154
Silikonentfernung	99
Silikonöle	154
Silizium	32
Siliziumdioxid	11, 17, 87
Siloxane	89
Soda	11, 15
Softcoating	27, 91, 142, 186, 194
Sonnenschutzfolien	126, 224
Spannungen im Glas	29, 48, 105, 140
Spannungsidentitätsfaktor	112
Spannungsintensität	112
Spannungsspitzen	105, 107, 119
Spannungszone ESG/TVG	29, 46, 135
Spezifische Dichte	23
Spezifischer elektrischer Widerstand	38
Spezifische Wärmekapazität	23
Spiegelglas	14, 31, 133, 142
Spinnennetz	254, 306
Spionspiegel	28
Spiritus	99, 101
Splitterbindung	142
Splitterkratzer	170

Stichwortverzeichnis

Spontanbruch 24, 137, 240
Spröde Rissausbreitung 111
Sprossenbruch Isolierglas I 284
Sprossenbruch Isolierglas II 286
Sprossenisolierglas 58
Stabilisator 11
Stahlwolle 99, 172
Standardfloatglas 14, 23
Starke Kratzer 91
Starker thermischer Bruch 226
Statische Last 132
Steinfassadenreiniger 88
Steinsalz 28
Steinschlagabplatzungen 165
Steinschleuderbruch I (Float) 250
Steinschleuderbruch II (VSG) 252
Steinverfestiger 89
Steinwurfbruch I (Float) 254
Steinwurfbruch II (VSG) 256
Stoß 124
Streckenlast 127, 132, 222, 278
Streckensprung, thermischer 127, 232
Sulfat 16

T
Tangentialbrüche 106
Taupunktdiagramm 68, 81
Taupunkttemperaturen 85
Taupunktvergleich 86
Teerspritzer 99
Teilbeschattung/Schlagschatten 126
Teilerwärmung 59, 108, 128, 144
Teilvorgespanntes Glas (TVG) 135
Temperaturbelastung 53, 137
Temperaturdifferenz 52, 60, 109, 125
Temperaturwechselbeständigkeit 13, 17, 24, 29, 107, 140
Theoretische Festigkeit von Glas 107
Thermische Lasten an Glas 127
Thermischer Bruch 226

Stichwortverzeichnis

Thermischer Fächerbruch 224
Thermischer Normalsprung 222
Thermischer Palmbruch 224
Thermischer Randbruch 230
Thermischer Sprung 124
Thermischer Streckensprung I 232
Thermischer Streckensprung II 234
Thermischer Wurmsprung 236
Thermische Vorspannung 23, 29, 49, 98, 135, 140, 196
Tiefer Falzeinstand 69
TiO_2-Schicht 159
Tonerde 16
Topfreinigerschürfe 172
Torsionsbruch 282
Transformationsbruch 14, 29, 135
Transportscheuerstellen 182
Transversaler Spannungsimpuls 125
Trennschleiferpunkte 160
Trockenverglasungen 154
Trübungen der Glasoberfläche 87
TVG 23, 29, 31, 46, 60, 98, 135, 138, 142, 196, 200, 238, 264, 270, 298
TVG-Bruch 264
TVG-Randläufer 272

U
Überdachungen 157
Überkopfverglasung 31, 134, 298, 308
Übersicht: Glasbrüche, mechanische Ursachen 132
Übersicht: Glasbrüche, thermische Ursachen 127
Ungeeignetes Trocknungsmittel 52, 59
Ungünstiges Seitenverhältnis 51, 57
Unterkritisches Risswachstum 113
Unterschiedliche Glasdicken 57
Unverträglichkeit 148, 154, 155, 323
Unverträglichkeit Klotzung 322
Ursachen für Temperaturdifferenzen 125
Ursachen und Beispiele für thermische Sprünge 126
UV-Lampen 40

V

Verätzungen	87, 96, 188
Verätzungen mittleren Grades	96
Verätzungsfelder	188
Verbund-Glas	143, 200, 252
Verbundsicherheitsglas	153
Verbund-Sicherheitsglas	31, 140
Verdunkelungsanlagen	126
Vereisung der außenseitigen Scheibenoberfläche	75
Verformung	105, 111
Verglasung	156
Verglasungsklötzen	153, 154
Vergleich der raumseitigen Oberflächentemperaturen	80
Vergleichshärte	27
Verlegung von Gussasphalt	126
Verletzungsschutz	135
Versiegelungsrückstände	99, 190
Verträglichkeitsnachweis	152
Verträglichkeitsprüfung	151
Verzerrtes Spiegelbild	60
Verzweigungen der Bruchflächen	110
Vetrox-Verfahren	97
Vickers-Härte	27
Vierseitige Lagerung	144
Viskosität	26
Vorbeugende Maßnahmen	95
Vorschädigung	62, 124, 266
Vorspannungsgrad	140
Vorverbund	141
VSG	31, 99, 121, 138, 140, 200, 220, 222, 248, 252, 256, 266, 272, 296, 318
VSG-Bruch	248, 252, 256, 272, 274, 296
VSG-Folienablösung durch fehlende Aushärtung	334
VSG-Folienablösung durch Feuchtigkeit	331
VSG-Folienablösung durch Kristallisation	339
VSG-Folienablösung durch Schmelzkleberkontakt	335
VSG-Folienablösung durch Unverträglichkeit bei begehbarem VSG	333
VSG-Folienverfärbung	338

Stichwortverzeichnis

W

Wallner'sche Linien	116, 118, 222
Warme Kante	69
Wärmeleitfähigkeit	34
Wasserbeständigkeit	38
Wassereinwirkung	87
Wasserglas	12, 89
Wechselwirkung	149
Weichgläsern	13
Weichmacher	152, 153
Weichmacherwanderung	152
Weichschicht Abstellkratzer	186
Weichschichtoxidationspunkte	194
Weißglas	15
Wellenlängen des sichtbaren Lichts	42
Wiener Kalk	101
Wiener Sprosse	58
Winddruck, Windsog	64, 298, 320
Winkelschleiferpunkte	160
Wurfbruch	254
Wurmfraß	153
Wurmsprung	125, 236, 310

Z

Zementverätzungen	88
Zersetzung der Glasoberfläche	39
Zinnseite bei Floatglas	40
Zugbelastung	116
Zugfestigkeit	30, 105
Zugspannung	30, 46, 105, 112, 118, 123, 128, 136, 304
Zugzone	105, 134, 142
Zusammensetzung	11, 15, 18
Zusammensetzung von Floatglas	17
Zweiseitige Lagerung	144
Zwischenlagen	95, 140, 200, 280

Literaturverzeichnis

1	Eberhard Achenbach	Entstehung des Glasbruches und des Sprungverlaufs beim Flachglas	1986
2	Peter Fensch, Ekkehard Wagner	Reklamationsabwicklung, EVG-Mitarbeiter-Seminar	1998
3	Peter Fensch, Ekkehard Wagner	Das Periodische System der Glasbrüche	1999
4	Joachim Gläser	Dünnfilmtechnologie auf Flachglas Verlag Karl Hofmann Schorndorf	1999
5	Karl Häuser	Fachliche Anmerkungen zu Sprungverläufen aufgrund von thermischer Belastung	1992
6	Hans-Joachim Illig	ABC Glas; VEB Deutscher Verlag für Grundstoffindustrie Leipzig	1983
7	Hans Jebsen-Marwedel	Tafelglas; Verlag Girardet Essen	1950
8	Hans Jebsen-Marwedel	Tafelglas in Stichworten; Verlag Girardet Essen	1960
9	Hans Jebsen-Marwedel	Glas in Kultur und Technik; Druckhaus Bayreuth Verlagsgesellschaft mbH	1981
10	Andreas M. Kasper	Nickelsulfid im vorgespannten Glas; Glaswelt 3/2000	2000
11	Frank Kerkhof	Bruchvorgänge in Gläsern; Verlag der Deutschen Glas-technischen Gesellschaft Frankfurt/M.	1970
12	Martin Lutz	Handbuch Reinigungs- und Hygienetechnik; Verlag Ecomed	1995
13	Medicus	Schnellbestimmung von Zinn in Floatglas; Silikattechnik 34	1983
14	Walter Nachtigall, Eduard Pech, Volker Oppitz, Hans-Joachim Pohl	Glas Geschichte - Gegenwart; Verlag die Wirtschaft Berlin	1988
15	Armin Petzold, Hubert Marusch, Barbara Schramm	Der Baustoff Glas; Verlag Karl Hofmann Schorndorf	1990
16	Dieter Renno, Martin Hübscher	Glas Werkstoffkunde; Deutscher Verlag für Grundstoffindustrie Stuttgart	2000
17	Hermann Salmang	Die Glasfabrikation; Springer Verlag Berlin	1957
18	Wilhelm Schnauck	Glaslexikon; Verlag Callwey München	1959

Literaturverzeichnis/Bildnachweis

19	Horst Scholze	Glas; Verlag Vieweg & Sohn Braunschweig	1965
20	Gerhard Sedlacek, Kurt Blank, Wilfried Laufs, Joachim Güsgen	Glas im Konstruktiven Ingenieurbau; Verlag Ernst & Sohn Berlin	1999
21	Robert Seiz	Glaser Fachbuch; Verlag Karl Hofmann Schorndorf	1994
22	Ekkehard Wagner	SANCO-Schulungsunterlagen, Glasbruchbilder	1982
23	Ekkehard Wagner	Glasbrüche, EVG Technische Information	1997
24	Ekkehard Wagner	EVG-Verglasungsrichtlinien	1998
25	Ekkehard Wagner	Glasbruch – Entstehung, Ursachen, Sprungverläufe EVG Technische Information	1998
26	Ekkehard Wagner	Thermischer Glasbruch, EVG Technische Information	1998
27	Oskar Wallmüller	Anleitung zum Erkennen und Beurteilen von Sprungbildern in Flachglasscheiben thermischen Ursprungs	1992
28	Oskar Wallmüller	Glasbruch-Erkenntnisse und Schadensbilder aus der Sicht eines Versicherungsunternehmens	1991
29	Helmut Wallner	Linienstrukturen an Bruchflächen; Zeitschrift für Physik 114 (1939), 368-378	1939
30	Günther Mattes	Sprünge in Verglasungen; Seminarunterlagen	2004
31	Adolf Smekal	Über die Natur der mechanischen Festigkeitseigenschaften der Gläser; Glastechnische Berichte 259	1937
32	J. J. Mecholsky	Quantitative Fractographic Analysis Of Fracture Origins In Glass aus „Fractography of glass" by Richard C. Bradt and Richard E. Tressler	1994
33	A. R. Rosenfield & W. H. Duckworth	Comparison of methods for the analysis of fracture mirror boundaries; Glass Technology	1988
34	V. D. Fréchette	Failure Analysis Of Brittle Materials; The American Glass Society	1990
35	Norihiko Shinkai	The Fracture And Fractography Of Flat Glass aus „Fractography of glass" by Richard C. Bradt and Richard E. Tressler	1994
36	Henry P. Kirchner J. C. Conway	Comparison of the Stress-Intensity and Johnson-Holloway Criteria for Crack Branching in Rectangular Bars; Journal of the American Ceramic Society	1987
37	W. H. Duckworth, K. Shetty & A. R. Rosenfield	Influence of stress gradients on the relationship between fracture stress and mirror size for Float glass; Glass Technology	1983
38	Frank Kerkhof	Bruchmechanik von Glas und Keramik, Sprechsaal	1987

Literaturverzeichnis/Bildnachweis

39	J. W. Johnson & D. G. Holoway	On the Shape and Size of the Fracture Zones on Glass Fracture Surfaces; The Philosophical Magazine	1966
40	E. B. Shand	Strength of Glass – The Griffith Method Revised; Journal of American Ceramic Society 48	1965
41	Ludwig Klindt	Glas als Baustoff	
42		RWE-Bauhandbuch	2001
43	Liu Zhong-wie, Sun Jia-lin, Hong Yan-ruo	Thermal stress and fracture of building glass Glass Technology 1999, 40 (6), 191-194	1999
44	Jens Schneider	TU Darmstadt, Characterization of the scratch resistance of tempered architectural glass and glass coatings by in situ microtri-bology	2010
45	Peter Kasper	Wie kratzfest ist ESG? GFF 6/2003	2003
46	Helmut Brook	Probleme kleiner Mehrscheiben-Isoliergläser Glaswelt 1 und 2 1985	1985
47	Klaus Huntebrinker	Wenn Isolierglas im Rohbau überwintern muss, Glaswelt 10/1994	1994
48	Friedrich Katheder	Über die mechanische Belastbarkeit gekoppelter Glassysteme mit Luft- oder Gaseinschluss Glastechnische Berichte 31. Jahrgang, Heft 5, 180-185	1958
49		Wikipedia	2011
50	J. H. Westbrook	Hardness-temperature characteristics of some simple glasses. Phys. Chem. Glass 1 32-36	1960
51	Bundesbauministerium	Richtiges Lüften beim Heizen	2005
52		VDI 2078, Berechnung der Kühllast klimatisierter Räume	1996
53	Martin G.Schinker Walter Döll	Zum Einfluß der Schneidgeschwindigkeit auf Elementarvorgänge beim Schleifen optischer Gläser, Glastechnische Berichte 56, Nr. 67, S. 176-187	1986
54	Sebastian Schula	Kratzanfälligkeit von ESG und Floatglas im Vergleich Glaswelt 10.2012	2012
55	Jens Schneider und Sebastian Schula	Systematische Untersuchungen zu Oberflächenkratzern auf Glas	2013
56	Jürgen Falbe, Manfred Regnitz	Römpp Chemie Lexikon	2009
57	Andreas M. Kasper	Spontaneous cracking of thermally toughened safety glass. Part one: Properties of nickel sulphide inclusions. Glass Struct. Eng. (2018). https://doi.org/10.1007/s40940-018-0083-8	2018

58	Andreas M. Kasper Pyeonglae N., Yuan Z.	Spontaneous cracking of thermally toughened safety glass. Part two: Nickel sulphide inclusions identified in annealed glass. Glass Struct. Eng.	2019
59	Andreas M. Kasper	Spontaneous cracking of thermally toughened safety glass. Part three: Statistic evaluation of field breakage records, and consequences für residual brakage prohibility. Glass Sci. Eng.	2019
60	Bundesverband-Flachglas	ESG-H – ein geregeltes und fremdüberwachtes Bauprodukt auf höchstem Sicherheitsniveau	2011
61	Helmut A. Schaeffer, Roland Langfeld	Werkstoff Glas	2014
62	T. A. Michalske	Quantitative Fracture Surface Analysis	1991
63	Bundesinstitut für Bau-, Stadt- und Raumforschung (BBSR)	BNB Nutzungsdauer von Bauteilen für Lebenszyklusanalysen nach Bewertungssystem Nachhaltiges Bauen (BNB) 2011-011-03	2011
64	D. Johann Georg Krünitz	Oeconomische Encyklopädie (universität Trier)	1779
65	Stahn Dieter	Wärmespannungen in großflächigen Verglasungen, Glastechnische Berichte 50, Nr. 7	1977

Bildnachweis

Beham, Manfred, Sachverständiger, Ybbslände 10, A-3363 Amstetten-Neufurth

Bethke, Udo, ö.b.u.v. Sachverständiger, Bismarckstraße 94, 72764 Reutlingen

Fleischer Ulrich, Glaswerke Arnold, Kastanienstraße 10, 09356 St. Egidien

Geschl Helmut, Egger-Glas, Gersdorf 105, A-8212 Pischelsdorf

Kirchhofer Gerhard, Egelseeweg 6, A-3304 St. Georgen am Ybbsfelde

Memmer Henric, Kömmerling Chemische Fabrik, Zweibrücker Straße 200, 66954 Pirmasens

Pauleit Norbert, Fensterbau-Scheffler, Lindenstraße 1, 71723 Großbottwar

Polanc Karl, A-6806 Feldkirch-Tosters, Grudellaweg 7

Rauchenschwandtner Stefan, Julius Fritsche, Gewerbepark 3, A-5102 Anthering

Renaltner Markus, 94099 Ruhstorf a. d. Rott, Blumenauweg 6

Sawall Wolfgang, Ö.b.u.v.Sachverständiger, 14050 Berlin, Akazienallee

Schöninger Till, Glas-Schöninger, Am Forst 7, 92637 Weiden

Sieber Jürgen, Ö.b.u.v.Sachverständiger, Fensterbau Werner Sieber, 72510 Stetten am kalten Markt, Ortsstraße 3

Zapletal Franz, Sachverständiger, A-1100 Wien, Buchengasse